"十四五"职业教育国家规划教材

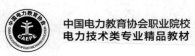中国电力教育协会职业院校
电力技术类专业精品教材

U0288924

输配电线路
运行与检修

（第二版）

全国电力职业教育教材编审委员会　组　编
杨　尧　胡　宽　主　编
汪　敏　侯　梁　赵　方　赵尧麟　副主编
汤　昕　编　写
汤晓青　主　审

中国电力出版社
CHINA ELECTRIC POWER PRESS

内 容 提 要

本书分别为"十四五""十三五"职业教育国家规划教材。

本书依据电力行业输配电线路运行与检修岗位工作任务对知识、能力和素质的需求,选择和组织课程内容,注重学生职业能力的培养。全书内容分为架空输配电线路运行要求与事故分析、架空输配电线路日常维护与检测、架空输配电线路巡视检查与运行管理、架空输配电线路停电检修、架空输配电线路带电作业、电力电缆运行维护与管理和电力电缆检修七个学习项目,每个学习项目下设多个任务。每个任务相对独立,充分体现了工作过程的完整性。任务主要由布置任务、相关知识、任务实施、巩固与练习等部分组成。

本书主要作为高职高专教材,适用于高压输电线路施工运行与维护专业和电力类专业学生使用,同时也可作为送电线路工和配电线路工培训的参考用书。

图书在版编目(CIP)数据

输配电线路运行与检修/杨尧,胡宽主编;全国电力职业教育教材编审委员会组编. —2 版. —北京:中国电力出版社,2019.11(2024.5 重印)

全国电力高职高专"十三五"规划教材

ISBN 978-7-5198-3944-4

Ⅰ.①输… Ⅱ.①杨…②胡…③全… Ⅲ.①输配电线路运行-高等职业教育-教材②输配电线路-检修-高等职业教育-教材 Ⅳ.①TM726

中国版本图书馆 CIP 数据核字(2019)第 239365 号

出版发行:中国电力出版社
地　　址:北京市东城区北京站西街 19 号(邮政编码 100005)
网　　址:http://www.cepp.sgcc.com.cn
责任编辑:雷　锦
责任校对:朱丽芳
装帧设计:赵姗姗
责任印制:吴　迪

印　　刷:北京雁林吉兆印刷有限公司
版　　次:2014 年 11 月第一版　2019 年 11 月第二版
印　　次:2024 年 5 月北京第十三次印刷
开　　本:787 毫米×1092 毫米　16 开本
印　　张:19.25
字　　数:471 千字
定　　价:49.00 元

前　言

　　为推进高职教育改革和创新，实现岗位职业能力培养目标，改革课程内容及教学模式势在必行。通过对各岗位工作任务进行分析，了解完成岗位工作任务所需具备的知识、能力和素质，重构了课程内容，打破了传统的教学模式，编写了以行动为导向，以工作任务为载体的《输配电线路运行与检修》课程教材。

　　输配电线路运行与检修是高压输电线路施工运行与维护专业的核心课程，对应输、配电线路运行岗和检修岗。

　　本书针对岗位工作任务要求，以现场标准化作业流程为核心组织编写，为高职教育实现真正意义上的工学结合提供配套的"行动导向"教材。在内容编排上突出操作性与实用性，重点突出工作流程、规范工作要求，辅以必备的、相关的理论基础知识。

　　本书内容分为架空输配电线路运行要求与事故分析、架空输配电线路日常维护与检测、架空输配电线路巡视检查与运行管理、架空输配电线路停电检修、架空输配电线路带电作业、电力电缆运行维护与管理和电力电缆检修七个学习项目，每个学习项目下设多个任务。每个任务相对独立，充分体现了工作过程的完整性和实际操作的可行性。

　　在本书的编写过程中，考虑到高职教育是高等教育的一部分，作为培养高级应用型人才的高职教材，必须具备一定深度的理论基础，本书每个任务编排时主要由布置任务、相关知识、任务实施、巩固与练习等部分组成，将每个任务的相关知识组合起来，形成较为系统的专业理论知识体系。本书与国网大学合作，配套了相关的微课和视频，并添加了课程思政资料，可扫描封面二维码观看。为学习贯彻落实党的二十大精神，本书根据《党的二十大报告学习辅导百问》《二十大党章修正案学习问答》，在数字资源中设置了"二十大报告及党章修正案学习辅导"栏目，以方便师生学习。

　　本书由长沙电力职业技术学院杨尧和山西电力职业技术学院胡宽主编，西安电力高等专科学校侯梁、安徽电气工程职业技术学院赵方、三峡电力职业学院汪敏、四川电力职业技术学院赵尧麟副主编，长沙电力职业技术学院汤昕编写，由四川电力职业技术学院（国网四川省电力公司技能培训中心）汤晓青主审。项目背景、架空输配电线路日常维护与检测及架空输配电线路巡视检查与运行管理由杨尧编写，架空输配电线路运行要求与事故分析由汤昕、杨尧编写，架空输配电线路停电检修由胡宽、赵方、赵尧麟编写，架空输配电线路带电作业由汪敏、杨尧编写，电力电缆运行维护与管理和电力电缆检修由侯梁、汤昕编写。本书编写过程中，得到湘潭电业局线路管理所高级技师刘光辉、长沙电业局线路管理所刘狄夫及电缆管理所高级技师唐斌的大力支持和帮助，在此深表谢意。

　　限于编者水平，书中的疏漏之处恳请读者批评指正。

编　者

2022 年 11 月修改

目　录

前言

扫一扫，获得本书资源

输配电线路运行与检修概述

电力行业是国民经济正常运行和发展的重要基础，是国家经济发展战略中的重点和先行产业，它的发展是社会进步和人民生活水平不断提高的需要。改革开放以来，中国电力工业发展迅速，在电源建设、电网建设等方面均取得了令世人瞩目的成就，正步入"大电网、大电厂、高电压、高自动化"的新阶段。

多年的实践和探索证明，电网的安全、经济、可靠运行，是电力企业生产建设的重要环节之一。超高压、特高压的大电网，一般采用的是架空电力线路输送电能的方式。架空线路分布在田野、丘陵、城镇之中，长期受到自然环境影响，随时可能遭受到自然灾害的侵袭和各种人为的外力破坏。为了确保电网安全、经济、可靠供电，对线路运行管理工作提出了很高的要求。

1. 认识输配电线路运行与检修的对象

输配电线路运行与检修人员是保网保供电的主力军，输配电线路运行与检修课程主要培养其线路运行管理、线路维护检修的能力。

（1）线路设备的管理工作。每条线路都要明确设备运检管理人员。每条线路必须有明确的维修界限，应与发电厂、变电站和相邻的运行管理单位明确划分分界点，不得出现空白点。

1）线路最后一个耐张绝缘子串使用连续式耐张线夹时，分界点在引下线与线路隔离开关（或阻波器）连接处，引下线及端子线夹属线路维护。

2）线路最后一个耐张绝缘子使用卸开式耐张线夹时，引下线可在耐张线夹处分开，耐张线夹及其连接螺栓属线路维护。

3）线路电压互感器、耦合电容器、避雷器及其连接线不属线路，但线路检修时应代为检查架空线和引下线连接线夹是否紧密良好。

4）架空线路与发电厂、变电站户内配电装置分界点在穿墙套管的引流线夹。

5）电缆线路与架空线路、变电站的分界点在电缆线路终端头接线端子，接线端子上的连接螺栓属电缆线路。

6）高低压线路合杆架设，分界点为低压线路横担与杆塔连接处。

7）相同电压等级线路同杆架设，分界点在杆塔与导地线连接金具连接处，杆塔归属由协商确定。

8）一条架空线路涉及两个以上单位时，分界点应属主要受益单位或按已签订的协议。

每条线路应建立设备台账，35kV 及以上线路运检管理部门应建立专档。老线路改造或停运，新线路投产、投运、停运一个月，运行单位将设备台账更改后或填写线路专档后，报运检管理部门。

　　每季度应做好线路设备评级。各单位在季末次月 5 日前报运检管理部门。

　　（2）线路运行的管理工作。线路的运行工作必须贯彻安全第一、预防为主的方针，严格执行《电业安全工作规程（电力线路部分）》的有关规定。运行单位应全面做好线路的巡视、检测、维修和管理工作，应积极采用先进技术和实行科学管理，不断总结经验、积累资料、掌握规律，保证线路安全运行。

　　1）线路巡视工作。线路巡视包括正常巡视，事故巡视，特殊巡视，夜间、交叉和诊断性巡视，登杆塔巡视，监察巡视等。各种巡视工作在不同需要时进行。

　　事故之后还要组织巡视检查，找出事故地点和原因，了解当时气象条件及周围环境，做好记录，以便事故分析。对重大事故要进行分析提出对策和措施，做到"四不放过"，即事故原因不清楚不放过，事故责任者和应受教育者没有受到教育不放过，没有采取防范措施不放过，事故责任者没有受到处罚不放过。

　　35kV 及以上送电线路，运行时故障频发的线段，可划分线路运行特殊区域，特殊区域一般包括污秽区、雷击区、风害区、覆冰区、鸟害区、导线和避雷线振动区及易受外力破坏区等。可以有针对性、有重点地做好这些区域的线路运行工作。

　　2）群众护线。开展群众护线是供电部门维护电力线路安全运行的有效措施之一，运行单位应根据护线工作需要，定期召开群众护线员会议。总结交流护线经验，普及护线常识，表彰和奖励先进，其资金应予专项落实。

　　3）检查和测量工作。线路应加强接地的检查和测量、导地线的检查和测量、绝缘子清扫和零值测试、杆塔倾斜和拉棒锈蚀腐烂检查和测量，以及架空线路交叉跨越其他电力线路或弱电线路的定期检查和测量。

　　4）设备缺陷管理和设备健康统计工作。运行单位应加强对设备缺陷的管理，做好缺陷记录，定期进行统计分析，提出处理意见。设备缺陷按其严重程度分为三类：①一般缺陷，是指对近期安全运行影响不大的缺陷，可列入年、季度检修计划中消除；②重大缺陷，是指缺陷比较重大但设备在短期内仍可继续安全运行的缺陷，应在短期内消除，消除前应加强监视；③紧急缺陷，是指严重程度已使设备不能继续安全运行，随时可能导致事故发生的缺陷。必须尽快消除或采取必要的安全技术措施进行临时处理，随后消除。

　　运行人员发现紧急缺陷后应视现场交通和通信情况，迅速向工区领导或安全员报告。

　　事故统计和汇编是运行经验的积累。运行单位必须按电压等级和责任分类做好历年的事故统计和分析，为修订规程、制度和反事故措施提供可靠的依据。

　　设备的健康状况，应按国家电网公司的"电力设备评级办法"和"各地网局供电设备评级标准的规定"进行评级。线路设备评级每年不少于一次，并提出设备升级方案和下一年度大修改进项目。

　　设备评级与设备缺陷分类有密切联系。只有缺陷分类严密，定级才能正确，才能指导每年大修、改进工程的进行。

　　5）线路运行单位技术资料和有关规程应保持完善和准确。

　　（3）线路检修的管理工作。运行单位必须以科学态度管理输电线路，可探索依据线路运行状态开展维修工作，但不得擅自将线路分段维修或延长维修周期。

　　线路检修是保证线路健康和正常运行的必要工作，应贯彻"应修必修、修必修好"的原则。做好检修施工管理工作是保证完成任务的重要组织措施。检修施工期间是检修活动高度集中的阶段，应充分发挥各级人员作用。

现场工作负责人在开工前要办理好停电申请和工作票许可手续，严防发生人身和设备事故，保证检修质量，坚持"质量第一"的方针，在进度、节约等和质量发生矛盾时，应服从质量的要求。

为了保证线路检修质量，检修人员要做到质量精益求精，不合格的不交验，运行人员要按照验收制度，对每一个项目认真进行检查，质量达到标准的，在验收簿上签名并做出评价。

线路竣工验收后，检修单位要填写线路检修竣工报告，内容包括检修计划日期、开工日期、处理了哪些主要缺陷、耗费了多少工时、主要材料和费用、还存在哪些主要问题、检修评价及设备评级。

各级领导还要重视线路带电作业工作。对带电作业的人员配备、工具的添置、新项目的研究、工具房的设置等，应给予支持解决，并应严格审查带电作业的各项安全措施，防止人身事故发生。

带电作业人员应经专门培训，并经考试合格、领导批准后，方能参加带电作业工作。对110kV以上输电线路要开展带电综合检修。

（4）线路基建与改进工程的质量管理工作。运行单位应参与线路的规划、路径选择、设计审核、杆塔定位、材料设备的选型及招标等生产全过程管理工作，并根据本地区的特点、运行经验和反事故措施，提出要求和建议，力求设计与运行协调一致。

运行单位在施工期间，要派人员常驻施工现场，了解施工质量，发现问题应及早提出改进意见，共同协商保证工程质量。运行单位还应派人员参加分阶段验收和总体工程验收。基础施工和导线连接属于重要的隐蔽工程项目，必须实行中间验收制度。

新建电力电缆和架空送配电线路，必须符合 GB 50233《110～500kV 架空送电线路施工及验收规范》中各项质量标准。如验收时发现严重威胁线路安全运行的缺陷或有关线路必要的设计技术资料、图纸和协议书等没有按验收规范规定交齐，运行单位先商请施工单位限期解决。若仍无效时，运行单位可提出延期接收，直至拒绝接收。

2. 送电线路工、配电线路工的素质要求

在电力生产中，许多事故的发生都与线路工自身素质有很大关系。大多数事故是线路工"违章、麻痹、不负责任"造成的。当前，如果线路工还停留在以前的工作状态、工作水平上，不立足本职岗位认真学习，将跟不上时代发展的步伐，跟不上科技的发展，就无法在日常工作中完成自己应当完成的工作任务。在电力企业迅速发展的今天，线路工应具备以下基本的素质要求：

（1）强健的体格。线路技术工人的主要工作任务是对输配电线路实施管理、维护和检修，线路技术工人劳动强度大，杆上作业比较多，线路设备（如电杆、绝缘子、横担等）比较重。因此，没有好的身体素质是很难胜任线路维护和检修工作的。

（2）顽强的斗志和乐观的人生观。哪里有电力用户，线路就要连到哪里。中国地域辽阔，地形复杂多样，气候条件千差万别，架空线路裸露在自然环境中，而线路技术工人的主要工作任务是保证所有供电线路的安全、可靠、经济运行。线路设备繁多、笨重，线路维护检修工作路途遥远，野外抢修、高处带电作业、作业、检修工作环境恶劣，条件艰苦，文化娱乐设施少。因此，线路工应具有顽强的斗志与积极乐观的人生态度，为社会主义公用事业乐于奉献的高尚境界，这是当好线路工的关键。

（3）高度的责任心和良好的职业道德。线路运行与检修工作，虽然看似简单，但对于关键的部位其维护与检修都需要达到毫米级，稍有不慎，就会造成倒杆断线等重大事故。而且，这些工作大多内容相同，每天的工作重复性比较大。因此，能否具有高度的责任心和良好的职业道德，做到热爱本职工作，具有安全防护能力，掌握紧急救护知识，能实施触电急救和人工呼吸，是从事线路运行管理与维护检修工作必备的条件。

（4）扎实的专业理论知识和丰富的实践经验。输配电线路运行环境复杂，气候多变，用电负荷波动较大，要想线路保持长期安全稳定经济运行，线路技术工人必须具备扎实的专业理论知识和丰富的实践经验。

（5）良好的沟通能力和适应能力。随着电压等级的不断升高和电网规模的迅速扩大，高电压等级远距离输电线路越来越多，线路通道的管理、防外力破坏等工作除了要求线路工熟悉相关的国家政策、法律法规外，更需要他们有良好的沟通能力，与线路周边群众建立良好的人际关系，了解当地群众的生活习性及民风民俗，充分发动群众护线，才能有效维护线路安全运行。线路工要能配合或组织有关人员，集体协作完成既定操作，能用精炼语言进行联系、交流工作。

（6）学习和创新能力。随着我国特高压和智能电网建设技术的进步和发展，对特高压和智能电网的运行与维护工作也在不断增加。线路技术工人要有良好的学习能力和创新能力，在这个激烈变革的时代，学习能力是获取知识的真正源泉。

3. 岗位责任制

（1）线路专责人。线路专责人是线路运行的专责技术人员，主要工作及职责有以下十个方面：

1）贯彻执行上级有关线路专业方面的指示、文件，提出生产、基建等工作建议。

2）参加新建、改建线路设计复查、竣工验收和启动会议，坚持基建质量验收标准，把好质量关。

3）参与制订年度检修计划，审查检修项目，提出更新改造方案。

4）协助培训教育部门做好线路运行、检修、带电作业人员的在职培训工作。

5）组织有关人员划定线路运行特殊区域，以便加强运行中的监视、检查和进行季节性预防工作。

6）配合市政建设单位，做好避免线路易遭受外力破坏的预防工作。

7）配合绝缘专责人员，做好线路绝缘监督工作，分析研究如何防污闪、防绝缘子老化等问题，并及时提出处理方案。

8）协助领导组织有关部门参加的特巡、夜巡、监督性巡视和安全生产大检查。

9）配合安监部门参加事故调查，做好事故统计和分析，找出事故发生的原因和规律性，为制订反事故技术措施提供依据。

10）做好年度工作总结，积累运行经验，提高管理水平。

（2）线路运行、检修工人。线路运行、检修工人必须做到"三熟三能"，并不断提高技术水平。

1）线路运行工人的"三熟"：熟悉设备、系统和基本原理，熟悉操作和事故处理，熟悉本岗位的规程制度。

2）线路运行工人的"三能"：能分析运行状况，能及时发现故障和分析判断故障，能掌握一般的维修技能。

3）线路检修工人的"三熟"：熟悉设备、系统和基本原理，熟悉检修工艺质量和运行知识，熟悉本岗位的规程制度。

4）线路检修工人的"三能"：能看图纸和画简单的加工图，能修好设备和排除故障，能掌握一般的钳工工艺和常用材料性能。

（3）线路运行班（站）长。线路运行班或保线站是线路运行管理的基层单位，班（站）长应做好以下主要工作：

1）按线路工区制订的计划，安排班内人员的工作，保证运行工作按规定周期与规定项目进行，如定期巡视、夜间巡视、特殊巡视、登杆检查、测量绝缘子绝缘电阻及接地电阻、检查导线接头、护线宣传等。

2）每天或定期召开碰头会，听取运行人员汇报工作及安全情况，商讨解决办法和安排一阶段工作，自评和互评工作质量。

3）定期参加巡线工作，检查巡线工作质量。

4）做好群众护线组织工作，协助群众护线员开展工作，复查和处理群众护线员所报告的线路缺陷。

5）明确班（站）内运行人员的分工，使每条线路、每个设备均有专人负责管理。

6）经常对设备运行情况进行分析，提出改进意见向领导汇报。

7）检查各种原始资料及运行记录，保证及时、准确、齐全。

8）对缺陷记录定期进行统计分析，并组织处理（重大缺陷报上级领导处理），组织运行人员提出大修、小修缺陷项目。

9）组织班（组）内经验交流和宣贯企业文化。

10）提出线路的事故备品，指定负责保管人员，定期检查完好程度及数量，并督促及时补充。事故备品如由工区（队）或上级单位负责保管时，此条可不列。

项目一

架空输配电线路运行要求与事故分析

【项目导航】

当你作为新员工进入某供电公司线路运行班组工作时，班长安排你和其他员工一起开展架空输配线路的日常维护和管理工作，你知道架空输配电线路的运行要求吗？当气候发生变化，自然环境变得特别恶劣时，你知道应该采取什么措施预防线路事故发生吗？以上这些是输配电线路专业从业人员的日常工作内容，也是在本项目中要学习的专业知识和要完成的学习任务。

【项目目标】

知识目标

1. 熟悉架空输配电线路的基本结构及各组成部分的运行要求。
2. 了解架空线路故障发生的原因。
3. 掌握防止架空线路发生故障的相关措施。

能力目标

1. 能按线路运行指标要求进行线路日常维护和管理工作。
2. 能根据气候变化的特点提出防止架空线路事故发生的措施。

素质目标

1. 能主动学习，在完成任务过程中发现问题，能把握问题本质，具有分析问题及解决问题的能力。
2. 具有安全意识，善于沟通，能围绕主题讨论、准确表达观点。学会查找有用资料，书面表达规范清晰。

【项目要求】

本项目要求学生完成七个学习任务。通过七个学习任务的完成，使学生进一步掌握架空输配电线路的组成及各部分的功用，熟悉架空线路的运行要求，理解架空线路事故预防工作的重要性，并掌握预防线路事故的专业能力。

【项目计划】

项目计划参见表 1-1。

表 1-1　　　　　　　　　　　　　项 目 计 划

序号	项目内容	负责人	实施要求	完成时间
1	任务 1：线路运行要求的认知	各小组长	（1）研讨任务，制定工作计划 （2）各小组成员明确分工，按工作计划完成任务要求 （3）学会搜集整理生产现场资料，领会电力安全工作规程及架空线路运行规程要求 （4）各小组进行客观评价，完成评价表	8课时
2	任务 2：线路雷击事故案例分析	各小组长	（1）研讨任务，制定工作计划 （2）各小组成员明确分工，按工作计划完成任务要求 （3）了解雷击线路的特点及原因，掌握线路事故分析方法 （4）知晓架空线路防雷的措施及防雷新技术的应用 （5）各小组进行客观评价，完成评价表	4课时
3	任务 3：线路污闪事故案例分析	各小组长	（1）研讨任务，制定工作计划 （2）各小组成员明确分工，按工作计划完成任务要求 （3）了解线路污闪故障的特点及原因，掌握线路事故分析方法 （4）知晓架空线路防污的措施及防污新技术的应用 （5）各小组进行客观评价，完成评价表	2课时
4	任务 4：线路风偏事故案例分析	各小组长	（1）研讨任务，制定工作计划 （2）各小组成员明确分工，按工作计划完成任务要求 （3）了解线路风偏故障的特点及原因，掌握线路事故分析方法 （4）知晓架空线路防风偏的措施及防风偏新技术的应用 （5）各小组进行客观评价，完成评价表	2课时
5	任务 5：线路振动事故案例分析	各小组长	（1）研讨任务，制定工作计划 （2）各小组成员明确分工，按工作计划完成任务要求 （3）了解线路振动的特点及原因，掌握线路事故分析方法 （4）知晓架空线路防振的措施及防振新技术的应用 （5）各小组进行客观评价，完成评价表	2课时
6	任务 6：线路覆冰事故案例分析	各小组长	（1）研讨任务，制定工作计划 （2）各小组成员明确分工，按工作计划完成任务要求 （3）了解线路覆冰的特点及原因，掌握线路事故分析方法 （4）知晓架空线路防覆冰的措施及防覆冰新技术的应用 （5）各小组进行客观评价，完成评价表	2课时
7	任务 7：线路鸟害事故案例分析	各小组长	（1）研讨任务，制定工作计划 （2）各小组成员明确分工，按工作计划完成任务要求 （3）了解线路鸟害的特点及原因，掌握线路事故分析方法 （4）知晓架空线路防鸟害的措施及防鸟害新技术的应用 （5）各小组进行客观评价，完成评价表	2课时
8	任务 8：线路外力破坏事故案例分析	各小组长	（1）研讨任务，制定工作计划 （2）各小组成员明确分工，按工作计划完成任务要求 （3）了解线路外力破坏的特点及原因，掌握线路事故分析方法 （4）知晓架空线路防外力破坏的措施及防外力破坏新技术的应用 （5）各小组进行客观评价，完成评价表	2课时
9	任务评估	教师		

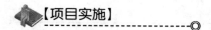【项目实施】

任务1　线路运行要求的认知

🎙【布置任务】

任务书见表1-2。

表 1-2

任　务　书

任务名称	线路运行要求的认知
任务描述	2013年11月9日，××线路实训场地有10kV架空配电线路和110kV架空输电线路各一条，已架设多年，请你查阅相关资料，对照实训场地线路实际运行情况，确认这两个电压等级的线路是否满足运行要求
任务要求	（1）各小组接受工作任务后讨论并制定工作计划 （2）阅读教材上相关知识部分 （3）搜集整理生产现场资料，领会电力安全工作规程及架空线路运行规程要求 （4）各小组长组织组员到线路实训场地查勘 （5）整理任务实施报告 （6）各小组进行客观评价，完成评价表
注意事项	（1）每位组员应阅读教材上相关知识部分，有不懂之处及时咨询指导老师 （2）组员之间应相互督促，完成本次学习任务 （3）现场观察，应注意保证人身安全，严禁打闹嬉戏 （4）发现异常情况，及时与指导老师联系 （5）安全文明作业
成果评价	自评： 互评： 师评：
小组长签字		组员签字	

日期：　　　年　　月　　日

📖【相关知识】

输配电线路由杆塔、基础、拉线、导线、地线、绝缘子、金具、接地装置及附属设施等元件组成，部分元件在线路竣工验收中已按设计和规程要求检测和校核，有的缺陷现状已存在且经过多年运行，其存在的缺陷也无扩大的趋势，如某直线塔的横担歪斜度已超标准要求的1‰，运行多年无发展趋势，且该横担也无法调整，因此运行单位对安全运行存在隐患的缺陷应重点关注和做好监控措施。

一、杆塔、基础和拉线的运行要求

1. 杆塔的运行要求

杆塔是输配电线路的主要部件，用以支持导线和架空地线，且能在各种气象条件下，使导线与地线之间、导线对地和对其他建筑物、树木植物等有一定的最小容许距离，并使输配电线路不间断地向用户供电。对杆塔的要求如下：

（1）杆塔的倾斜、杆（塔）顶挠度、横担的歪斜程度不超过表1-3规定的范围。

表 1-3　　　　　　　　　　　　　　杆塔倾斜、横担歪斜的最大允许值

类　别	钢筋混凝土电杆	钢管杆	角钢塔	钢管塔
直线杆塔倾斜度	1.5%	0.5%（倾斜度）	0.5%（50m 及以上高度铁塔） 1.0%（50m 以下高度铁塔）	0.5%
直线转角杆最大挠度		0.7%		
转角和终端杆 66kV 及以下最大挠度		1.5%		
转角和终端杆 110～220kV 最大挠度		2%		
杆塔横担歪斜度	1.0%		1.0%	0.5%

（2）转角、终端杆塔不应向受力侧倾斜，直线杆塔不应向重载侧倾斜，拉线杆塔的拉线点不应向受力侧或重载侧偏移。

（3）对铁塔的要求。

1）不得有缺件、变形（包括爬梯）和严重锈蚀等情况发生。镀锌铁塔一般每 3～5 年要求检查一次锈蚀情况。

2）铁塔主材相邻结点弯曲度不得超过 0.2%，保护帽的混凝土应与塔角板上部铁板结合紧密，不得有裂纹。

3）铁塔基准面以上两个段号高度塔材连接应采用防卸螺母（铁塔距地面 8m 以下必须进行防盗）。

（4）对钢筋混凝土电杆的要求。

1）预应力钢筋混凝土杆不得有裂纹。普通钢筋混凝土杆保护层不得有腐蚀、脱落、钢筋外露、酥松和杆内积水等现象，纵向裂纹的宽度不超过 0.1mm，长度不超过 1m，横向裂纹宽度不得超过 0.2mm，长度不超过圆周的 1/2，每米内不得多余三条。

2）对钢筋混凝土电杆上端应封堵，放水孔应打通。如果已发生上述缺陷不超过下列范围时可以进行补修：

a. 在一个构件上只容许露出一根主筋，深度不得超过主筋直径的 1/3，长度不得超过 300mm。

b. 在一个构件上只容许露出一圈钢箍，其长度不得超过 1/3 周长。

c. 在一个钢圈或法兰盘附近只容许有一处混凝土脱落和露筋，其深度不得超过主筋直径的 1/3，宽度不得超过 20mm，长度不得超过 100mm（周长）。

d. 在一个构件内，表面上的混凝土坍落不得多于两处，其深度不得超过 25mm。

（5）杆塔标志的要求。

1）线路的杆塔上必须有线路名称、杆塔编号、相位以及必要的安全、保护等标志，同塔双回、多回线路塔身和各相横担应有醒目的标识，确保其完好无损和防止误入带电侧横担。

2）高杆塔按设计规定装设的航行障碍标志。

3）路边或其他易遭受外力破坏地段的杆塔上或周围应加装警示牌。

2. 基础的运行要求

杆塔基础是指杆塔地下部分，其作用是防止杆塔因受垂直荷载，水平荷载及事故荷载等产生的上拔、下压甚至倾倒。杆塔基础运行要求如下：

（1）不应有基础表面水泥脱落、钢筋外露（装配式、插入式）、基础锈蚀、基础周围保护土层流失、凸起、塌陷（下沉）等现象。

（2）基础边坡保护距离应满足设计规定要求。

（3）对杆塔的基础，除根据荷载和地质条件确定其经济、合理的埋深外，还需考虑水流对基础土的冲刷作用和基本的冻胀影响；埋置在土中的基础，其埋深应大于土壤冻结深度，且应不小于0.6m。

（4）对混凝土杆根部进行检查时，杆根不应出现裂纹、剥落、露筋等缺陷。

（5）杆根回填土一定要夯实，并应培出一个高出地面300～500mm的防沉降土台。

（6）铁塔基础大部分是混凝土浇制的基础，要求不应有裂开、损伤、酥松等现象。一般情况，基础面应高出地面200mm，具体视设计要求而定。

（7）处在道路两侧地段的杆塔或拉线基础等应安装有防撞措施和反光漆警示标识。

（8）杆塔、拉线周围保护区不得有挖土失去覆盖土壤层或平整土地掩埋金属件现象。

3. 拉线的运行要求

拉线的主要作用为加强杆塔的强度，确保杆塔的稳定性，同时承担外部荷载的作用力。拉线的运行要求如下：

（1）拉线一般应采用镀锌钢绞线，钢绞线的截面积不得小于35mm²。拉线与杆塔的夹角一般采用45°，如受地形限制可适当减少，但不应小于30°。

（2）拉线不得有锈蚀、松动、断股、张力分配不均等现象。

（3）拉线金具及调整金具不应有变形、裂纹、被拆卸或缺少螺栓和锈蚀。

（4）拉线棒直径比设计值大2～4mm，且直径不应小于16mm。根据地区不同，每5年对拉线地下部分的锈蚀情况作一次检查和防锈处理。

（5）检查拉线应无下列缺陷情况：

1）镀锌钢绞线拉线断股，镀锌层锈蚀、脱落。

2）利用杆塔拉线做起重牵引地锚，在杆塔拉线上拴牲畜，悬挂物件。

3）拉线基础周围取土、打桩、钻探、开挖或倾倒酸、碱、盐及其他有害化学物品。

4）在杆塔内（不含杆塔与杆塔之间）或杆塔与拉线之间修建车道。

5）拉线的基础变异，周围土壤突起或沉陷等现象。

（6）X拉线交叉处应有空隙，不得有交叉处两拉线压住或碰撞摩擦现象。

二、导线与架空地线的运行要求

导线是电力线路上的主要元件之一，它的作用是从发电厂或变电站向各用户输送电能（主要包括汇集和分配电能）。导线不仅通过电流，同时还承受机械荷载。

架空地线又称避雷线，它一般架设在导线的上方，其作用是保护导线不受直接雷击。

1. 导线间的水平距离

正常状态，电力线路在风速和风向都一定的情况下，每根导线都同样地摆动着。但在风向，特别是风速随时都在变化的情况下，如果线路的线间距离过小，则在档距中央导线间会过于接近，因而发生放电甚至短路。

对1000m及其以下的档距，其水平线间距离可由式（1-1）确定，即

$$D = 0.4L_k + U_n/110 + \sqrt{f} \tag{1-1}$$

式中　D——水平线间距离，m；

L_k——悬垂绝缘子串长，m；

U_n——线路额定电压，kV；

$\sqrt{f}$——导线最大弧垂，m。

一般情况下，使用悬垂绝缘子串的杆塔，其水平距离与档距的关系，可采用表 1-4 的数值。

表 1-4　　　　　　**使用悬垂绝缘子串的杆塔，其水平距离与档距的关系**

水平线间距离（m）		3.5	4	4.5	5	5.5	6	6.5	7	7.5	8	8.5	10	11
标称电压（kV）	110	300	375	450	—	—	—	—	—	—	—	—	—	—
	220	—	—	—	—	440	525	615	700	—	—	—	—	—
	330	—	—	—	—	—	—	—	—	525	600	700	—	—
	500	—	—	—	—	—	—	—	—	—	—	—	525	650

注　表中数值不适用于覆冰厚度 15mm 及以上的地区。

2. 导线其他排列形式时线间距离

导线垂直排列时，其线间距离（垂直距离）除应考虑过电压绝缘距离外，还应考虑导线积雪和覆冰使导线下垂以及覆冰脱落时使导线跳跃的问题。

导线垂直排列垂直距离可采用 $\frac{3}{4}D$。使用悬垂绝缘子串的杆塔，其垂直线间距离不得小于表 1-5 的数值。

表 1-5　　　　　　　　**使用悬垂绝缘子串杆塔的最小垂直线间距离**

标准电压（kV）	110	220	330	500
垂直线间距离（m）	3.5	5.5	7.5	10.0

导线三角排列的等效水平线间距离，按式（1-2）计算，即

$$D_x = \sqrt{D_p^2 + \left(\frac{4}{3}D_z\right)^2} \tag{1-2}$$

式中　D_x——导线三角排列时的等值水平线间距离，m；

D_p——导线水平投影距离，m；

D_z——导线垂直投影距离，m。

覆冰地区上下层相邻导线间或架空地线与相邻导线间的水平位移，如无运行经验，不宜小于表 1-6 数值。

表 1-6　　　**覆冰地区上下层相邻导线间或架空地线与相邻导线间的水平位移**　　　（m）

标准电压（kV）	110	220	330	500
设计冰厚 10mm	0.5	1.0	1.5	1.75
设计冰厚 15mm	0.7	1.5	2.0	2.5

设计冰厚 5mm 地区，上下层相邻导线间或架空地线与相邻导线间的水平偏移，可根据运行经验适当减少。

在重冰区，导线应采用水平排列。架空地线与相邻导线间的水平位移数值，较表 1-6 中"设计冰厚 15mm"栏内的数值至少增加 0.5m。

3. 导线的弧垂

导线架设在杆塔上，在导线的自重及张力作用下，形成弧垂，如图 1-1 所示。图中 f 称为导

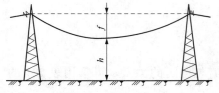

图 1-1　导线的弧垂和限距

f—导线弧垂；h—导线对地面或建筑物的距离

线的弧垂（或弛度），表示当导线悬挂点等高时，连接两悬挂点之间的水平线与导线最低点之间的垂直距离。

弧垂的大小直接关系线路的安全运行。弧垂过小，导线受力增大，当张力超过导线许可应力时会造成断线；弧垂过大，导线对地距离过小而不符合要求，在导线振动甚至舞动时，可能引起线路短路故障。

弧垂大小和导线的质量、空气温度、导线的张力及线路档距等因素有关。导线自重越大，导线弧垂越大；温度高时弧垂增大；温度低时，弧垂缩小；导线张力越大，弧垂越小；线路档距越大，弧垂越大。

弧垂的大小和各因素的关系可用式（1-3）表示，即

$$f = \frac{gl^2}{8\sigma_0} \tag{1-3}$$

式中　f——导线弧垂，m；

　　　l——线路档距，m；

　　　g——导线的比载，N/（m·mm^2）。

导线最低点的应力 σ_0（单位 N/mm^2）为

$$\sigma_0 = \frac{T_0}{A} \tag{1-4}$$

式中　T_0——导线最低点的张力，N；

　　　A——导线的截面，mm^2。

工程上根据式（1-3）和式（1-4）计算结果，制作弧垂表。

4. 导线对地距离及交叉跨越

为了保证电力线路运行安全可靠，因此规定了导线对地面或建筑物之间的距离限值，称为安全距离或限距，如图 1-1 所示。

在导线最大弧垂时，导线对地面最小容许距离见表 1-7。

表 1-7　　　　　　　　　　　　**导线对地面最小容许距离**　　　　　　　　　　　　（m）

地区类别	线路电压（kV）				
	66～110	220	330	500	750
居民区	7.0	7.5	8.5	14.0	20.0
非居民区	6.0	6.5	7.5	11.0 (10.5)	16.0
交通困难地区	5.0	5.5	6.5	8.5	12.0

　　注　1. 居民区是指工业企业地区、港口、码头、火车站、城镇、村庄等人口密集地区，以及已有上述设施规划的地区。

　　　　2. 非居民区是指除上述居民区以外，虽然时常有人、车辆或农业机械到达，但未建房屋或房屋稀少的地区。500kV 线路对非居民区，11m 适用于导线水平排列，10.5m 适用于导线三角排列。

　　　　3. 交通困难地区是指车辆、农业机械不能到达的地区。

导线在最大风偏时，与房屋建筑的最近凸出部分间的距离，不应小于表 1-8 的数值。

表 1-8　　　　　　　　　　**导线在最大风偏时和房屋建筑的容许距离**　　　　　　　　　（m）

线路电压（kV）	66～110	220	330	500	750
垂直距离	5.0	6.0	7.0	9.0	11.0
水平距离	4.0	5.0	6.0	8.5	10.0

线路经山区，导线距峭壁、突出斜坡、岩石等的距离不能小于表 1-9 的数值。

表 1-9　　　　　　　　导线风偏时与突出物的容许距离　　　　　　　　（m）

线路经过地区	线路电压（kV）				
	66～110	220	330	500	750
步行可以到达的山坡	5.0	5.5	6.5	8.5	10.0
步行不能到达的山坡、峭壁和岩石	3.0	4.0	5.0	6.5	8.0

当架空输电线路与通信线、电车线、电话线、电力线或其他管索道交叉时，输电线路应从上方跨越。当输电线路互相交叉时，电压高的线路应在上方通过，其安全距离不应小于表 1-10 和表 1-11 的数值。

表 1-10　　　　　输电线路与铁路、公路、电车道交叉或接近的基本要求　　　　　（m）

项　目		铁　路		公　路	电车道（有轨及无轨）	
导线或避雷线在跨越档内接头		不得接头		高速公路，一级公路不得接头	不得接头	
最小垂直距离（m）	线路电压（kV）	至轨顶	至承力索或接触线	至路面	至路面	至承力索或接触线
	66～110	7.5	3.0	7.0	10.0	3.0
	154～220	8.5	4.0	8.0	11.0	4.0
	330	9.5	5.0	9.0	12.0	5.0
	500	14.0 16.0 （电气铁路）	6.0	14.0	16.0	6.5
	750	20.0	7.0	18.0	20.0	8.0

表 1-11　　　输电线路与河流、弱电线路、电力线路、管道、索道交叉或接近的基本要求　　　（m）

项　目		通航河流		不通航河流		弱电线路	电力线路	管　道	索　道
导线或避雷线在跨越档内接头		不得接头		不限制		一级不得接头	220kV 及以上不得接头	不得接头	不得接头
最小垂直距离	线路电压（kV）	至 5 年一遇洪水位	至遇高航水位最高船桅顶	至 5 年一遇洪水位	冬季至冰面	至被跨越线	至被跨越线	至管道任何部分	至索道任务部分
	66～110	6.0	2.0	3.0	6.0	3.0	3.0	4.0	3.0
	154～220	7.0	3.0	4.0	6.5	4.0	4.0	5.0	4.0
	330	8.0	4.0	5.0	7.5	5.0	5.0	6.0	5.0

5．导、地线的连接

输电线路的每个线路档距及耐张段长度均不相同，导线架设时，要求除在耐张杆塔处机械分断外，呈连续线状。此外，为方便制造和运输，每盘导线都有一定的长度，所以在导线的架设时出现接头是不可避免的。导线在连接时，容易造成机械强度和电气性能的降低，可能导致某种缺陷。导线长期运行中，可能会引发故障，所以，在线路施工时，应尽量减少不必要的接头。

导线和地线的接头质量非常重要，导线接头的机械强度不应低于原导线机械强度的95%，导线接头处的电阻值或电压降值与等长度导线的电阻值或电压降值之比不得超过

1.0 倍。

6. 线路运行规程对导线与地线的要求

（1）导、地线由于断股、损伤造成强度损失或减少截面积的处理标准见表1-12。作为运行线路，导线表面部分损伤较多，主要承力部分钢芯未受损伤，可以采取补修方法时，应避免将未损伤的承力钢芯剪断重接，而且补修后应达到原有导线的强度及导电能力。但当导线钢芯受损或导线铝股或铝合金股损伤严重，整体强度降低较大时应剪断重接。

（2）导、地线表面腐蚀、外层脱落或呈疲劳状态时，应取样进行强度试验。若试验值小于原破坏值的80%应换线。

（3）一般情况下设计弧垂允许偏差：110kV及以下线路为+6%、−2.5%，220kV及以上线路为+3.0%、−2.5%。

表 1-12　　　　　　　导线、地线断股、损伤造成强度损失或减少截面积的处理

线　别	处理方法			
	金属单丝、预绞式补修条补修	预绞式护线条、普通补修管补修	加长型补修管、预绞式接续条	接续管、预绞丝接续条、接续管补强接续条
钢芯铝绞线钢芯铝合金绞线	导线在同一处损伤导致强度损失未超过总拉断力的5%且截面积损伤未超过总导电部分截面积的7%	导线在同一处损伤导致强度损失在总拉断力的5%～17%，且截面积损伤在总导电截面积的7%～25%	导线损伤范围导致强度损失在总拉断力的17%～50%，且截面积损伤在总导电部分截面积的25%～60%；断股损伤截面超过总面积25%切断重接	导线损伤范围导致强度损失在总拉断力的50%以上，且截面积损伤在总导电部分截面积的60%及以上
铝绞线铝合金绞线	断损伤截面积不超过总面积的7%	断股损伤截面积占总面积的7%～25%；断股损伤截面积占总面积的7%～17%	断股损伤截面积占总面积的25%～60%；断股损伤截面积占总面积的17%切断重接	断股损伤截面积超过总面积的60%及以上
镀锌钢绞线	19股断1股	7股断1股；19股断2股	7股断2股；19股断3股切断重接	7股断2股以上；19股断3股以上
OPGW	断损伤截面积不超过总面积的7%（光纤单元未损伤）	断股损伤截面占面积的7%～17%，光纤单元未损伤（修补管不适用）		

注　1. 钢芯铝绞线导线应未伤及钢芯，计算强度损失或总铝截面损伤时，按铝股的总拉断力和铝总截面做基数进行计算。
　　2. 铝绞线、铝合金绞线导线计算损伤截面时，按导线的总截面积做基数进行计算。
　　3. 良导体架空地线按钢芯铝绞线计算强度损失和铝截面损失。
　　4. 如断股损伤减少截面虽达到切断重接的数值，但确认采用新型的修补方法能恢复到原来强度及载流能力时，亦可采用该补修方法进行处理，而不做切断重接处理。

（4）一般情况下各相间弧垂允许偏差最大值：110kV及以下线路为200mm，220kV及以上线路为300mm。

（5）相分裂导线同相子导线的弧垂允许偏差值：垂直排列双分裂导线弧垂允许偏差值为

＋100mm，其他排列形式分裂导线：220kV 弧垂允许偏差值为 80mm，330kV、500kV 弧垂允许偏差值为 50mm。垂直排列两子导线的间距宜不大于 600mm。

（6）导线的对地距离及交叉距离符合表 1-5～表 1-9 所列要求。

（7）OPGW 接地引线不允许出现松动或对地放电现象。

在 DL/T 741—2019《架空输电线路运行规程》中弧垂允许偏差值是以《110～500kV 架空送电线路施工及验收规范》的标准为基础，负误差没有放宽，正误差适当加大而提出的。对地距离及交叉跨越的标准是根据多年积累的运行经验以及《电力设施保护条例》、《电力设施保护条例实施细则》中的规定提出的。

三、绝缘子与金具的运行要求

架空电力线路的导线，是利用绝缘子和金具连接固定在杆塔上的。用于导线与杆塔绝缘的绝缘子，在运行中不但要承受工作电压的作用，还要受到过电压的作用，同时还要承受机械力的作用及气温变化和周围环境的影响，所以绝缘子必须有良好的绝缘性能和一定的机械强度。

1. 对绝缘子的要求

（1）各类绝缘子出现下述情况时，应进行处理：

1）瓷质绝缘子伞裙破损、瓷质有裂纹、瓷釉烧坏。

2）玻璃绝缘子自爆或表面裂纹。

3）棒形及盘形复合绝缘子（伞裙、护套）破损或龟裂，断头密封开裂、老化；复合绝缘子憎水性降低到 HC5 及以下。

4）绝缘横担有严重结垢、裂纹、瓷釉烧坏、瓷质损坏、伞裙破损。

5）绝缘子偏斜角。

直线杆塔的绝缘子串顺线路方向的偏斜角（除设计要求的预偏外）大于 7.5°，且其最大偏移值大于 300mm，绝缘横担端部位移大于 100mm；双联悬垂串为弥补污耐压降低而采取"八字形"挂点除外。

（2）绝缘子质量不允许出现下述情况：

1）外观质量。绝缘子钢帽、绝缘件、钢脚不在同一轴线上，钢脚、钢帽、浇筑混凝土有裂纹、歪斜、变形或严重锈蚀，钢脚与钢帽槽口间隙超标。

2）盘型绝缘子绝缘电阻 330kV 及以下线路小于 300MΩ，500kV 及以上线路小于 500MΩ；且盘型瓷绝缘子分布电压为零或低值。

3）锁紧销脱落变形。

2. 对金具的要求

（1）金具质量。金具发生变形、锈蚀、烧伤、裂纹，金具连接处转动不灵活，磨损后的安全系数小于 2.0（即低于原值的 80%）时应予处理或更换。

（2）防振和均压金具。防振锤、阻尼线、间隔棒等防振金具发生位移，屏蔽环、均压环出现倾斜与松动时应予处理或更换。

（3）接续金具。跳线引流板或并沟线夹螺栓扭矩值小于相应规格螺栓的标准扭矩值，压接管外观鼓包、裂纹、烧伤、滑移或出口处断股、弯曲度不符合有关规程要求，跳线联板或并沟线夹处温度高于导线温度 10℃，接续金具过热变色，接续金具压接不实（有抽头或位移）现象，上述情况应予及时处理。

四、接地装置的运行要求

架空线路杆塔接地对电力系统的安全稳定运行至关重要，降低杆塔接地电阻是提高线路耐雷水平，减少线路雷击跳闸率的主要措施之一。

1. 接地装置的运行要求

（1）检测的工频接地电阻值（已按季节系数换算）不大于设计规定值，见表 1-13。

（2）多根接地引下线接地电阻值不出现明显差别。

（3）接地引下线不应出现断开或与接地体接触不良的现象。

（4）接地装置不应有外露或腐蚀严重的情况，即使被腐蚀后其导体截面积不低于原值的 80%。

（5）接地线埋深必须符合设计要求，接地钢筋周围必须回填泥土并夯实，以降低冲击接地电阻值。

表 1-13　　　　　　　　　　　　　　　　水平接地体的季节系数

接地射线埋深（m）	季节系数	接地射线埋深（m）	季节系数
0.5	1.4~1.8	0.8~1.0	1.25~1.45

注　检测接地装置工频接地电阻时，如土壤较干燥，季节系数取较小值；土壤较潮湿时，季节系数取较大值。

2. 杆塔接地装置的运行及维护

架空线路杆塔的接地装置，因运行环境恶劣，极易受到腐蚀和外力破坏，经对架空输电线路杆塔接地的多年追踪调查，发现输电线路的接地主要存在以下问题。

（1）腐蚀问题。容易发生腐蚀的部位如下：

1）接地引下线与水平或垂直接地体的连接处，由于腐蚀电位不同极易发生电化学腐蚀，有的甚至会形成电气上的开路。

2）接地线与杆塔的连接螺栓处，由于腐蚀、螺丝生锈，接触电阻非常高，有的甚至会形成电气上的开路。

3）接地引下线本身，由于所处位置比较潮湿，运行条件恶劣，运行中若没有按期进行必要的防腐保护，则腐蚀速度会较快，特别是运行十年以上的接地线，应开挖检测接地钢筋腐蚀和截面损失现象。

4）水平接地体本身，有的埋深不够，特别是一些山区的输电线路杆塔，由于地质基本为石层或土层薄，埋深有的不足 30cm，回填土又是用碎石回填，土中含氧量高，极容易发生吸氧腐蚀；在酸性土壤中的接地体容易发生吸氧腐蚀；在海边的接地体容易发生化学和电化学腐蚀。

（2）外力破坏问题。对于架空线路杆塔的接地装置，特别是接地线，外力破坏是一个需值得注意的问题，据对某 110kV 线路杆塔接地装置的调查，全线有 60% 的杆塔接地装置被破坏，如接地引下线被剪断、接地极被挖走等，对该线路的安全稳定运行造成了很大的影响。因而对架空线路的杆塔接地装置需定期巡视和维护，特别要注意以下几方面的巡视检查和维护工作：

1）定期巡视检查杆塔的接地引下线是否完好，如被破坏应及时修复，应定期进行防腐处理。

2）定期检查接地螺栓是否生锈，与接地线的连接是否完好，螺丝是否松动，应保证与接地线有可靠的电气接触。

3）检查接地装置是否遭到外力破坏，是否被雨水冲刷露出地面，并每隔五年开挖检查其腐蚀情况。

4）对杆塔接地装置的接地电阻进行周期性测量，检测方法必须符合辅助测量射线与杆塔人工敷设接地线 0.618 系数型式，检测得到的工频接地电阻应与季节系数换算后等同或小于设计值，若超标应及时改造。

五、附属设施的运行要求

（1）所有杆塔均应标明线路名称、杆塔编号、相位等标识，同塔多回线路杆塔上各相横担应有醒目的标识和线路名称、杆塔编号、相位等。

（2）标志牌和警告牌应清晰、正确，悬挂位置符合要求。

（3）线路的防雷设施（避雷器）试验符合规程要求，架空地线、耦合地线安装牢固，保护角满足要求。

（4）在线监察装置运行良好，能够正常发挥其监测作用。

（5）防舞防冰装置运行可靠。

（6）防盗防松设施齐全、完整，维护、检测符合出厂要求。

（7）防鸟设施安装牢固、可靠，充分发挥防鸟功能。

（8）光缆应无损坏、断裂、弧垂变化等现象。

【任务实施】

线路运行要求的认知

一、工作前准备

1. 课前预习相关知识部分，结合岗位工作任务要求，借阅架空线路运行规程及相关线路设计规程。

2. 熟悉架空线路运行要求的主要指标，并设计线路运行要求主要指标的登记表格。

二、操作步骤

1. 小组长组织班前会议，交代现场观察实训场地架空线路的主要内容及安全注意事项。

2. 以小组为单位进行现场观察，并在线路运行要求主要指标的登记表格中填写相关内容。

3. 观察记录完成后，小组长组织现场工作点评，并记录。

4. 以小组为单位向指导老师汇报线路运行检查情况。

三、评价标准

根据表 1-14 对任务完成情况做出评价。

表 1-14　　　　　　　　　　评　分　标　准

项　目	考核标准	配　分	扣　分	得　分
小组合作	（1）小组计划详细周密 （2）小组成员团结协作、分工恰当、积极参与 （3）能够发现问题并及时解决 （4）学习态度端正、操作熟练	20		
表格设计	（1）内容全面、条理清晰 （2）指标明确 （3）便于记录	30		

续表

项　目	考核标准	配　分	扣　分	得　分
标准执行	(1) 线路名称、电压等级记录正确详细 (2) 线路结构部分名称描述准确 (3) 线路运行标准要求清晰明了 (4) 现场安全措施组织得当	30		
安全文明	(1) 能遵守实训场地的规章制度 (2) 能爱护实习设施设备，不人为损坏仪器设备和元器件 (3) 保持环境整洁，秩序井然，操作习惯良好	20		

【巩固与练习】

一、选择题

1. 并沟线夹、压接管、补修管均属于（　　）。

(A) 线夹金具；　　　　(B) 连接金具；　　　　(C) 保护金具；　　　　(D) 接续金具。

2. 电力线路的杆塔编号涂写工作，要求在（　　）。

(A) 施工结束后，验收移交投运前进行；　　(B) 验收后由运行单位进行；

(C) 送电运行后进行；　　　　　　　　　　(D) 杆塔立好后进行。

3. 在线路平、断面图上常用的代表符号 N 表示（　　）。

(A) 直线杆；　　　　(B) 转角杆；　　　　(C) 换位杆；　　　　(D) 耐张杆。

4. 在 220kV 带电线路杆塔上工作的安全距离是（　　）m。

(A) 0.7；　　　　(B) 1.0；　　　　(C) 1.5；　　　　(D) 3.0。

二、简答题

1. 什么是导线弧垂？其大小与哪些条件有关？

2. 绝缘子和金具的运行要求有哪些？

任务 2　线路雷击事故案例分析

【布置任务】

任务书见表 1-15。

表 1-15

任　务　书

任务名称	线路雷击事故案例分析
案例材料	××地区，大部分为山区和丘陵地带，平均年雷暴日在 50 左右，属于强雷电活动地区。该地区四条 110kV 输电线路频繁发生事故，雷击故障占线路故障的绝大多数，近十年来总体比例为 70%，且绝大部分集中于山区。单条输电线路的雷击跳闸率很高，如其中一条 110kV 输电线路历年的平均雷击跳闸率为 7.64 次/(100km·40 雷日)，最高雷击跳闸率达到 13.58 次/(100km·40 雷日)。是规程推荐的典型值［山区线路为 1.18～2.01 次/(100km·40 雷日)］的 6.76～11.5 倍。该线路的特点： 　　(1) 所有单回路 110kV 输电线路都采用单避雷线，保护角为 20.55°～28.55° 　　(2) 山区输电线路由于地形复杂、土壤电阻率高、施工难度大，杆塔的接地电阻大都偏高。如该地区其中一条 110kV 线路的 157 号杆塔与 156 号杆塔现场测试其接地电阻，157 号 $R_g=120\Omega$，156 号 $R_g=175\Omega$，杆塔所在地的土壤电阻率也高达 4000Ω·m。 　　(3) 在山区由于地形的原因，往往在线路中有一些大跨越、大档距存在，如要跨越山谷、湖泊河流的大跨越，这些跨越地区的雷电活动就很频繁。某线路的 157 号杆塔与 156 号杆塔之间跨越一座高山，两塔之间的档距为 538m

续表

任务要求	（1）各小组接受工作任务后讨论并制定工作计划 （2）阅读教材上相关知识部分 （3）搜集本案例的现场照片及有关资料，找出线路雷击故障频繁发生的主要原因，提出有针对性的防雷措施 （4）撰写《线路雷击事故分析报告》 （5）各小组长组织审核《线路雷击事故分析报告》 （6）各小组准备好 5min 的汇报 PPT 并进行汇报 （7）各小组进行客观评价，完成评价表
注意事项	（1）每位组员应阅读教材上相关知识部分，有不懂之处及时咨询指导老师 （2）组员之间应相互督促，完成本次学习任务 （3）注意收集现场一手资料，有利于分析问题、提出针对性意见或建议
成果评价	自评： 互评： 师评：
小组长签字	组员签字

日期： 年 月 日

【相关知识】

一、雷电及参数

1. 雷电放电过程

雷电放电是一种气体放电现象，是由带电荷的雷云引起的。雷云是积聚了大量电荷的云团，一般认为雷云的形成是由于在含有饱和水蒸气的大气中，强气流将云中水滴吹裂时，较大的水滴带正电，较小水滴带负电，小水滴同时被气流携走，于是云的各部带有不同性质的电荷。这些带电的水滴被气流所驱动，逐渐在云层的某些部位集中起来，形成带电雷云。

雷云对大地的放电通常包括若干次重复放电过程。一般一次雷击分为以下三个阶段：

（1）先导放电。由于电荷在云层中并不是均匀分布的，在密集的电荷中心，当电场强度达到 25～30kV/m 时，附近的空气将被电离而出现导电的通道，电荷沿着这一通道，由密集电荷区向下发展，形成先导放电。先导放电一般是分级发展的，每级的长度为 50m，间歇时间为 30～90μs。当向下移动电荷增加到足以使下一级空气电离时，将继续下一通道的先导放电。在先导放电阶段，出现的电流还不大，仅数十至数百安培。

（2）主放电。当先导放电接近地面时，空气隙中的电场强度达到较高的数值，这将使空气产生剧烈的游离，会从地面较突出的部分发出向上的迎面先导。当迎面先导和下行先导相遇时，先导放电通道发展成为主放电通道，地面感应电荷与雷云电荷中和，伴随着雷鸣和闪电，出现大到数十甚至数百千安的放电电流。这就是雷电主放电阶段。

（3）余辉放电。主放电完成后，云中残余电荷继续沿着主放电通道流入地面，这一阶段称为余辉放电阶段。电流约为数百安培。持续 0.03～0.15s，云中电荷主要是在这一阶段泄入大地。

2. 雷暴日与雷暴小时

在一天内（或一小时内）只要听到雷声就算一个雷暴日，在一个小时内只要听到雷声就算是一个雷暴小时，每三个雷暴小时折合为一个雷暴日。我国年平均雷暴日分布情况为西北少于 25 日，长江以北 25～40 日，长江以南 40～80 日，南方大于 80 日。此外，一般热而潮湿的地区比冷而干燥的区域多、陆地比海洋多、山区比平原多。依据建筑物电子信息系统防雷技术规范 GB 50343—2012 3.1.3 规定，我国把年平均雷暴日数 $T > 90$ 的地区叫作强雷区，$40 < T \leqslant 90$ 的地区为多雷区，$25 < T \leqslant 40$ 的地区为中雷区，$T \leqslant 25$ 的地区为少雷区。

二、雷害事故发生的原因

雷击架空线路会在线路上产生雷击过电压。若线路的绝缘水平太低或防雷保护措施不力，就会发生各种形式的雷击事故，见图 1-2。

图 1-2　雷击架空线路示意

1. 线路雷电过电压分类

在雷雨季节，雷击线路产生的雷电过电压有感应过电压和直击雷过电压。

感应过电压是雷击线路附近大地或向避雷线上进行主放电，在线路上感应产生的过电压。在导线上方挂有避雷线时，导线上的感应过电压较低，影响不大；无避雷线时，感应雷过电压可能引起 35kV 及以下电压等级的线路闪络，对 110kV 及以上电压等级的线路，则一般不至于引起闪络。

根据雷击点的不同，线路直击雷有三种情况：雷击杆塔塔顶、雷绕过避雷线击导线（绕击）、雷击避雷线档距中央。

2. 耐雷水平

当雷电流超过该处杆塔的耐雷水平时，该杆塔的绝缘子串就可能闪络，造成跳闸。输电线路防雷性能的优劣主要是由耐雷水平以及雷击跳闸率来衡量。

雷击于架空线路时，不致使线路绝缘发生闪络的最大雷电流（kA）叫作该线路的耐雷水平。

（1）雷击杆塔塔顶。耐雷水平 I_1 为

$$I_1 = \frac{U_{50\%}}{(1-k)\beta R_i + \left(\frac{h_a}{h_t} - k\right)\beta \frac{L_t}{2.6} + \left(1 - k_0 \frac{h_g}{h_c}\right)\frac{h_c}{2.6}} \tag{1-5}$$

式中　h_a——杆塔横担高度，m；

　　　h_t——杆塔高度，m；

　　　h_c——导线悬挂的平均高度，m；

　　　h_g——避雷线悬挂的平均高度，m；

　　　k_0——避雷线和导线之间的几何耦合系数。

从式（1-5）可知，雷击杆塔时的耐雷水平与杆塔分流系数 β，杆塔等值电感 L_t，杆塔

冲击接地电阻 R_i，导、地线间的耦合系数 k 和绝缘子串的 50% 冲击闪络电压 $U_{50\%}$ 有关。k 越小则 I_1 越小，较易发生反击，因此，应按外侧或下侧导线作为计算对象。在实际工程中往往以降低杆塔接地电阻 R_i 和提高耦合系数 k 作为提高线路耐雷水平的主要手段。

雷击塔顶后，横担高度处杆塔电位高于导线电位的情况称为反击。GB 50064—2014《交流电气装置的过电压保护和绝缘配合设计规范》规定，不同电压等级的线路，雷击杆塔时的耐雷水平不应低于表 1-16 的数值。

表 1-16　　　　　　　　各级电压送电线路的耐雷水平（kV）

额定电压	35	110	220	330	500
一般线路反击耐雷水平	20～30	40～75	75～110	100～150	125～175
大跨越档距中央和变电站进线段耐雷水平	30	75	110	150	175

（2）绕击。GB 50064—2014 绕击时的耐雷水平可按式（1-6）估算，即

$$I_2 = \frac{U_{50\%}}{100} \tag{1-6}$$

根据式（1-6）可求出，110、220、500kV 线路绕击时的耐雷水平分别只有 7、12、27.4kA，因此，对于 110kV 及以上中性点直接接地系统的输电线路，一般都要求沿全线架设避雷线，以防线路频繁发生雷击闪络跳闸事故。

（3）雷击避雷线档距中央。雷击避雷线档距中央概率约 10%，不足以引起绝缘子串闪络。因此只需考虑雷击避雷线对导线的反击问题，根据我国线路多年运行经验的统计分析，对一般线路，档距中央避雷线与导线间的距离按式（1-7）所示的经验公式确定，即

$$S \geqslant 0.012l + 1 \tag{1-7}$$

式中　S——档距中央避雷线与导线间的距离，m；

　　　l——档距长度，m。

3. 导致输配电线路雷害事故的具体原因

导致输配电线路雷害事故，一般来说由以下因素引起：

（1）线路绝缘水平低。绝缘子片数不够或绝缘子串中有低值或零值绝缘子未及时更换，绝缘子串的 $U_{50\%}$ 偏低，落雷时闪络概率增加。

（2）带电部分对地间隙不够。这里所指的"地"是电气意义上的"地"。

（3）避雷线布置不当。保护角偏大时，不能有效保护线路，这时特别容易造成绕击。在山区线路、水库边缘地区的线路，由于地形和微气象区的影响，即使避雷线布置恰当，也会发生避雷线失效，让雷直击导线。

（4）避雷线接地不良或避雷线与导线间的距离不够。避雷线接地不良，即接地电阻过大，耐雷水平下降，容易发生雷击故障。避雷线与导线间的间隙也应满足 DL/T 741—2019《架空输电线路运行规程》的要求。

（5）线路相互交叉跨越距离不够。当输电线路互相交叉或跨越电压较低线路时，为保证雷击交叉档不导致交叉点发生闪络，上方导线与下方线路之间垂直距离要满足 DL/T 741—2019 的要求。

（6）线路防雷薄弱环节措施未到位。输配电线路的一些防雷薄弱环节，如大跨越、大档距、多雷区、线路终端或断开处，应采取加强措施。

（7）线路位于雷击活动强烈区。杆塔处于易遭重复雷击的地区。根据雷击发生特点，多

重性雷击容易产生较大的破坏力。

三、雷害事故的特点

1. 雷击闪络的特征

每 100km 线路每年由于雷击引起的跳闸次数称为"雷击跳闸率"，这是衡量线路防雷性能的综合指标。

雷击跳闸会引起绝缘子闪络放电，会在绝缘子表面留下闪络放电痕迹。一般来说，绝缘子发生雷击放电后，铁件上有熔化痕迹，瓷质绝缘子表面釉层烧伤脱落，玻璃绝缘子表面存在网状裂纹。

雷击闪络发生后，由于空气绝缘为自恢复绝缘，被击穿的空气绝缘强度迅速恢复，原来的导电通道又变成绝缘介质，因此当重合闸动作时，一般重合成功。

反击和绕击的判别：不同的雷害故障应采取不同的措施，如绕击故障耐雷水平与接地电阻无关，故降低杆塔接地电阻的方法无效，因此，正确判别雷害故障的性质是很必要的。

（1）雷击故障鉴别的原理。当落雷于杆塔塔顶或避雷线上〔如图 1-3（a）所示〕，引起某相绝缘子串闪络，则雷电流通过杆塔入地的方向如 i_1、i_2 所示，这是反击闪络，这时 i_1、i_2 同方向。

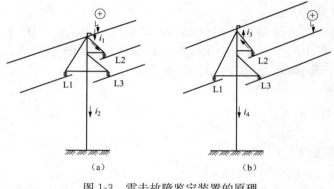

图 1-3　雷击故障鉴定装置的原理
(a) 杆顶落雷；(b) L2 相导线落雷

当落雷于某相导线上时〔如图 1-3（b）所示〕，引起该相绝缘子串闪络，这是绕击闪络，此时雷电流通过避雷线入地的方向 i_3 和通过杆塔入地的方向 i_4 相反。

因此，在 i_1、i_2 的位置或 i_3、i_4 的位置安装雷击故障的鉴别装置，可通过鉴别流过雷电流的方向判别雷击故障是反击还是绕击。

（2）雷击故障鉴别方法。鉴别雷击故障性质，可采用闪络相别鉴定法、雷电观测法、光导纤维装置鉴别法和磁钢棒鉴别法等。

1）闪络相别鉴定法。可根据闪络相别及相邻杆塔上所处的位置大致判别雷害事故的性质。

三角形排列的下导线由于和避雷线间距较大，因此耦合系数较小。在杆塔顶部落雷时，下导线最易闪络，这是反击的一个特点。

三角形排列的上导线，由于保护角较大，故易于受绕击，因为绕击概率和保护角成正比。对于水平排列的导线，边相易于受绕击。若雷绕击于一相导线，这相邻杆塔同一边相会同时闪络。

水平排列的导线，若中相发生雷击闪络或者同杆三相或同杆两相同时发生雷击闪络，则一般认为是反击闪络。

上述方法简单，但准确度较差。例如，三角形排列的下导线绝缘子串闪络，一般为反击闪络，但由于三相绝缘子串的冲击闪络强度，在现场肯定是有区别的，如果此时上导线绝缘子串有一只或多只零低值绝缘子，也可能下导线尚未闪络，上导线先闪络了。

2）雷电观测法。在安装了雷电观测装置的情况下才能采用该法。

在塔顶、架空地线、耦合地线上安装有雷电观测装置，可记录安装地点流过的雷电流大小和方向，因此可方便地决定落雷点的位置，即决定绕击还是反击。如图 1-4 所示一次雷击，5 号杆塔 L2 相绝缘子串闪络。通过观测装置，可发现雷落于 4 号杆～5 号杆塔间的避雷线上，即 5 号杆塔的 L2 相雷击闪络属反击性质。图 1-5 是一次绕击的雷电观测法雷击性质分析。29 号杆塔 L1 相雷击闪络，塔顶雷电流为 0，避雷线两侧、耦合地线两侧均有小幅值的雷电流记录，因此可判别是一次绕击。

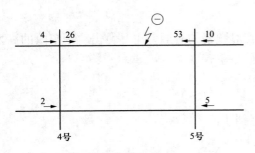

图 1-4 雷电观测法雷击性质分析图　　　　　图 1-5　一次绕击的雷电观测分析图

雷电观测法判别较为准确，但全线路安装雷电观测装置成本高，日常维护也比较麻烦。

3）光导纤维装置鉴别法。把此装置安装在图 1-3 所示的 i_1、i_2 或 i_3、i_4 的位置，就能够检测流过此处的雷电流的方向。若上下两处的方向相同即为反击，方向相反则为绕击。

这个装置的特点在于使用了光导纤维，不仅消除了雷电流的感应作用，还具有不存在因波阻抗而产生杆塔上下之间的电位差问题等优点。

4）磁钢棒鉴别法。该法是在图 1-3 所示的 i_1、i_2 或 i_3、i_4 的位置各装置一只普通的磁钢棒，将磁钢棒一端刷上红漆，在安装时应固定一个方向，不能随便乱装。例如图 1-3（a）所示的磁钢棒安装在 i_1、i_2 的位置，即面向受电侧杆塔的右面，其红头一律朝向送电侧。这样，若此杆塔顶落雷，就可根据磁钢棒红头的极性是否相同，来判别雷击故障的性质，即红头若为同极性，则为反击，反之则为绕击。这种方法简单且正确度高。

单基多相闪络若不含上线，则为雷击塔顶反击；相邻杆塔两相上线闪络为在档距中绕击；多基多相闪络，一般均为雷击塔顶反击；单基单相上线闪络为铁塔附近绕击，但雷击塔顶对上线的反击仍是可能的。相邻两基杆塔含有不同相闪络，可能为雷击档距中避雷线中央造成的反击，或两基杆塔遭受重复雷击，同为反击造成；单基单相中线或下线闪络，为雷击塔顶反击（因雷绕击档距中、下线时，将引起两杆塔同相闪络，由于塔头横档的屏蔽，在杆塔附近绕击中、下线是不可能的）；单基多相含上线的闪络，根据情况分析为雷击塔顶及绕击或原因不明。

按电压等级区分，对于 110kV 及以上电压等级输电线路来说，造成雷击跳闸的一般是直击雷过电压。直击雷主要是反击和绕击两种形式。线路绕击耐压水平远低于反击耐雷水平，一般的雷绕击导线都能使线路跳闸。以 500kV 线路为例，线路的绕击耐雷水平一般为 15～30kA，而反击的耐雷水平可达 100kA 及以上。大量计算和运行情况表明，对于 110～220kV 线路，绕击与反击均是危险的，但对于 330kV 及以上电压等级线路而言，绕击危险性更大。

2. 不同电压等级雷击跳闸特点

在各电压等级的输电线路中，110、220kV 线路雷击跳闸次数较多，2005 年我国 110、220kV 线路雷击跳闸占到总雷击跳闸数的近 90%。这是因为 110kV 和 220kV 线路条数较多、长度较长，耐雷击性能较低。

3. 不同地区雷击跳闸特点

全国各个地区中，华中和华东地区雷害问题突出，占到整个国家电网公司系统的大部分。华东和华中地区是典型的亚热带季节气候地区，且多山地丘陵地形，雷电活动频繁，是防雷的重点地区。

4. 雷击跳闸故障的季节特点

气象观测表面，春夏季是一年当中雷电活动相对频繁的时期，也是雷击跳闸事故的高发期。雷击跳闸具有明显季节性，即春夏季较多、秋冬季较少。

5. 雷击跳闸的地形、杆塔特点

遭受雷击的杆塔有如下特点：

(1) 水库、水塘附近的突出山顶，多数发生在半山区。

(2) 某一区段的高位杆塔或向阳坡上的高位杆塔。

(3) 大跨越杆塔，如跨越水库、江河的杆塔，档距在 800m 以上的杆塔等。

(4) 岩石处等杆塔接地电阻高的地方。

绕击率与杆塔高度、杆塔保护角及地面坡度成递增函数关系。当塔高增加，保护角变大，地面坡度增加，会使绕击区变大，增加跳闸率。实践证明，雷电活动随所在地区的地形地貌会有很大不同。山区尤其是坡度较大的山区线路的绕击率，远不止是平原的 3 倍。在一定条件下斜上坡外侧的绕击数可用山坡的角度加保护角来计算，内侧由保护角减坡角计算。

四、输配电线路的防雷措施

线路防雷工作是线路工作的重要内容。前面分析了雷害事故产生的原因，针对雷害事故形成的四个阶段，输配电线路在采取防雷保护措施时，要做到"四道防线"，即：

(1) 防直击（措施：采用避雷针、避雷线）。

(2) 防反击（措施：改善避雷线的接地，增大耦合系数，适当地加长线路绝缘，采用线路避雷器）。

(3) 防雷击闪络后，建立工频电弧（措施：消弧线圈接地）。

(4) 防止供电中断（措施：采用自动重合闸、采用双回路供电或环形供电）。

因此，输配电线路防雷设计的目的是提高线路的耐雷性能，降低雷击跳闸率。在雷害发展过程的各个环节，采取相应的措施。以下为一些常用的线路防雷措施。

1. 架设避雷线，减小保护角

避雷线是高压和超高压输电线路的最基本的防雷措施，其主要目的是防止雷直击导线，此外，避雷线对雷电流还有分流作用，可以减小流入塔杆的雷电流，使塔杆电位下降；对导线有耦合作用，可以降低导线上的感应过电压。

330kV 及以上应全线架设双避雷线，220kV 应全线架设避雷线，110kV 线路一般应全线架设避雷线，但在少雷区或运行经验证明雷电活动轻微的地区可不沿线架设避雷线。为了提高避雷线对导线的屏蔽效果，减小绕击率，避雷线对边导线的保护角应尽量小一些。保护

角一般取 $11°\sim30°$，对 330kV 和 220kV 双避雷线路，一般采用 $20°$ 左右，在南方多雷地区或绕击事故多的山区可采用 $0°$ 保护角或负保护角。究竟采用多大的保护角各地要根据各地的雷电活动情况，地理、地貌和运行经验确定。

为了降低正常工作时避雷线中电流所引起的附加损耗和将避雷线兼作通信用，可将避雷线经小间隙实现对地绝缘，雷击时此小间隙击穿，避雷线接地。

2. 降低杆塔接地电阻

对于一般高度的杆塔，降低杆塔的接地电阻是提高线路耐雷水平防止反击的有效措施。GB 50064—2014 规定，无避雷线的 $1\sim10$kV 配电线路，在居民区的钢筋混凝土电杆宜接地，钢管杆应接地，接地电阻均不宜超过 30Ω；有避雷线的输电线路，每基塔杆（不连避雷线）的工频接地电阻，在雷雨季节干燥时不宜超过表 1-17 所列数值。

在土壤电阻率 $\rho<1000\Omega\cdot m$ 的地区，杆塔的混凝土基础也能在某种程度上起天然接地体的作用，但在大多数情况下难以满足要求，故需另加接地装置。

在土壤电阻率低的地区，应充分利用塔杆的自然接地电阻，采用与线路平行的地中延伸埋设接地线的办法可以因其与导线间的耦合作用而降低绝缘子串上的电压，从而使线路的耐雷水平提高。

表 1-17　　　　　　　　　　　有避雷线输电线路塔杆的工频接地电阻

土壤电阻率（$\Omega\cdot m$）	100 及以下	$100\sim500$	$500\sim1000$	$1000\sim2000$	2000 以上
接地电阻（Ω）	10	15	20	25	30

目前降低接地电阻的方法包括利用外引接地装置、使用降阻剂、采用爆破接地技术、伸长水平接地体、接地模块等。

（1）在杆塔位置敷设水平接地体；在水平放射长度 1.5 倍范围内有较低土壤电阻率的地方，采用外引接地方式；采用深埋式接地体可以降低杆塔接地电阻。

（2）接地电阻降阻剂可以增大接地极外形尺寸，降低接地极与周围大地介质之间的接触电阻作用，在一定程度上降低接地极的接地电阻。

（3）爆破接地技术，通过爆破在土壤中形成裂隙，再用压力机将低电阻率材料压入爆破裂隙中，以达到通过低电阻率材料将地下较大范围的土壤内部沟通及加强接地电极与土壤或岩石接触，大幅度降低接地电阻的目的。

（4）非金属石墨接地模块是一种以非金属材料为主的接地体，它由导电性、稳定性较好的非金属矿物和电解物质组成，该产品有效地解决了金属接地体在酸性或碱性土壤中亲和力差、且易发生金属体表面锈蚀而使接地电阻变化，当土壤中有机物质过多时，容易形成金属体表面被油墨包裹的现象，导致导电性和泄流能力减弱的情况，增大了接地体本身的散流面积，减小了接地体与土壤之间的接触电阻，具有强吸湿保湿能力，使其周围附近的土壤电阻率降低，介电常数增大，层间接触电阻减小，耐腐蚀性增强，因而能获得较小的接地电阻和较长的使用寿命。

3. 架设耦合地线

在雷害事故多而改进其他防雷措施有困难时，可以采用在导线下方架设耦合地线的措施，其作用是增加避雷线与导线间的耦合作用以降低导线和绝缘子串上的电压。此外，耦合地线还可以增加对雷电流分流作用。运行经验证明，耦合地线对降低雷击跳闸率有较为显著的作用。

4. 采用不平衡绝缘方式

目前，同杆架设的双回路线路日益增多，对此类线路在采用一般的防雷措施尚不能满足要求时，还可采用不平衡绝缘方式来降低双回路雷击跳闸率，以保证不中断供电。不平衡绝缘的原则是使双回路的绝缘子串片数有差异，这样，雷击绝缘子串片数少的回路先闪络，闪络后的导线相当于地线，增加了对另一回路导线的耦合作用，提高了另一回路的耐雷水平使之不发生闪络以保证继续供电，一般认为，两回路绝缘水平的差异为 $\sqrt{3}$ 倍相电压（峰值），差异过大将使线路总故障率增加，具体应从各方面技术经济比较来决定。

5. 装设自动重合闸

由于线路绝缘具有自恢复功能，大多数雷击造成的冲击闪络和工频电弧在线路跳闸后能迅速去电离，线路绝缘不会发生永久性的损坏或老化，这也是防雷的最后一道保护，装设自动重合闸的效果很好。我国 110kV 及以上线路的重合闸成功率高达 75%～95%，可见自动重合闸是减少线路雷击停电事故的有效措施。

6. 采用消弧线圈接地方式

对雷电活动强烈、接地电阻又难以降低的地区，采用中性点经消弧线圈接地，能使雷电过电压所引起的相对冲击闪络不转变为稳定的工频电弧，绝大多数的单相雷击闪络接地故障将被消弧线圈所消除，大大减小了建弧率和断路器的跳闸次数。而在两相或三相遭雷击时，雷击引起第一相导线闪络并不会引起跳闸，闪络后的导线相当于地线，增加了耦合作用，使未闪络相绝缘子串上的电压下降，从而提高了耐雷水平。我国的消弧线圈接地方式运行效果良好，雷击跳闸率可降低 1/3 左右。在 6～66kV 网络中采用消弧线圈接地方式可有效降低雷击建弧率，降低雷击跳闸率，提高电网供电可靠性。

7. 装设侧向避雷针

运行的线路要调整避雷线的保护角相当困难，当输电线路避雷线的保护角不适合时，可采用侧向避雷针的办法（如图 1-6 所示）来加强对导线或绝缘子串的屏蔽，一般在横担处或避雷线处用角钢、圆钢或钢管伸出边相绝缘子串 3m 安装侧向避雷针，用以防止绕击事故的发生，但需要注意的是加装了侧向避雷针后会增大杆塔的引雷作用，为防止杆塔遭直击雷后的反击应当降低杆塔接地电阻并加强装侧针杆塔的绝缘子串的绝缘。

8. 安装线路避雷器

即使在全线架设避雷线，也不能完全排除在导线上出现过电压的可能性，安装线路避雷器（如图 1-7 所示）用作线路上雷电过电压特别大或绝缘弱点的防雷保护。可以使由于雷击

图 1-6　侧向避雷针　　　　　图 1-7　±500kV 直流输电线路避雷器

所产生的过电压超过一定的幅值时动作，给雷电流提供一个低阻抗的通路，使其泄放到大地，从而限制了电压的升高，保障了线路、设备的安全。

随着氧化锌避雷器的发展，复合外套氧化锌避雷器由于其重量轻、安全性好，已成功用于线路上，常将其安装在线路之间及高压线路与弱电（例如通信）线路之间的交叉跨越档、过江大跨越高杆塔、变电站的进线保护段等处。在多雷区，为防止雷电波或低压侧雷电波击穿配电变压器高压侧的绝缘，宜在低压侧装设避雷器。

9. 可控放电避雷针

安装可控放电避雷针是近年来输电线路防雷的新措施。由于上行雷不绕击，因为它自下而上发展的先导或者直接进入雷云电荷中心，或者拦截自雷云向下发展的先导，这样中和雷云电荷的反应在上空进行，自雷云向下的先导就不会延伸到被保护对象上。所以上行雷的上行先导对地面物体有屏蔽作用。可控放电避雷针就是利用这些特点通过巧妙的结构设计引发上行雷闪放电，达到中和雷云电荷、保护各类被保护对象的目的。

可控放电避雷针由针头、接地引下线、接地装置构成一套保护系统，其针头由主针、动态环、储能装置组成，如图 1-8 所示。

10. 加强绝缘

通过增加绝缘子串中的片数、改用大爬距悬式绝缘子、增大塔头空气间距等方法可以加强线路绝缘，在一定程度上也能提高线路的耐雷水平、降低建弧率，但实施起来会有相当大的局限性。受制于杆塔头部的结构和尺寸，也由于杆塔结构和高度变化使大地及地线屏蔽作用减弱造成绕击率增大，因此仅在落雷机会较多的个别大跨越高杆塔上、高海拔地区才使用。一般为了提高线路的耐雷水平，均优先考虑采用降低杆塔接地电阻的办法。

11. 雷电定位系统

雷电定位系统（LLS，Lightning Location System）是一套全自动、大面积、高精度、实时雷电检测系统（如图 1-9 所示），能实时遥测并显示云对地放电（地闪）的时间、位置、雷电流峰值和极性、回击次数以及每次回击的参数，雷击点的分时彩色图能清晰地显示雷暴的运动轨迹。雷电定位监测技术解决了困扰电网多年的雷击故障快速准确定位、真假雷害事故鉴别和雷电基础数据自动收集难题，成为我国电网生产运行中一项新的技术手段。

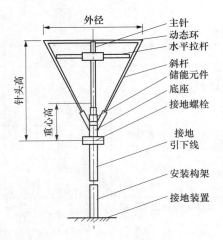

图 1-8　可控放电避雷针结构示意

图 1-9　雷电定位系统

【任务实施】

<h1 style="text-align:center">线路雷击事故案例分析</h1>

一、工作前准备

1. 课前预习相关知识部分。

2. 搜集线路雷击图片及相关资料。

二、操作步骤

1. 小组长组织班前会议，进行任务分工。

2. 小组长安排人员负责，将组员收集的资料归总整理，并组织召开线路雷击事故案例分析会。

3. 针对分析会上提出的疑义补充资料，着手准备撰写《线路雷击事故案例分析报告》。

4. 小组长组织审核本组撰写的《线路雷击事故案例分析报告》，并指定专人修改。

5. 小组长安排组员完成汇报PPT的制作，在小组会议上试讲一次，提出修改意见或建议并进行修改完善。

6. 以小组为单位向指导老师申请"线路雷击事故案例分析"汇报。

7. 汇报过程中，小组长安排组员记录指导老师和其他分析小组对本组"线路雷击事故案例分析"汇报的点评。

8. 汇报完毕后，小组长组织小组会议，对汇报会上老师及其他组提出的意见或建议进行汇总整理，并组织小组成员参照意见修改《线路雷击事故案例分析报告》。

9. 工作任务完成后，小组长组织召开"线路雷击事故案例分析"工作总结会议，点评各小组成员在完成本次任务中的表现、取得的成绩，指出不足，与小组副组长、学习委员商议，给小组每位成员评出一个合理的分数。

10. 小组长将修改后的《线路雷击事故案例分析报告》文档、汇报PPT、小组工作总结及小组成员成绩交给指导老师。

三、评价标准

根据表 1-18 对任务完成情况做出评价。

表 1-18　　　　　　　　　　　　　　评　分　标　准

项　目	考核标准	配　分	扣　分	得　分
小组合作	(1) 小组计划详细周密 (2) 小组成员团结协作、分工恰当、积极参与 (3) 能够发现问题并及时解决 (4) 学习态度端正、资料搜索能力强	20		
线路雷击事故案例分析报告	(1) 收集资料丰富，搜索方法先进，对资料进行分类整理 (2) 报告内容全面、事故原因分析到位，条理清晰、格式规范、语句通顺 (3) 防雷措施针对性强，具有可操作性 (4) 对国内外架空线路防雷技术有一定的了解	35		
案例分析汇报	(1) 汇报PPT制作颜色搭配协调，汇报文字简短清晰，图片、数据展示恰当 (2) 汇报者思路正确，态度端正，汇报姿态自然大方，口齿清楚，语言通顺，声音洪亮，普通话标准	30		

续表

项 目	考核标准	配 分	扣 分	得 分
安全文明	(1) 能遵守学习任务完成过程的考核规则 (2) 能爱护多媒体设备，不人为损坏仪器设备 (3) 能保持汇报教室环境整洁，秩序井然	15		

🤝【巩固与练习】

简答题

1. 谈谈你对配电网防雷与输电线路防雷工作的了解。

2. 简述你所在省份输配电线路防雷的现状及采取的防雷措施。

任务3　线路污闪事故案例分析

🎤【布置任务】

任务书见表 1-19。

表 1-19　　　　　　　　　　　　　　　任 务 书

任务名称	线路污闪事故案例分析
案例材料	2002 年 1 月 14～15 日，××省××地区 220、500kV 线路连续发生污闪跳闸事故，14 日 4 条 220kV 线路先后 6 次跳闸，有 5 次造成线路停运，15 日与××500kV 变电站相连的 4 条 500kV 线路有 3 条相继动作 10 次，其中一条动作 6 次，只有新建的一条 500kV 线路采用的是合成绝缘子，没有跳闸。在查线后发现，220kV 线路上，Ⅰ线 157 号杆塔瓷瓶污闪放电；Ⅱ线 132 号杆塔 B 相绝缘子炸裂，导线掉落在拉线上；Ⅲ线 146 号杆塔 C 相绝缘子炸裂，导线落在树枝上；Ⅳ（某）线铁合金厂内 220kV 变 6023 刀闸污闪放电。500kV 线路上，Ⅴ线 331 号杆塔 B 相悬垂串污闪放电；Ⅵ线 7 号杆塔 A、B 相跳线串污闪放电；Ⅶ线 203 号杆塔和 204 号杆塔 B、C 相悬垂串污闪放电。可见，污闪对电网稳定构成极大的威胁。 　　当时收集的资料显示： 　　(1) 2001 年下半年该省干旱少雨，尤其是事故前一个多月未下雨，2002 年 1 月 14～15 日，凌晨浓雾，可见度极低，空气湿度大 　　(2) 线路变电站附近有砖厂、水泥厂、铁合金厂、铝厂、矿石粉厂和化肥厂等，周边有基础建设，经济发展较快 　　(3) 原计划 2001 年 11 月安排 500kV 线路停电检修并进行清扫工作，由于电网运行的需要，计划未落实 　　(4) 部分 220kV 线路投运时间长
任务要求	(1) 各小组接受工作任务后讨论并制定工作计划 (2) 阅读教材上相关知识部分 (3) 搜集本案例的现场照片及有关资料，找出线路污闪事故发生的主要原因，提出有针对性的防污措施 (4) 撰写《线路污闪事故分析报告》 (5) 各小组长组织审核《线路污闪事故分析报告》 (6) 各小组准备好 5min 的汇报 PPT 并进行汇报 (7) 各小组进行客观评价，完成评价表
注意事项	(1) 每位组员应阅读教材上相关知识部分，有不懂之处及时咨询指导老师 (2) 组员之间应相互督促，完成本次学习任务 (3) 注意收集现场一手资料，有利于分析问题、提出针对性意见或建议
成果评价	自评： 互评： 师评：
小组长签字	组员签字

日期：　　年　　月　　日

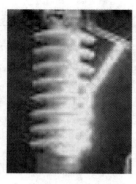

图 1-10　线路绝缘子污闪

【相关知识】

　　当架空线路的绝缘子表面黏附污秽物质后，在雾、露、毛毛雨、融冰、融雪等恶劣气象条件的作用下，吸收水分而具有导电性，致使绝缘子的绝缘水平大为降低，绝缘子表面的泄漏电流增加，以致在工作电压下也可能发生绝缘子闪络，通常称为污闪，如图 1-10 所示。

一、线路污闪事故的原因

　　污闪的发展过程一般可划分为四个阶段：①污秽在绝缘子表面沉积和累积；②污秽在绝缘子表面发生潮解，流过绝缘子表面泄漏电流增大；③绝缘子表面产生局部放电；④局部放电持续发展并最终导致闪络。因此，影响污秽绝缘子闪络的因素也与上面四个过程有关。

　　1. 污秽的影响

　　（1）污秽的分类

　　按污秽的来源可分为：

　　1）自然污秽。非人类活动引起，自然产生的污秽，如在空气中飘浮的微尘、海风带来的盐雾、盐碱严重地区大风刮起的尘土以及鸟类粪便等。

　　2）工业污秽。在工业生产中所产生的污秽，如火电厂、化工厂、水泥厂、煤矿、蒸汽机车等工业企业排出的烟尘或废气等。

　　3）生活污染。现代化城市中汽车、摩托车等机动车的尾气污染，在北方燃煤锅炉对市内线路的污染也是不可忽视的污染源。

　　按污秽的形态可分为：

　　1）颗粒性污秽。这种污秽物质一般是各种形式的颗粒，如氧化铝、氧化钙、氧化硅等灰尘、烟尘。

　　2）液体性污秽。如酸雨及冷却塔、喷水池放出的水雾、水滴等。

　　3）气体性污秽。气体性污秽物质弥漫在空气中，且有很强的附着力，如各种化工厂排出的 NO_2、SO_2、CO_2、CO 等气体，海风带来的盐雾等。

　　（2）污秽的危害。普通灰尘容易被雨水冲刷掉，对线路绝缘影响不大。但工业粉尘附在绝缘子表面能形成不易被冲掉的薄膜，因此对绝缘性能影响很大。煤烟的主要成分是氧化硅、氧化铝和硫，水泥厂喷出的飞尘主要是氧化钙和氧化硅，盐雾中主要含有氧化钠。这些污秽物质在干燥时导电性差，该状态下绝缘子放电电压和洁净干燥时非常接近；但其水溶液呈离子状态，有较高的导电系数。因此在遇到细雨、大雾、融雪等潮湿天气时被浸湿，在绝缘子表面就会形成一层导电水膜，使其中可溶性电解质被溶解，电阻就变小，绝缘子泄漏电流显著增大，绝缘水平就大大减低，以致在工作电压下也会引起绝缘子闪络。空气中的污秽气体吸湿后形成导电性能很强的液体，也使绝缘水平大大减低，引起绝缘子闪络。另外由于绝缘子各部分尺寸不等，受潮和积污的不同，其表面产生的干燥带与潮湿带交错杂乱，引起电压分布不均。这样在一定电压的作用下，便可产生局部放电，严重时导致整体闪络，出现污闪事故。

　　污秽除了容易引起绝缘子闪络，还能引起导线、避雷线、杆塔的金属部分发生锈蚀。

　　（3）污秽等级的划分。绝缘子表面越脏，污闪电压就越低，为了减少污闪的发生，应根据不同地区的大气污染状况，采取相应的绝缘措施。

目前，我国用爬距比（即绝缘子每 1kV 额定线电压的平均爬距）来衡量绝缘子的耐污性能。有关规程规定，在一般无明显污染地区，绝缘子串采用的最小爬距比为 16mm/kV（额定线电压）。对大气污染地区，则按照污染划分的不同等级，分别采用较大的爬距比。

电力系统外绝缘表面的积污程度与所在地区的环境污染有关，但外绝缘表面的积污程度不单指沉积的污染物的多少，而是指表面污层的导电程度。换言之，污染度除与积污量有关外，还与污染物的化学成分有关。通常用"等值附盐密度"来表示。测污染度的目的是为了划分区等级，决定不同污区内户外绝缘应有的绝缘水平。

GB/T 16434—1996《高压架空线路和发电厂、变电所环境污区分级及外绝缘选择标准》将线路的污级划分为 0、Ⅰ、Ⅱ、Ⅲ 和Ⅳ五级（见表 1-20）。根据污湿特征（污源、气象条件）、运行经验并结合外绝缘表面污秽物质的饱和等值附盐密度三个因素综合考虑决定。当三者不一致时，应根据运行经验进行决定。

表 1-20　　　　　　　　　　　高空架空线路污秽分级标准

污秽等级	污湿特征	等值附盐密度	线路绝缘子爬电比距（cm/kV）	
			220kV 及以上	330kV 及以上
0	大气清洁地区及离海盐场 50km 以上无明显污染地区	≤0.03 或 0.06	1.39（1.60）	1.45（1.60）
Ⅰ	大气轻度污染地区，工业和人口低密集区，离海岸盐场 10~50km 地区。在污闪季节中干燥少雾（含毛毛雨）但雨量较多时	>0.03~0.06	1.39~1.74（1.60~2.0）	1.45~1.82（1.60~2.0）
Ⅱ	大气中等污染地区，轻盐和炉烟污秽地区，离海岸盐场 3~10km 地区，在污闪季节中潮湿多雾（含毛毛雨）但雨量较少时	>0.06~0.10	1.74~2.17（2.0~2.5）	1.82~2.27（2.0~2.5）
Ⅲ	大气污染较严重的地区，重雾和重盐地区，近海岸盐场 1~3km 地区，工业与人口密度较大地区，离化学污源 300~1500m 的较严重污秽区	>0.10~0.25	2.17~2.78（2.50~3.20）	2.27~2.91（2.50~3.20）
Ⅳ	大气特别严重污染地区，离海岸盐场 1km 以内，离化学污源和炉烟污秽 300m 以内的地区	>0.25~0.35	2.78~3.30（3.20~3.80）	2.91~3.45（3.20~3.80）

2. 绝缘子串结构的影响

双串绝缘子的污闪电压比单串绝缘子低。这是因为较单串绝缘子来说，双串绝缘子之间电位分布更不均，闪络易发生，而周围电场畸变严重，局部放电闪络路径增加，闪络电压降低。

绝缘子串安装方式不同，其污闪电压也有明显差异。试验结果表明，由普通悬式绝缘子组成 V 形串时，其污闪电压比同一污秽程度的悬垂串提高 20%~30%。

3. 大气的影响

（1）湿度。绝缘子表面污秽湿润强度从最小值逐渐增加时，污秽层的受潮程度和导电率逐渐增加，则绝缘子污闪电压相应下降。但当污秽层受潮达到饱和后，由于污秽物质有可能被冲洗掉，而使污闪电压相应提高。因此，潮湿气象条件是发生污闪的必要条件，包括雾、露、毛毛雨、雨夹雪等，这些天气条件的共同之处在于它们都具有较高的湿度水平，但又没有形成大量的降水。

雾的浓度越大，含水量越高、持续时间越长，越容易使污秽层充分湿润，污闪概率高。

露水多在夏天早晨出现，对多数工业性污秽并不危险。毛毛雨对绝缘子表面污层的湿润是逐渐完成的，所以可溶性物质的清洗过程非常缓慢。雾与露湿润绝缘子是均匀的，而在毛毛雨下的湿润是不均匀的。在雨水不能直接落到的部位上，绝缘子受潮较小。因此，雾、露湿润下的绝缘子闪络电压要比毛毛雨下的绝缘子闪络电压低得多。有试验表明，在强度为1～30mm/h毛毛雨下的污秽绝缘子，闪络电压约比雾湿润时高出20%～40%。总之，雾、毛毛雨等潮湿气象条件易造成污秽严重地区电力设施瓷件污闪放电，导致电网间歇性接地故障。

而对线路绝缘子来说，大雨有利于清洗绝缘子表面，尤其是强度为每小时几十至几百毫米的大雨特别有效。

（2）导电水分直接湿润绝缘子。海水直接飞溅、盐碱地区发生的盐雾、工业区排放的气相化合物与大气水分化合成的酸碱性液体直接湿润绝缘子形成导电性较好的污层，易发生污闪。

另外，绝缘子污闪电压还与温度、海拔高度、气压、雨水酸度等因素有关。某地区11年间发生的20次严重污闪事故气温所处的范围在−8～4.8℃之间，这说明仅温度条件来说，在夏季、春末及严寒的冬季发生污闪概率低。海拔升高或气压降低，各种形状绝缘子的污闪电压降低。雾水酸度增加（pH值减小）即意味着雾水电导率的增大，绝缘子串污闪电压将随着酸雾pH值减小而下降。

4. 爬电距离的影响

绝缘子处于相同的运行条件下，有发生污闪的，也有不发生污闪的。究其原因，绝缘子的配置水平至关重要。首先，爬电比距必须满足污区图相对应污秽等级的要求。

外形简单的绝缘子爬电距离几何长度与污闪电压成正比。外形复杂的绝缘子的污闪电压并不随爬电距离增加而线性增加。因为复杂绝缘子在发生局部放电时，电流可沿个别区域的空气间隙发展；此外依靠增加棱槽等方法使爬电距离过分增加时，由于气流漩涡和滞流等影响可能使积污量增加。例如，几种大爬距绝缘子的爬电距离为普通绝缘子（XP-70）的1.4～1.6倍，但试验表明，轻污秽下污闪电压仅提高29%～42%，重污秽下提高更少。因此，提出爬电距离的有效系数来反映放电发展时爬电距离长度利用的有效性和绝缘子在运行条件下积污性能。目前，对该系数的研究表明盐密、绝缘子形式和材质的不同都会影响该系数的大小。

5. 污闪与雷击闪络的区别

根据运行经验表明，虽然都是沿绝缘子闪络发生的线路跳闸，且污闪发生的次数远远小于雷击闪络的次数，但污闪的危害性大，经济损失是雷击事故的10倍左右。所以说判断运行线路发生的绝缘子闪络是雷击闪络还是污闪，是预防线路跳闸，采取针对性防范措施的重要的实践依据。巡视检查中根据污闪和雷击在绝缘子或导线以及其他电气连接处上留下的痕迹（见表1-21），结合发生故障时的天气情况进行综合分析，可初步判断闪络的性质。

表 1-21   污闪与雷击闪络的区别

类　型	污　闪	雷击闪络
绝缘子上留下的痕迹	（1）发生在运行电压（工频电压）下，一般只在绝缘子串两端各1～2片绝缘子上留下明显的闪络痕迹（跳闪） （2）只有重复闪络才会造成整个绝缘子串均有闪络痕迹，甚至造成绝缘子破碎和钢脚或钢帽的烧伤	（1）雷击过电压下，由于雷电流很大，一般形成的是爬闪，且很少重复闪络 （2）有时一次雷击就会引起整串绝缘子闪络

类　型	污　闪	雷击闪络
导线上的烧伤痕迹	（1）在绝缘子上留下的烧伤痕迹比较集中，甚至在线夹上或靠近线夹的导线上留下痕迹 （2）由于污闪形成和作用的时间很长，因此导线烧伤面积虽小但严重	（1）在线夹到防振锤之间的导线上留下痕迹 （2）因雷电流大但作用时间短，因此导线烧伤面积大而烧伤程度相对轻
其他电气连接处上留下的痕迹	在线夹内烧伤导线现象，污闪多于雷击	（1）雷击引起的导线或避雷线的断股现象，多从线夹上烧断 （2）雷击闪络还可能烧伤导线挂线金具，避雷线悬挂点

注　跳闪指沿绝缘子串两端或每隔几片绝缘子闪络，爬闪指沿绝缘子表面闪络。

二、污闪事故的特点

总结污闪事故现象，其特点如下：

（1）污闪事故一般均是在工频运行电压长时间作用下发生的。

（2）污闪可造成大面积、长时间停电事故，一旦发生，往往不能依靠重合闸迅速恢复送电。由于处理故障时间长，往往需要更换一批损坏的绝缘子，更换损坏的导线，还要清扫绝缘子，造成重大停电损失，因此成为电力系统重大灾害之一。

（3）季节性强，污秽季节一般从初秋到来年初春。我国东北、西北地区约 200 天，华北地区约 180 天，华东地区约 120 天。一天之中，又以傍晚到清晨较易发生污闪。在污秽季节内，绝缘子串表面积污多，等值附盐密度大，如未及时清扫，遇潮湿天气可能发生闪络。大雾、毛毛细雨、凝露、毛雨夹雪是污闪最易发生的天气。

（4）升压线路未按污秽等级设计的线路易发生污闪事故。

（5）污闪会导致绝缘子炸裂损坏、导线落地或烧断，从而造成长时间的停电事故。

（6）中性点不直接接地系统中，一相首先闪络接地，其他二相电压升高 $\sqrt{3}$ 倍，加剧闪络。

通过分析污闪事故，我们还发现出现污闪的其他原因：

（1）绝缘子串中有零值绝缘子时易污闪。

（2）直线串绝缘子比耐张绝缘子易污闪。因为耐张绝缘子自洁性好，积污轻。直线串绝缘子个数比耐张串绝缘子个数少一个，也是原因之一。

（3）直线双串比单串绝缘子易闪络，特别是 500kV 带均压环的双串绝缘子。

（4）污闪与相别、塔型无关。

（5）绝缘子串有覆冰、积雪现象时，在冰雪消融时易发生污闪。

（6）污闪事故往往发生在被视为清洁区的地段，因为这些地段绝缘未加强，实际上又因为污区扩散不再清洁。

三、防止污闪事故的措施

在电力系统中，造成电力设备发生污闪的原因相当复杂，它涉及电力设备外绝缘本身的耐污闪能力、当地的气象条件、环境的污染状况、现场运行维护管理水平，以及设备的制造质量、安装水平等许多因素。因此，防治污闪是个需综合治理的复杂问题。

我国防治污闪工作的目标是：①杜绝 500kV 及 300kV 线路污闪停电事故和电网大面积污闪停电事故；②最大限度地降低线路污闪跳闸率，各网省公司的线路污闪跳闸率应控制在

500（含 330）kV 线路≤0.05 次/100km，110～220kV 线路≤0.1 次/100km，35、66kV 线路暂不考核污闪跳闸率。

绝缘子表面受到污染和绝缘表面的污染物被湿润，是使绝缘子发生污闪的两个必备条件，缺少其中的任何一个条件，都可使污闪事故不发生。因此，针对任何一个因素采取对策，都可以达到防止污闪的目的。

总结多年来现场采用的防污闪方法，主要有以下几种措施：

1. 加强运行维护

（1）有针对性地做好线路巡视。在线路巡视过程中，要注意多听、多看。线路巡视要掌握季节与气象特征。多雾的季节、下毛毛雨和融雪的时候，尤其有露水，气温低的时候要特别注意。

目前，国内污区图是按照一年最大盐密绘制的，这就决定了线路的清扫是保证线路安全运行的必要手段。一定的爬距有其对应的耐受盐密，当每年一次的清扫起不到应有的效果时，绝缘子的实际盐密就有可能超过其耐受盐密，发生污闪就在所难免。这是近几年钟罩型绝缘子频繁发生污闪的主要原因。

（2）定期测试和及时更换不良绝缘子。线路如果存在不良绝缘子，线路绝缘水平就要相应降低，再加上线路周围环境污秽的影响，容易发生污秽事故。因此，必须对绝缘子进行定期测试，及时更换不合格绝缘子，使线路保持正常绝缘水平。一般 1～2 年测试一次。

绝缘子的污秽闪络是在污秽物湿润而表面电阻降低时发生的，闪络电压与污秽物的量与质不同而有很大变化。因此，测量污秽物是研究耐污秽设计、维护措施等必不可少的手段。

在长期的绝缘子积污特性和污秽试验研究中，为了定量地评价污秽水平，提出了多种表征污秽度的参数，如等值附盐密度、表面电导率、泄漏电流——泄漏电流脉冲及最大泄漏电流、污闪电压和污闪梯度，下面我们重点介绍一下等值盐密、局部表面电导率和泄漏电流三个参数。

1）等值附盐密度。等值附盐密度是绝缘子在自然环境下积污程度表示方法之一，是指绝缘子表面每平方厘米面积上附着的污秽物中导电物质的含量所相当的 NaCl 的量（mg/cm²），简称等值盐密。测量等值盐密可以表征污层中可溶性物质导电率的大小，测量简单，是目前在防污闪工作中用以表征污秽度最为重要的基本参数。等值盐密与绝缘子的污秽量、成分和性质有关。

测量普通绝缘子盐密一般取绝缘子串上、中、下三片或整串的平均值。测量其他形式的绝缘子表面的盐密时要考虑与普通型的区别。根据某些地区的经验，对双伞形防污绝缘子，其测量值取在相同污秽环境条件下为普通型绝缘子平均值的一半。500kV 及以上绝缘子串也按取上、中、下三片平均值的规定，有条件处也可取上二、中二、下二共六片绝缘子的平均值作为测量结果，注意比较测量结果，以积累经验，如图 1-11 所示。

测量盐密的过程如下：

a. 将污物溶于一定量的蒸馏水中，得到的悬浮液搅拌均匀后测其电导率 σ 和溶液温度 t（℃）。

b. 将 t 时的电导率 σ 换算至 20℃的值 σ_{20}。

c. 根据 20℃时的电导率，由表 1-22 查出盐密浓度 S_a。

图 1-11 测量线路绝缘子表面的等值盐密值

d. 按式（1-8）计算得出等值盐密，即

$$S_{DD} = S_a V / (100A) \tag{1-8}$$

式中 S_{DD}——等值盐密，mg/cm^2；

S_a——盐量浓度，$mg/100mL$；

V——溶液体积，cm^3；

A——清洗表面面积，cm^2。

表 1-22　　　　　　　　　　污秽绝缘子清洗液电导率与盐量浓度的关系

S_a (mg/100mL)	σ_{20} ($\mu s/cm$)	S_a (mg/100mL)	σ_{20} ($\mu s/cm$)
224 000	202 600	150	2601
16 000	167 300	100	1754
11 200	130 100	90	1584
8000	100 800	80	1413
5600	75 630	70	1241
4000	55 940	60	1068
2800	40 970	50	895
2000	29 860	40	721
1400	21 690	30	545
1000	15 910	20	368
700	11 520	10	188
500	8327	8	151
350	6000	6	114
250	4340	5	96
200	3439	4	77

由于等值附盐量只测量了污秽中的导电成分，其不溶性物质也应该做一些典型的测量，以了解各种自然污秽的不溶物质含量。不溶性物质的附灰密度是将等值盐密测定后的溶液过滤、干燥再称重而得到的，也有将污秽物质用毛笔、竹片等刮落后称量的，将从一个绝缘子表面上清洗下的不溶性的重量除以该绝缘子的表面积，即可求出其附灰密度，即灰密。

2）局部表面电导率。局部表面电导率法记述了 IEC 标准中污秽程度的表示方法之一，是假定绝缘子表面有一样的导电性污秽层，用其表面的电导率来表示的一种做法。将绝缘子的表面电阻除以绝缘子的形状系数得到的倒数即为表面电导率。绝缘子的形状越复杂，越会失去污秽层的均匀性，则理论值与实测值的表面电导率的差值就越大。对于黏性小的普通污秽物，随着湿润时间的延长，表面电导率值的降低特别大。

局部表面电导率法不仅可测到整个试品的污秽程度平均值，而且可以测出污秽程度在绝缘子表面的分布状态。此外还能在不破坏原污层的前提下，得到绝缘子表面的积污状态随时间的变化规律。

3）泄漏电流。泄漏电流法是测定在试验电压下带电绝缘子的最大泄漏电流，以评定绝缘子污秽度的一种方法。可以在绝缘子上安装泄漏电流记录仪判断绝缘子上泄漏电流的大小和频次，实现对绝缘子污秽的在线连续监测。

2. 做好防污工作

（1）清扫和水冲洗。

1）清扫。为了提高清扫的有效性，就要掌握本地区设备的绝缘配置状况、气候的特点、积污的情况，掌握污闪的规律，以便确定合理的清扫周期，选择适当的时间有目的的清扫。如果遇到干旱持续时间较长，没有雨水的自清洗作用，绝缘子的积污就会比较严重，这时如果突降大雾，很容易发生污闪。因此需要在雨季或雾季来临之前，及时安排清扫。定期清扫一般每年进行一次，要区别污区等级，增加清扫次数。

清扫一般分为人工停电清扫、机械带电清扫和悬式绝缘子落地清扫。

人工停电清扫是指用抹布或刷子等简易工具，在停电的条件下登高对绝缘子进行手工清扫，这是最原始的，也是最常用的方法。机械带电清扫是指利用专业工具设备，如利用电或压缩空气作为动力，通过绝缘杆（绳）将转动的毛刷伸到绝缘子表面上机械清扫，该方法适合清扫黏结不牢固的浮尘。悬式绝缘子落地清扫是对污垢比较严重的线路绝缘子，采用带电作业方式将绝缘子从横担脱离，降至地面进行人工清扫，然后再挂上横担的清扫方法。

2）带电水冲洗。带电水冲洗是利用一股流速很高的水柱对绝缘子进行冲洗。我国目前在线路上使用较多的有个人携带型的长水柱短水枪、短水柱长水枪及车载型的冲洗装置，如图 1-12 所示。

图 1-12　带电水冲洗线路绝缘子

（2）增加爬电距离。对已经投运的线路，如果爬电距离不能满足安全运行的要求，就要按规定进行调爬。调爬方法可以是适当增加绝缘子片数，也可以更换为防污型绝缘子。对已建成的线路调爬时，如果塔头间隙不满足增加绝缘子片数要求，通常用同样高度但爬距大的防污型绝缘子调换普通绝缘子；如果间隔距离符合要求，且增加 1～3 片普通型绝缘子或绝缘子串长增加 20%～30% 可满足防污要求时，可采用增加普通型绝缘子的方式。

防污型绝缘子有双伞形、钟罩形、流线型、大爬距或大盘径绝缘子等。流线型绝缘子耐污性能有限，使用不多，其他三种形式优缺点见表 1-23。

表 1-23　　　　　　　　　　　双伞形、钟罩形、大爬距绝缘子的优缺点

绝缘子结构形式	优　点	缺　点	图　形
双伞形	不易积污；自洁性能强；易清扫；用于中等污华区，在非黏结性、粉尘多的地区使用效果最佳	下表面光滑，没有阻止污闪前局部电弧延伸发展的能力；短时间内易被盐雾污染，不适用于盐雾和重污区；在寒冷地区，冬季易在伞间形成冰凌，短接伞裙间隙	

续表

绝缘子结构形式	优　点	缺　点	图　形
钟罩形	爬电距离大；适用于沿海地区，耐受沿海自然污秽性能较好；绝缘子下表面不易受潮，受盐雾的污染较慢	易于积污，自洁性较差，清扫困难	
大爬距/大盘径	盘径大，积污率低、自洁性好，爬电比距相应较长	制造困难；下表面光滑，没有阻止污闪前局部电弧延伸发展的能力；短时间内易被盐雾污染，不适用于盐雾和重污区	

（3）绝缘子表面涂防污闪涂料。当绝缘子爬电距离不能满足相应污级要求时，对其表面涂防污闪材料也是行之有效的措施之一。

1）涂料的防污闪原理。涂料涂敷在绝缘子上，能使电瓷表面从亲水性变为憎水性。电瓷的表面为高能面，具有亲水性。在潮湿的天气下，附着在瓷裙表面的水分就会形成水膜而成为导电的通道。在它的表面覆盖一层具有憎水性的涂料后，它的表面就变成憎水性，这样水分就被凝聚成粒粒水珠，而不致形成连续导电的水膜，使绝缘子表面保持着较高的绝缘电阻，限制泄漏电流的增长，从而防止污秽闪络。

2）选择防污闪涂料的基本原则。憎水性涂料有很多，比如绝缘油、凡士林、牛油、松香、清漆、地蜡、硅油、硅脂、硅树脂、硅橡胶等。这些涂料刚涂在绝缘子表面的时候都具有憎水性，因此都有一定的防污闪特性。但是在长期运行的考验中，这些涂料的性能就表现出明显的差别，选择涂料应该考虑以下因素。

良好的绝缘性能：不能因为涂层影响绝缘子的各项绝缘性能，即使涂层失效也不能对绝缘子的整体绝缘性能有不良影响。

耐环境老化能力：涂料应能耐受环境温度的变化、风吹日晒、雨雪冰霜、日光照射等，在上述严酷的环境下涂料应不溶化、不硬化、不裂开、不脱落。

耐电晕及电弧的烧蚀能力：因为绝缘子在一定气象条件下会不可避免地出现电晕甚至电弧放电现象，要求涂料能对电晕及电弧放电有一定的抗烧蚀能力。

良好的工艺性能和较长的使用寿命：涂敷工艺简单，容易现场操作，当涂层需要更新时，能较容易的祛除旧涂层，涂敷新涂层，更新的周期要长。

憎水迁移特性：要求涂层不仅在表面洁净状态能有良好的憎水性能，而且希望当表面积灰后也表现出憎水性，即要求涂料能有憎水迁移特性。

（4）采用合成橡胶绝缘子。合成绝缘子的伞裙护套是由有机高分子聚合物做成，它们都是低表面能材料，一般都具有表面憎水性，在表面湿润状态下伞套表面凝聚许多分离的细密小水珠，与瓷绝缘子污染表面受潮后形成连续水膜的状态完全不同。合成绝缘子表面的分离小水珠不构成导电通路，在工作电压作用下，泄漏电流小，不容易发生较强的局部电弧，也难发展成污闪放电。但要说明的是，合成绝缘子在污染严重地区，遇水形成的较大颗粒产生放电，易使其憎水性减弱或丧失，在现场运行时要注意对合成绝缘子的检测和清扫工作，否则也会导致合成绝缘子的污闪故障发生。

❧ **【任务实施】**

线路污闪事故案例分析

一、工作前准备

1. 课前预习相关知识部分。

2. 搜集线路污闪事故图片及相关资料。

二、操作步骤

1. 小组长组织班前会议，进行任务分工。

2. 小组长安排人员负责，将组员收集的资料归总整理，并组织召开线路污闪事故案例分析会。

3. 针对分析会上提出的疑义补充资料，着手准备撰写《线路污闪事故案例分析报告》。

4. 小组长组织审核本组撰写的线路污闪事故案例分析报告，并指定专人修改。

5. 小组长安排组员完成汇报 PPT 的制作，在小组会议上试讲一次，提出修改意见或建议并进行修改完善。

6. 以小组为单位向指导老师申请"线路污闪事故案例分析"汇报。

7. 汇报过程中，小组长安排组员记录指导老师和其他分析小组对本组"线路污闪事故案例分析"汇报的点评。

8. 汇报完毕后，小组长组织小组会议，对汇报会上老师及其他组提出的意见或建议进行汇总整理，并组织小组成员参照意见修改《线路污闪事故案例分析报告》。

9. 工作任务完成后，小组长组织召开"线路污闪事故案例分析"工作总结会议，点评各小组成员在完成本次任务中的表现、取得的成绩，指出不足，与小组副组长、学习委员商议，给小组每位成员评出一个合理的分数。

10. 小组长将修改后的《线路污闪事故案例分析报告》文档、汇报 PPT、小组工作总结及小组成员成绩交给指导老师。

三、评价标准

根据表 1-24 对任务完成情况做出评价。

表 1-24　　　　　　　　　　　　　　　评　分　标　准

项　目	考核标准	配　分	扣　分	得　分
小组合作	（1）小组计划详细周密 （2）小组成员团结协作、分工恰当、积极参与 （3）能够发现问题并及时解决 （4）学习态度端正、资料搜索能力强	20		
线路污闪事故案例分析报告	（1）收集资料丰富，搜索方法先进，对资料进行分类整理 （2）报告内容全面、事故原因分析到位，条理清晰、格式规范、语句通顺 （3）线路防污措施针对性强，具有可操作性 （4）对国内外架空线路防污技术有一定的了解	35		
案例分析汇报	（1）汇报 PPT 制作颜色搭配协调，汇报文字简短清晰，图片、数据展示恰当 （2）汇报者思路正确，态度端正，汇报姿态自然大方，口齿清楚，语言通顺，声音洪亮，普通话标准	30		

项　目	考核标准	配　分	扣　分	得　分
安全文明	（1）能遵守学习任务完成过程的考核规则 （2）能爱护多媒体设备，不人为损坏仪器设备 （3）能保持汇报教室环境整洁，秩序井然	15		

【巩固与练习】

简答题

1. 为什么要绘制污区分布图及确定污秽等级？这对线路污闪事故预防有什么作用？

2. 收集你所在省份发生过的污闪案例，为什么说线路发生污闪事故造成的影响特别严重？

3. 了解目前新型绝缘子的类型及对线路污闪防治的作用。

任务4　线路风偏事故案例分析

【布置任务】

任务书见表 1-25。

表 1-25　　　　　　　　　　　　任　务　书

任务名称	线路风偏事故案例分析		
案例材料	2010年3月下旬，我国北方出现强风和沙尘暴天气，局部瞬时风力达到11级以上。某省受此次恶劣天气影响，220kV及以上输电线路发生故障24条次，其中导线对杆塔构件放电跳闸次数最多。 案例分析背景资料： （1）发生风偏故障的瞬时风速可大于30m/s。以某220kV线路I线01号杆塔为例计算绝缘子摇摆角见下表所列，距该塔故障点最近的原平气象站记录到的最大风力达32.4m/s		
	风速 V（m/s）	相应摇摆角（°）	工频放电摇摆角（°）
	25	45.91	
	26	46.15	
	27	46.40	46
	28	46.65	
	29	46.92	
	30	47.19	
	（2）杆塔所处的地理位置有处于海拔较高（＞1900m）的山顶突出上行风位置，也有位于峡谷交汇处、具有狭管效应的漏斗形谷底附近 （3）部分放电出现在脚钉、防振锤和角铁边缘尖端上 （4）故障线路均按 DL/T 5092—1999《110~500kV 架空送电线路设计技术规程》设计		
任务要求	（1）各小组接受工作任务后讨论并制定工作计划 （2）阅读教材上相关知识部分 （3）搜集本案例的现场照片及有关资料，找出线路风偏事故发生的主要原因，提出有针对性的防污措施 （4）撰写《线路风偏事故分析报告》 （5）各小组长组织审核《线路风偏事故分析报告》 （6）各小组准备好 5min 的汇报 PPT 并进行汇报 （7）各小组进行客观评价，完成评价表		

续表

注意事项	(1) 每位组员应阅读教材上相关知识部分，有不懂之处及时咨询指导老师 (2) 组员之间应相互督促，完成本次学习任务 (3) 注意收集现场一手资料，有利于分析问题、提出针对性意见或建议
成果评价	自评：
	互评：
	师评：

小组长签字		组员签字	

日期：　　年　　月　　日

📖 【相关知识】

线路发生风偏故障与雷击等其他原因引起的跳闸相比，重合成功率较低，造成线路停运的概率较大。

一、各种不同的风力对导线和避雷线的影响

在设计架空电力线路时，一般都按当地最大风速做了验算，并采取了相应的措施。但由于自然条件的复杂多变，仍然有可能出现超过设计的气象条件，可能会导致线路故障的发生。其次，由于风力过大，会使导线承受较大风压，因而产生摆动；又由于空气涡流作用，可能使这种摆动成为不同期摆动（即各相导线不是同时往一个方向摆动），因而引起导线之间相互鞭击，造成相间短路故障。此外，因大风把草席、风筝、金属线等杂物刮到导线上也会引起停电事故。

(1) 当风速为 0.5～4m/s 时（相当于 1～3 级风），容易引起导线或避雷线振动至疲劳损坏，而发生断股甚至断线。

(2) 在中等风速（5～20m/s 时，相当于 4～8 级风）及以上时，导线有时会发生舞动跳跃现象，易引起导线机械损伤，甚至相间短路故障。

二、风偏闪络的特点和原因

据统计，风偏放电的范围广、次数多、影响大。单、双、多回线路，耐张塔、直线塔在相应条件下，均可能因风偏发生接地故障。耐张塔常见的是跳线对杆塔构架放电，直线塔常见的是导线或金具对塔头曲臂放电。

1. 风偏闪络规律及特点

(1) 输电线路风偏闪络多发生在恶劣气候条件下。输电线路风偏闪络发生区域均由强风出现，且大多数情况下伴随有大暴雨或冰雹。这样，一方面，在强风作用下，导线向塔身出现一定的位移和偏转，使放电间隙减小；另一方面，降雨或冰雹降低了导线—杆塔间隙的工频放电电压，二者共同作用导致线路发生风偏闪络。

(2) 输电线路风偏闪络放电路径。从放电路径来看，输电线路风偏闪络有导线对杆塔构件放电、导地线线间放电和导线对周边物体放电三种形式。

(3) 风偏闪络故障发生时重合闸成功率低。输电线路发生风偏闪络故障时，绝大多数是在工作电压下发生的，重合闸成功率较低，一旦发生风偏跳闸，造成线路停运的概率较大。

2. 风偏闪络原因

造成风偏闪络的外因是自然界发生的强风和暴雨天气，内因是输电线路抵御强风能力不足。

（1）恶劣气象条件引起风偏闪络。发生风偏闪络的原因是由于在外界各种不利条件下造成输电线路的空气间隙距离减小，当此间隙距离的电气绝缘强度不能耐受系统运行电压时便会发生击穿放电。

气象资料表明，在建筑物稠密的城镇或森林地区，其地形、地物对气流的流动有阻碍作用，而使风速减小；而属于特殊地形的微气象区，如位于峡谷交汇处、具有狭管效应的漏斗形谷底附近，在峡谷口、隘口、山脊、河道等处，则会由于气流的翻越、缩口效应使得风速增加。而当输电线路处于强风环境下，如地势较高迎风坡，线路附近地表没有明显遮挡物，杆塔所处位置突显的地方，风力加速作用明显，此时强风使得绝缘子串向杆塔方向倾斜，减小了导线和杆塔之间的空气间隙距离，当该距离不能满足绝缘强度要求时就发生放电。同时，伴随强风出现的降雨也可能沿放电路径方向成线状分布，使导线—杆塔空气间隙的工频耐受电压进一步降低。值得注意的是，输电线路风偏放电是由短时稳定垂直于导线方向的大风引起的。风速太大，风向往往是紊乱的，不会发生风偏放电。风速垂直于导线方向分量虽未超过导线设计风速，但风速值超过杆塔承受风荷载的极限，将直接导致倒塔故障。因此可能出现倒塔故障，但没有发生风偏跳闸的事故。图 1-13 和图 1-14 为线路风偏故障。

图 1-13　导线对架空地线风偏故障

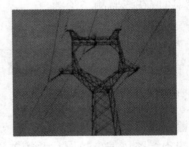
图 1-14　导线对塔身风偏故障

（2）设计参数选择不当增加风偏闪络概率。在线路风偏角设计时，风偏角计算参数不合适，使得线路风偏角安全裕度偏小，则当线路处于强风环境下，特别是易于产生飚线风的某些微地形区，线路发生风偏跳闸概率就会大增。

三、线路防止风偏故障的措施

（1）由于各个地区的具体地形不同，各个地区的风力大小不同，所以必须掌握风的规律（例如：最大风速、常年风向、大风出现的季节和日数等），以便在大风到来之前做好一切防风准备工作。

（2）优化设计参数，提高安全裕度。

1）掌握线路所通过地区的大风规律。重视微地形、微气象资料收集和区域划分，新建线路严格执行最新设计规程，实行差异化设计，并合理提高风偏设计标准。

2）对事故多发地区线路空气间隙适当增加裕度，减小跳闸率。在可能引发强风的微地形地区尽量采用 V 形串。

3）线路设计时，应避免在面向导线侧的杆塔上安装脚钉，同时在悬垂线夹附件导线上尽量避免安装其他突出物（如防振锤）。

（3）采取针对性措施防止风偏闪络。运行中，对发生故障的耐张塔跳线和其他转角较大的无跳线串的外角跳线加装跳线绝缘子串和重锤（如图 1-15 所示）；对发生故障的直线塔的绝缘子串加装重锤。单串如加重锤达不到要求，可将其改为双串倒 V 形绝缘子（如图 1-16 所示），以便加装双倍重锤。安装重锤时，应尽量避免在悬垂线夹附近安装。

图 1-15　线路加装重锤　　　　　　　　　　图 1-16　铁塔采用双串倒 V 形绝缘子

（4）加强线路防风偏闪络针对性研究。要对影响风偏闪络故障的因素进行研究，如微地形特征对风速大小影响，对风偏角技术模型进行修改，研究放电路径闪络特性、线路气象参数及导线风偏在线监测系统等。

🎤【任务实施】

线路风偏事故案例分析

一、工作前准备

1. 课前预习相关知识部分。

2. 搜集线路风偏事故图片及相关资料。

二、操作步骤

1. 小组长组织班前会议，进行任务分工。

2. 小组长安排人员负责，将组员收集的资料归总整理，并组织召开线路风偏事故案例分析会。

3. 针对分析会上提出的疑义补充资料，着手准备撰写线路风偏事故案例分析报告。

4. 小组长组织审核本组撰写的线路风偏事故案例分析报告，并指定专人修改。

5. 小组长安排组员完成汇报 PPT 的制作，在小组会议上试讲一次，提出修改意见或建议并进行修改完善。

6. 以小组为单位向指导老师申请"线路风偏事故案例分析"汇报。

7. 汇报过程中，小组长安排组员记录指导老师和其他分析小组对本组"线路风偏事故案例分析"汇报的点评。

8. 汇报完毕后，小组长组织小组会议，对汇报会上老师及其他组提出的意见或建议进行汇总整理，并组织小组成员参照意见修改《线路风偏事故案例分析报告》。

9. 工作任务完成后，小组长组织召开"线路风偏事故案例分析"工作总结会议，点评各小组成员在完成本次任务中的表现、取得的成绩，指出不足，与小组副组长、学习委员商议，给小组每位成员评出一个合理的分数。

10. 小组长将修改后的《线路风偏事故案例分析报告》文档、汇报PPT、小组工作总结及小组成员成绩交给指导老师。

三、评价标准

根据表1-26对任务完成情况做出评价。

表 1-26

评 分 标 准

项 目	考核标准	配 分	扣 分	得 分
小组合作	(1) 小组计划详细周密 (2) 小组成员团结协作、分工恰当、积极参与 (3) 能够发现问题并及时解决 (4) 学习态度端正、资料搜索能力强	20		
线路风偏事故案例分析报告	(1) 收集资料丰富，搜索方法先进，对资料进行分类整理 (2) 报告内容全面、事故原因分析到位，条理清晰、格式规范、语句通顺 (3) 线路防风偏措施针对性强，具有可操作性 (4) 对国内外架空线路风偏技术有一定的了解	35		
案例分析汇报	(1) 汇报PPT制作颜色搭配协调，汇报文字简短清晰，图片、数据展示恰当 (2) 汇报者思路正确，态度端正，汇报姿态自然大方，口齿清楚，语言通顺，声音洪亮，普通话标准	30		
安全文明	(1) 能遵守学习任务完成过程的考核规则 (2) 能爱护多媒体设备，不人为损坏仪器设备 (3) 能保持汇报教室环境整洁，秩序井然	15		

【巩固与练习】

简答题

近年来，220kV送电线路"干"字型耐张转角塔频繁发生中相跳线风偏闪络放电，这与该塔型结构、元件组成有关，收集资料了解这种故障发生的原因和改进措施。

任务5 线路振动事故案例分析

【布置任务】

任务书见表1-27。

表 1-27

任 务 书

任务名称	线路振动事故案例分析
案例材料	××10kV线路跨越河流的一塔型为3560ZS1单回路直线铁塔，铁塔呼高24m，导线型号为LGJ-185。由于大风影响，造成该塔扭曲变形，致使折断。事故后经现场仔细检查，发现铁塔是从离地面约14m处扭曲折断的，铁塔基础及塔脚与基础的连接均完好无损，铁塔两侧每相导线安装FD-4防振锤各一个。现场找到脱落的螺栓、螺帽多枚，螺栓均有滑丝痕迹。根据以上现象，初步认定该事故是由于铁塔强度不足所引起的。 案例分析提供的资料：该塔为跨越河流铁塔。该跨越档的档距较大，且地处开阔区，按35kV线路等级设计施工。实际塔的设计参数为导线型号为LGJ-185，地线型号为GJ-35，导线最大使用应力11.6kg/mm^2，地线最大使用应力34.0kg/mm^2，跨越河流的档距410m，水平档距310m，垂直档距350m，设计最大风速为25m/s，而当天最大风速为20m/s（相当于8级大风），覆冰5mm，其设计强度满足线路状况及技术要求。事故后检查该塔塔身无锈蚀现象，而该跨越档的另一基塔的塔身上部（离地面14～18m处）已有多根铁塔斜材松动、脱落。经调查排除了人为因素造成的原因

续表

任务要求	（1）各小组接受工作任务后讨论并制定工作计划 （2）阅读教材上相关知识部分 （3）搜集本案例的现场照片及有关技术资料（如《10kV 及以下架空配电线路设计技术规程》），找出线路振动事故发生的主要原因，提出有针对性的防污措施 （4）撰写《线路振动事故分析报告》 （5）各小组长组织审核《线路振动事故分析报告》 （6）各小组准备好 5min 的汇报 PPT 并进行汇报 （7）各小组进行客观评价，完成评价表
注意事项	（1）每位组员应阅读教材上相关知识部分，有不懂之处及时咨询指导老师 （2）组员之间应相互督促，完成本次学习任务 （3）注意收集现场一手资料，有利于分析问题、提出针对性意见或建议
成果评价	自评： 互评： 师评：
小组长签字	组员签字

日期：　　年　　月　　日

📖【相关知识】

　　自然风对架空线路的影响是多方面的：导线在微风中引起周期性的振荡称为导线的振动；风引发的振动在分裂导线各子导线上也会产生，称为次档距振动；当导线覆薄冰、风垂直吹向导线时，导线上下部气流速度和压力的不相等，引起导线垂直和扭转，引发导线舞动；过大的风力，杆塔会发生倾斜和导线摆动短路事故。

　　1. 振动的原因

　　线路档距中，导线和避雷线受到与线路方向垂直的、稳定的又比较缓慢的微风作用时，产生每秒有几个到几十个周波，并在整个档距中形成一些幅值较小（一般不超过几个厘米）的静止波，称微风振动，如图 1-17 所示。

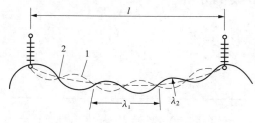

图 1-17　微风振动

　　导线振动的最高点称波峰 1，当另外的一点停留在原有位置时，便形成所谓波节 2，两个相邻波节之间的距离叫作振动的半波长，由两个相邻波节组成振动的全波 λ_1。导线振动两波峰之间的垂直距离叫做波幅 λ_2。

　　在发生振动时，因为导线振动很快，所以在振动时不容易察觉，只是觉得导线在某些方向看起来好像是双线。通常遇到导线振动时，在线路上可以听见有撞击的声音。这种声音是导线和悬挂导线金具相碰所产生的。

　　导线振动是由线路侧面吹来的均匀微风所造成的，风速为 0.5～4m/s。导线振动的参数（频率、波长）以及是否发生振动，很大程度上取决于风速、风向及线路路径。

　　当风速增大时，在接近地面的大气层里，由于地面的摩擦，出现气旋。气旋随风速的增加而包围所有更高的气层，破坏了上层气流的均匀性，即破坏了导线悬挂处气流的均匀性，使导线停止振动。

当风向与导线轴线的夹角在 45°～90°时，可观察到稳定性的振动；在 30°～45°时，振动便具有较小的稳定性；而小于 20°，一般不出现振动。

在平坦、开阔的地带有助于气流的均匀流动，并形成促进导线强烈振动的条件。线路沿斜坡通过和跨越不深的山谷和盆地时，对风的均匀性没有重大的影响，因而不妨碍振动的发生。对于在地形极其交错的地区（山区），即在线路下或线路附近有深谷、堤坝和各种建筑物，特别有树木时，不同程度上破坏了气流的均匀性，使振动不易出现。

导线的振动还与导线的悬挂高度、线路档距和导线平均运行应力等有关。

随着导线悬点高度的增加，将减弱自然遮蔽物对风的影响，扩大了产生振动的风速范围，增加了振动的相对延续时间。

当档距增大时，导线长度增加，导线悬点也必须增高，振动的半波数目增加，其相对的振动频率也增加。实际上在小于 100m 的档距上，很少看到导线振动，而当档距超过 120m 时，导线才有因振动而引起破坏的危险性。在具有高悬挂点的大档距（大于 500m）上导线振动特别强烈。不仅对于导线有破坏的危险，同时可能引起金具甚至塔身的破坏。

导线的年平均运行应力是指导线在年平均气温及无外荷重条件下的静态应力，是影响振动的关键因素。若此应力增加，就会增大导线振动的幅值，同时提高了振动频率，所以在不同的防振措施下，应有相应的年平均运行应力的限值。若超过此限值，导线就会很快疲劳而导致破坏。

2. 振动的危害

导地线运行中，不仅承受正常运行应力的作用，而且还要承受由于振动引起的附加应力的作用。这个附加应力可能会引起线材断股，甚至断线事故。

导地线断股断线多为振动造成的疲劳破坏，包括防振锤夹头处的导线断股；吊杆、横担折断，导线落地；护线条内部的导线及本身的断股；金具零件松脱，绝缘子加速老化；悬垂线夹、耐张线夹的出口处断股。有些缺陷巡视时不易发现，其隐蔽性和危害性很强，造成严重的事故。

3. 导地线的防振措施

防振的方法有两种类型：一种是用护线条或特殊线夹专为防止振动所引起的导线损坏；另一种是采用防振锤、防振线（阻尼线）来吸收振动的能量以减弱振动。

（1）护线条。在导线悬挂点使用专用的护线条，其目的是加强导线的机械强度。护线条用与导线相同的材料制成，其外形是中间粗两头细的一根铝棍，如图 1-18 所示。在悬垂线夹 1 处用护线条 2 将导线 3 缠起来，这样，当导线发生振动时，就可防止导线在悬垂线夹出口处发生剧烈的波折，即增加导线的强度。运行经验证明，采用护线条不仅可以很好保护导线，而且能够减少导线振动。

（2）防振锤。防振锤由两个形状如杯子的生铁块组成。两个生铁块分别固定在钢绞线的两端，而钢绞线的中部用线夹固定在导线上。如图 1-19 所示。当导线振动时，线夹随导线一同上下振动，由于重锤的惯性，使钢绞线两端不断上下弯曲，使钢绞线线股间及分子间都产生摩擦，从而消耗振动能量。钢绞线弯曲得越激烈、所消耗的能量也越大，使风传给导线的振动能量被消耗，不致产生大幅度的振动，而且风传给导线的能量也随振幅下降而下降。防振锤消耗的能量也随振幅的下降而下降，最终在能量平衡条件下，以很低的振幅振动。一般是在每一档距内的每一条导线两端上要装防振锤，如图 1-20 所示。

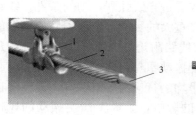

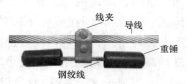

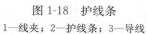

图 1-18　护线条   图 1-19　防振锤   图 1-20　防振锤安装方式

1—线夹；2—护线条；3—导线

由表 1-28 可知，根据架空导线直径 d、型号和档距长度即可确定防振锤的安装个数。一般在每一档距内每一条导线安装两个防振锤。

表 1-28 　　　　　　　　　　　　　　防 振 锤 安 装 个 数

安装个数	1	2	3
$d<12$　LGJ-70，GJ-35～70	档距≤300	300m<档距≤600m	600m<档距≤900m
$12≤d≤22$　LGJ-95～240　LGJJ-185　LGJQ-240	档距≤350	350m<档距≤700	700m<档距≤1000
$22≤d≤37.1$　LGJ-300～400，LGJJ-240～400　LGJQ-300～500	档距≤450	450m<档距≤800	800m<档距≤1200

（3）阻尼线。根据国内外运行经验证明，阻尼线有较好的防振效果，它在高频率的情况下，比防振锤有更好的防振性能。阻尼线取材容易，最好采用与导线同型号的导线做阻尼线。

阻尼线长度及弧垂的确定，应使导线的振动波在最大波长和最小波长时，均能起到同样消振效果。对一般档距，阻尼线的总长度可取 7～8m 左右，导线线夹每侧装设三个连接点，当连接点位于波腹点或两个相邻体下扎点的相对变化最大时消振性能最好，如图 1-21 所示。

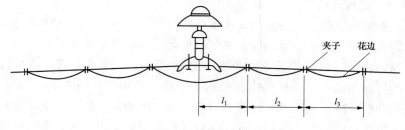

图 1-21 　阻尼线

$$l_1 = 1/4\lambda_{min} \tag{1-9}$$
$$l_1 + l_2 + l_3 = (1/4 - 1/6)\lambda_{max} \tag{1-10}$$
$$l_2 = l_3 \tag{1-11}$$

式中 l_1——第一个连接点到导线线夹的距离，m；

           l_2——第二个与第一个连接点的距离，m；

           l_3——第三个与第二个连接点的距离，m；

           λ_{min}——最小振动波长，m；

λ_{max}——最大振动波长，m。

装于导线的阻尼线，由于连接点有电流流过，严重时会将连接点处的导线烧坏，因此必须把阻尼线的一侧用绝缘材料做成的卡子固定或用绝缘材料隔开，此时阻尼线称为开路状，阻止分流流过。阻尼线与导线的连接一般采用绑扎法或用 U 形夹子夹住。由于阻尼线的弧垂与防振效果关系不大，阻尼线自然形成弧垂即可，取 10～100mm。

（4）自阻尼导线。自阻尼导线基本结构是由镀锌钢绞线、镀铝钢线或铝包钢线绞制而成的内心线和一个与之分开的导电金属外层线构成。这种自阻尼导线有良好的吸振性能，可简化线路的防振措施，提高导线的年平均运行应力。这样能减少导线弧垂，降低杆塔高度或增大档距，以节约原材料，降低线路造价，保证线路安全运行。

4. 大跨越的线路防振

在大跨越工程中，装设了阻尼线和防振锤等消振措施，并非消除了振动，而是把集中于导线悬垂线夹出口处消振风能分散到各阻尼器消耗掉，从而使导线悬挂点得到保护。故对一个优良的消除措施，它的各个阻尼器悬挂处的动弯应变应该分布比较均匀，要求各悬挂点的动弯应变在整个风振频段内都在允许范围之内。

我国大跨越导线防振措施的基本方式，一般采用防振锤、阻尼线、护线条三者并用的混合消振方式，如图 1-22 所示。

图 1-22　现场运行线路的大跨越防振措施

【任务实施】

线路振动事故案例分析

一、工作前准备

1. 课前预习相关知识部分。

2. 搜集线路振动事故图片及相关资料。

二、操作步骤

1. 小组长组织班前会议，进行任务分工。

2. 小组长安排人员负责，将组员收集的资料归总整理，并组织召开线路振动事故案例分析会。

3. 针对分析会上提出的疑义补充资料，着手准备撰写《线路振动事故案例分析报告》。

4. 小组长组织审核本组撰写的线路振动事故案例分析报告，并指定专人修改。

5. 小组长安排组员完成汇报 PPT 的制作，在小组会议上试讲一次，提出修改意见或建议并进行修改完善。

6. 以小组为单位向指导老师申请"线路振动事故案例分析"汇报。

7. 汇报过程中，小组长安排组员记录指导老师和其他分析小组对本组"线路振动事故案例分析"汇报的点评。

8. 汇报完毕后，小组长组织小组会议，对汇报会上老师及其他组提出的意见或建议进行汇总整理，并组织小组成员参照意见修改《线路振动事故案例分析报告》。

9. 工作任务完成后，小组长组织召开"线路振动事故案例分析"工作总结会议，点评各小组成员在完成本次任务中的表现、取得的成绩，指出不足，与小组副组长、学习委员商议，给小组每位成员评出一个合理的分数。

10. 小组长将修改后的《线路振动事故案例分析报告》文档、汇报PPT、小组工作总结及小组成员成绩交给指导老师。

三、评价标准

根据表1-29对任务完成情况做出评价。

表1-29

评 分 标 准

项　目	考核标准	配分	扣分	得分
小组合作	（1）小组计划详细周密 （2）小组成员团结协作、分工恰当、积极参与 （3）能够发现问题并及时解决 （4）学习态度端正、资料搜索能力强	20		
线路振动事故案例分析报告	（1）收集资料丰富，搜索方法先进，对资料进行分类整理 （2）报告内容全面、事故原因分析到位，条理清晰、格式规范、语句通顺 （3）线路防风偏措施针对性强，具有可操作性 （4）对国内外防架空线路振动技术有一定的了解	35		
案例分析汇报	（1）汇报PPT制作颜色搭配协调，汇报文字简短清晰，图片、数据展示恰当 （2）汇报者思路正确，态度端正，汇报姿态自然大方，口齿清楚，语言通顺，声音洪亮，普通话标准	30		
安全文明	（1）能遵守学习任务完成过程的考核规则 （2）能爱护多媒体设备，不人为损坏仪器设备 （3）能保持汇报教室环境整洁，秩序井然	15		

【巩固与练习】

简答题

1. 影响线路振动的因素有哪些？

2. 了解1000kV输电线路如何防振？

任务6　线路覆冰事故案例分析

【布置任务】

任务书见表1-30。

表 1-30	任　务　书	
任务名称	线路覆冰事故案例分析	
案例材料	2009 年 11 月到 2010 年 3 月，河南、山西、湖南、江西、浙江、湖北、辽宁、河北、山东等省相继出现 7 次输电线路大面积覆冰舞动现象，造成多条不同电压等级线路发生机械和电气故障，给电网运行带来巨大威胁。通过分析发现，7 次大面积线路舞动，基本都经历了雨凇或雨夹雪天气过程，并有明显的导线覆冰，覆冰厚度为 4～25mm。从线路走向看，舞动线路的路径区域以平坦开阔平原或丘陵为主，96％的舞动线路（区段）为东西走向。其中 500kV 和 220kV 线路舞动情况较多，占舞动线路总数的 60％。发生舞动的 500kV 线路，其导线多为 4 分裂、6 分裂形式，220kV 线路导线多为双分裂形式。架线较高的同塔双/多回线路占舞动线路的 61.5％。区域内的紧凑型线路普遍发生了舞动。	
任务要求	(1) 各小组接受工作任务后讨论并制定工作计划 　　(2) 阅读教材上相关知识部分 　　(3) 搜集本案例的现场照片及有关技术资料，找出线路覆冰事故发生的主要原因，提出有针对性的防污措施 　　(4) 撰写《线路覆冰事故分析报告》 　　(5) 各小组长组织审核《线路覆冰事故分析报告》 　　(6) 各小组准备好 5min 的汇报 PPT 并进行汇报 　　(7) 各小组进行客观评价，完成评价表	
注意事项	(1) 每位组员应阅读教材上相关知识部分，有不懂之处及时咨询指导老师 　　(2) 组员之间应相互督促，完成本次学习任务 　　(3) 注意收集现场一手资料，有利于分析问题、提出针对性意见或建议	
成果评价	自评： 互评： 师评：	
小组长签字	组员签字	
	日期：　　年　　月　　日	

【相关知识】

　　架空线路覆冰现象在我国分布比较广泛，导线覆冰增加了导线、杆塔和金具的机械负荷。覆冰和脱冰时导线的跳跃或舞动，容易引起导线对地闪络或相间短路，造成断线、倒杆等重大事故。

　　一、覆冰的分类

　　国外将线路覆冰分为三类，即雨凇、硬雾凇和软雾凇。我国根据线路覆冰时的气温、风速、水滴直径等将其分为四类：雨凇、雾凇、混合凇及冰雪，如图 1-23 所示。

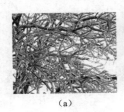

(a)　　　　　　　　　　(b)　　　　　　　　　　(c)　　　　　　　　　　(d)

图 1-23　线路覆冰的分类

(a) 雨凇；(b) 雾凇；(c) 混合凇；(d) 冰雪

　　(1) 雨凇。雨凇是一种非结晶状透明的或毛玻璃冰层，由空气中的过冷却雨（温度低于0℃）或毛毛细雨落在导线表面尚未完全冻结时，此时正当大风，过冷却水滴的碰撞连续不断发生，反复湿润下冻结在导线的表面而形成的冰层。通常在微寒（0～－3℃）、有雨、较大风速（2～20m/s）时最易落成，多在冷空气与暖空气交锋，而且暖空气势力较强的情况下才会发生。形成雨凇的雨称为冻雨。

这类覆冰比重大，在导线上的附着力强，不易脱落。我国线路覆冰初始都是雨凇，随着气温降低，冰的形成发生变化。

（2）雾凇。雾凇是一种白色不透明的，外层呈羽状的覆冰。通常在大雾天形成，当细小的过冷却水滴、雾粒或毛毛雨与导线碰触时，由于导线表面温度低，毛毛雨中的水滴潜热释放快，另外，因为风速小，下一个水滴飞来前，上一个已完全冻结，雨水之中夹有空气，从而成羽状的覆冰（霜）。最多出现在风速小和温度较低时。这类覆冰的结构疏松，很容易从导线上脱落，且比重小，对导线的危害性相对较小。

（3）混合凇。混合凇是一种白色不透明或半透明的坚硬冰，当不同粒径的过冷却水滴，随气流浮动，在碰撞物体瞬间，部分呈干增长，部分呈湿增长。常在物体的迎风面冻结，有一定的黏附力。密度在 0.3～0.9 之间，形成时的温度在 －8～－2℃ 之间，风速在 2～15m/s 内。温度越高，风速越大，形成的混合凇密度越大。混合凇是在雨凇表面上生长的，生长速度很快，观测到最高速度为 120mm/d。混合凇对线路危害最重，防冰对策主要针对混合凇。

（4）冰雪。下雪时雪花或冰粒碰到导线和树枝上，气温低时降雪是不含水分的干雪，与导线相碰不会生成附着雪。然而气温在 0℃ 左右落下的雪花，部分融化而变成湿雪，由于水的表面张力作用能使湿雪附着在导线上。当气温在 2℃ 以上时，雪融化成水，不会造成积雪。当导线和树上已结有雨凇或雾凇时，冻结雪迅速增长，这是造成结冰危害的主要原因。

总的来说，覆冰是由空气中过冷却的水（雨凇）和低温的雾受冻而引起的。因此，形成覆冰的气象条件是气候发生急剧变化、气温低于零度、空气湿度很大、有风。我国线路覆冰以雨凇覆冰危害最大，事故大多发生在雨凇条件下。

二、影响覆冰的因素

1. 气象因素的影响

影响覆冰的气象因素主要有四种：空气温度、风速风向、空气中或云中过冷却水滴直径、空气中液态水含量。气温升高，相应液态水含量增加，不同温度形成的覆冰类型不同，气温太低，过冷却水滴变成雪花，形成不了覆冰，因此，北方严寒，但冰害事故少于潮湿的南方。覆冰量与风速的平方成正比。风向与导线垂直或之间的夹角大于 45°或小于 150°时，覆冰较严重；导线与风向垂直，结冰在迎风面上先生成，产生不均匀覆冰，风速为 4～20m/s，易产生覆冰舞动。

2. 季节影响

输电线路覆冰主要发生在前一年 11 月至次年 3 月之间，尤其在入冬和倒春寒时覆冰发生的概率最高。

3. 高度的影响

海拔高的地方比海拔低的地方覆冰严重。导线挂得越高，风速越大，空气中液态水含量越高，单位时间向导线输送的水滴越多，覆冰强度越大。

4. 地理环境的影响

受风条件比较好的突出地形或空气水分充足地区，如山顶、迎风坡、湖泊、云雾环绕的山腰等处覆冰较严重。

5. 线路走向影响

导线为东西走向时，线路与风向的夹角为90°，单位时间和单位面积内输送到导线上的水滴及雾粒最多，从而覆冰最严重。而且东西走向导线容易产生不均匀覆冰。我国发生舞动的线路中，风向与线路夹角为45°～90°的约占94.6%，如位于舞动区的某线路，轴线与风向垂直的一连数十档都发生了舞动，而相连走向转角（不再垂直于风向）的线档没有发生舞动。

6. 导线本身影响

导线本身影响包括导线刚度、直径、通过电流大小等因素。导线刚度越小，扭转越大，覆冰进一步增加。对直径不太大的导线（40mm直径以下），实验数据表明，较粗的导线覆冰量重于较细的导线，当直径超过40mm时，随着导线直径增加，覆冰量反而减小。但风速很高时，覆冰量随导线直径增加而显著增加。带电线路覆冰大于不带电线路，这是因为电场的吸引使水滴移向导线表面，增加导线覆冰量。负荷电流使导线表面温度维持在0℃以上，就可以达到自然防冰效果。

三、线路覆冰事故的表现形式

导线和避雷线上的覆冰有时是很厚的，严重时会超过设计线路时所规定的载荷。如果导线、避雷线发生覆冰时还伴着强风，其荷载更要增加，这可能引起导线或避雷线断线（如图1-24所示），使金具和绝缘子串破坏，甚至使杆塔损坏。尤其是扇形覆冰，它能使导线发生扭转，所以对金具和绝缘子串威胁最大。

1. 覆冰过荷载

线路覆冰后实际重量超过设计值很多的，从而导致架空线路机械和电气方面的事故（如图1-25所示）。

（1）垂直负荷。当导线、杆塔覆冰时（如图1-26所示），冰的重量增加所有支持结构和金具的垂直负载，导致架空线的弧垂变大，使导线间或导地线间档距减小，当风吹动时会由于绝缘距离不够而发生短路。另外，由于覆冰会增大导线张力，从而增大杆塔及其基础力矩，造成杆塔扭转、弯曲、基础下沉、倾斜，甚至在拉线点以下发生折断。

  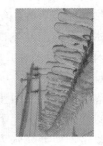

图1-24　35kV导线覆冰断线　　　　图1-25　杆塔过负载　　　　图1-26　导线覆冰

（2）水平负荷。覆冰也会使导线受风面积增大，此时杆塔所受的水平荷载增大，使线路发生严重的横向串基倒杆事故。

（3）纵向负荷。因为输电线路相邻各档之间距离、高度或安装质量不同，使导线在覆冰时产生纵向荷载。当覆冰不均匀、自行脱落或被击落时，导线的悬挂点处产生的纵向冲击荷载很多，可能造成导线或地线从压接管内抽出或者外层铝股断裂，钢芯抽出或整根线拉断。

如果导线拉断脱落，则最终的不平衡冲击荷载和两相邻档之间的荷载就会大大增加，发生顺线倒杆事故。

2. 导线不均匀覆冰或不同期脱冰引起的事故

覆冰导线在气温升高、自然风力作用下或人为振动敲击之下会产生不均匀覆冰或不同期脱冰（如图 1-27、图 1-28 所示）。

图 1-27　导线不均匀覆冰　　　　　　图 1-28　导线不同期脱冰

（1）不均匀脱冰使导地线跳跃、引起闪络烧断导地线。

（2）导地线不均匀覆冰及不同期脱冰产生不平衡张力差。这种张力差会引起悬垂绝缘子严重偏移、塔身变形或横担及地线支架拉坏。

（3）不同期脱冰造成导地线间或导线之间碰撞放电。

（4）导地线严重覆冰和不同期脱冰时产生很大的冲击力。冲击力使杆塔机械荷重超过设计条件，造成倒杆（塔）。

3. 绝缘子串冰闪事故

如图 1-29 所示，绝缘子串覆冰或在伞裙间形成冰桥，一旦天气转暖在冰桥表面形成高电导率的融冰水膜，同时杆塔横担上流下的融冰水也直接降低绝缘子串的绝缘性能。另外融冰过程中局部出现的空气间隙使沿串电压分布极不均匀，导致局部首先起弧并沿冰桥发展成贯穿性闪络。绝缘子串覆冰过厚会减小爬距使冰闪电压降低。绝缘子的冰闪可发生在覆冰过程中，更多的发生在融冰过程中，主要决定于其表面污秽度，是一种特殊形式的污闪。

我国冰害事故中绝缘子冰闪占很大比例，如 2008 年冰灾中 500kV 线路 58％的跳闸属冰闪。冰闪基本上发生在悬垂串，其中双串绝缘子结构发生概率较高，而温度较高的融冰期也是冰闪的高峰期。

4. 覆冰舞动

架空输电线路由于结冰和落雪而使导线截面变得不对称，故在强风下，导线便产生了大幅度的椭圆轨迹的上下振动，这样就形成了导线舞动（如图 1-30 所示），这种舞动能够导致相间短路，使导线张力变化很大，还能使杆塔、绝缘子等损坏。因此，导线舞动引起电气和机械故障是影响架空线路安全运行的严重问题。

导线舞动有两种情况：

（1）覆冰导线在风作用下发生舞动。当导线上覆冰不均匀时，由于其断面不对称，风吹导线会产生空气动力学上的不稳定，在相应风力作用下，导线会发生低频（0.1～3Hz）、大振幅（可达 10m 以上）的舞动。当导线覆冰不均匀，形成新月形、扇形、D 形等不规则形状，冰厚从几毫米到几十毫米，导线易在风的激励下诱发舞动。在相同的环境、气象条件

图 1-29　绝缘子串覆冰

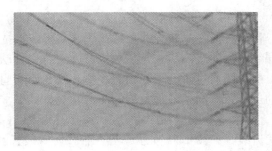

图 1-30　导线舞动

下，分裂导线要比单导线容易产生舞动，并且大截面的导线要比常规截面的导线容易发生舞动。

（2）导线不均匀脱冰跳跃发生舞动。当导线覆冰量增加，相应张力增大，弧垂下降，当大段或整档脱冰时，由于导线弹性储能迅速转变为导线动能，引起导线向上跳跃，进而产生舞动，使相邻悬垂串产生剧烈摆动。

四、导线覆冰事故的预防和消除措施

线路覆冰故障严重威胁电力系统安全可靠运行，为了防止该故障，国内外一直在研究防覆冰、防舞动技术。尤其在 2008 年全国范围的冰冻灾害发生后，电力行业开展了大量研究，并将成果运用到线路中，如设计时避开冰区、加强设计、采取融水措施、对旧有线路进行改造、采用新材料、新技术、新方法防止导线覆冰等，取得较好的效果。

1. 线路抗冰设计方法

对重覆冰区输电线路采取加强抗冰设计的措施，往往比融冰、防冰以及其他后期措施更有效。Q/CSC 11503—2008《中重冰区架空输电线路设计技术规定（暂行）》根据我国重覆冰线路的特点，在总结以往运行经验的基础上，特别是抗冰线路运行经验的基础上制定，可供重覆冰区输电线路设计参考使用。

（1）认真调查气象条件，避开不利地形。

（2）采取抗冰措施。对于确定为重覆冰地段的输电线路，可根据其具体情况采取以下预防抗冰措施：

1）防倒塔断线措施：①在海拔较高、湿度较大、雨凇和雾凇易于形成的山顶、风口，对较长的耐张段宜在中间适当位置设立耐张塔或加强型直线塔，以避免一基倒杆塔引起的连续倒杆塔事故；②对于档距较大的重覆冰地段采取增加杆塔、缩小档距的措施，以增加导地线的过载能力，减轻杆塔负荷，减小不均匀脱冰时导地线相碰撞的概率；③加强杆塔、缩短耐张段长度；④改善杆塔结构、扩大导线与地线的水平位移；⑤采用高强度钢芯铝合金线或其他加强型抗冰导线，减少钢芯铝绞线断线或断股采用预绞丝护线条保护导线，减轻或防止重覆冰区线路因不平衡张力作用和脱冰跳跃振动而损害导线；⑥对悬挂角与垂直档距加大的直线杆塔采取双线夹，以增加线夹出口处导线的受弯程度。

2）防绝缘子串冰闪措施。为防止绝缘子串冰闪，可以采用下列方法：①悬式绝缘子串增加大盘径伞裙阻隔法；②悬垂绝缘子串 V 形及倒 V 形悬挂或将顺线路方向的绝缘子串偏斜角加大；③绝缘子串悬挂点处增设一块防水挡板；④绝缘子表面涂刷憎水性能的涂料。

    3）防导线舞动措施。①选择路径，避开容易发生导线舞动的地区，划分出舞动易发区域，尽量避开；②防止导线覆冰；③提高导线抵抗舞动的能力，如导线采用水平布置方式可预防导线间的碰线闪络；④采取机械方法防止舞动。

    目前各国通过研究限制相间碰撞、改变导线周围的气流、增加舞动导线的阻尼以及干扰舞动的过程，研制了各种类型的防舞装置。其中常用的防舞装置包括相间间隔棒（如图 1-31 所示）、双摆防舞器（如图 1-32 所示）、失谐摆（如图 1-33 所示）、集中防振锤、自阻尼导线、扰流线（如图 1-34 所示）等。各种防舞装置及其主要特点见表 1-31。

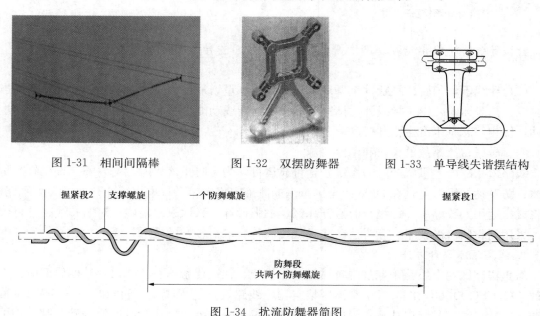

图 1-31   相间间隔棒   图 1-32   双摆防舞器   图 1-33   单导线失谐摆结构

图 1-34   扰流防舞器简图

表 1-31   **防舞装置及其主要特点**

序号	防舞装置	造价	主 要 特 点
1	双摆防舞器	较低	适用于分裂导线，安装方便，防舞效果较好
2	相间间隔棒	较高	存在老化、放电、弯曲等问题，可用于 220kV 以下电压等级的输电线路，防舞效果较好
3	偏心重锤	较低	适用于分裂导线，应注意对微风振动的影响，防舞效果较好
4	阻尼器、减震器	较高	低频舞动较有效
5	失谐摆	较低	在单导线上应用有效，在分裂导线上的应用有待研究
6	扰流防舞器（如图 1-35 所示）	较高	主要应用于覆冰较薄的地区，单导线上的应用多于分裂导线
7	集中防振锤	较高	应注意对导线弧垂、微风振动等的影响
8	动力减震器	高	国外应用较多
9	夹头可转动式间隔棒	高	应用不多，可作为应急措施

    2. 线路防冰、除冰方法

    防覆冰是在覆冰物体覆冰前采取各种有效技术措施，使各种形式的冰在覆冰物体上无法积覆或即使积覆，其总的覆冰负荷也能控制在物体可承受范围内。除冰方法定义为物体覆冰达到危险状态后采取有效措施，部分或全部除去物体上覆冰的方法或措施。常用的方法有下列几种：

（1）阻雪环或防冰环。导线上的载雪到一定程度时，就会沿导线周围旋转，若这时的含水适量就会扩展，但风大或导线振动又会脱落下来。在上风侧会发展成的雨夹雪，由于含水量大，不易从导线上脱落。不久，由于在导线周围旋转而形成雪筒。无论覆冰还是着雪都会发生舞动，但由于舞动造成设备损坏事故比较小，大多发生导线因电弧烧伤或者分裂导线断股等较轻事故。可在导线上安装阻雪环。阻雪环即是与导线外径相等的金属扣环。利用弧垂和阻雪环，使雪在阻雪环上径向堆积一定量时，在风和导线自振时脱落。为防止导线自振旋转，可在档距中间安装防振锤。该方法简单易行，但不能保证可靠除冰。

有的地区安装防冰环，通常安装距离是根据导线一个完整的绞扭矩为一个节距。防冰环可截住由水滴或雾滴形成的"合流"，使之离开导线。

（2）机械除冰。利用冰镐、破冰机或铁链在导线上破冰，清除导线积冰雪，如图 1-35 所示。

当线路停电时，可以从地面上向导线、避雷线上抛掷短木棍打碎覆冰，或用木杆、竹竿敲打（如图 1-35 所示）。在线路带电时，应用与线路电压等级相符的绝缘棒敲打。也可以用木制套圈套在导线上，用绳子顺着导线拉，以消除覆冰，或者用滑车式除冰器除冰。采用机械除冰时，必须保证导线和避雷线不发生任何机械损坏。

图 1-35　机械除冰

（3）化学涂料防冰。

在导线表面涂憎水涂料降低冰的附着力，使冰易于脱落。但现有的防冰涂料不能从根本上防止冰的形成，在气温低、水雾呈过冷却的情况下，防冰效果较差。

（4）特殊导线防冰。

1）复合导线防冰。防冰用的复合导线是在普通钢芯铝绞线的基础上将钢芯与铝线绝缘，利用开关装置切换达到除冰的目的。即正常情况下由铝线传送负荷，覆冰季节则利用开关装置切换由钢芯导电，利用钢芯的高电阻、高损耗融冰或保持导线在冰点以上。

2）耐热导线防冰。利用高强度耐热铝合金导线防冰具有实际意义，国内已有生产耐热导线的厂家和使用单位，重覆冰区采用耐热导线，在覆冰季节人为增加输送负荷，使导线发热除冰。

3）低居里磁热线防冰。低居里磁热线是由铁、镍、铬和硅四元素按一定比例混合在真空中熔炼成合金钢，并冷拔成规定直径的丝材，并在丝材上覆盖一层铝或钢。这种磁热线在温度 0～20℃ 时能产生磁性，将这种磁热线绕在需要融冰的导线上，在覆冰时能产生涡流发热而融冰。这种材料虽有明显的除冰效果，但成本高、施工困难。

4）不覆冰导线。由于各种防冰导线都存在一定的局限性，研究新型的不覆冰导线势在必行。国内外在这方面的基本思路之一是仿照低压架空绝缘导线，采用有机橡胶或合成硅橡胶材料等，研制部分绝缘导线；将普通钢芯铝绞线表面制成光滑表面，并覆以防冰涂料，使导线具有憎水性，以达到不覆冰的目的。

5）采用铝包钢绞线作导线。铝包钢绞线一般用作良导体避雷线，也用于大跨越上作导线。在高海拔多冰雪地区采用铝包钢绞线可以加强导线机械强度；导线弧垂较钢芯铝绞线可减少 41.6％，使用档距大；至于载流量较差，一般经计算完全能满足输送负荷的要求。

（5）融冰技术。目前，国内外电力系统中的融冰技术主要有五种：

1）短路电流融冰，通过改变潮流分布增大线路的负荷电流使得导线发热达到融冰目的，在我国 110kV 以下系统中广泛应用。进行交流短路融冰首先要根据融冰的线路型号，确定 60min 融冰电流。表 1-32 是在典型气候条件下，60min 融冰电流，表 1-33～表 1-35 不同条件下（线路长度及融冰电源所取系统电压）短路融冰所能获得最大短路电流和需要的容量。

表 1-32　　　　　　　　　　　　　　　60min 融冰电流

导线型号	LGJ-400	LGJ-185	LGJ-95
融冰电流（A）	728	429	270

表 1-33　　　　　　　　　　220kV 线路交流冲击短路融冰估算结果

融冰电源所取系数电压（kV）	25km		50km		100km		150km	
	短路电流（A）	容量（MVA）	短路电流（A）	容量（MVA）	短路电流（A）	容量（MVA）	短路电流（A）	容量（MVA）
10	636	12	318	6	159	3	106	2
35	2240	144	1120	72	560	36	373	24
110	6964	1388	3482	694	1740	347	1160	231
220	13 928	5548	6964	2774	3482	1387	2321	925

表 1-34　　　　　　　　　　110kV 线路交流冲击短路融冰估算结果

融冰电源所取系数电压（kV）	20km		40km		60km	
	短路电流（A）	容量（MVA）	短路电流（A）	容量（MVA）	短路电流（A）	容量（MVA）
10	704	12	352	6	235	4
35	2484	160	1242	80	828	53
110	7720	1538	3860	769	2574	513

表 1-35　　　　　　　　　　35kV 线路交流冲击短路融冰估算结果

融冰电源所取系数电压（kV）	20km		40km		60km	
	短路电流（A）	容量（MVA）	短路电流（A）	容量（MVA）	短路电流（A）	容量（MVA）
10	625	12	313	6	208	4
35	2012	129	1006	64	671	43

由表 1-33 中数据可知，该 220kV 线路可采用低一级的电压对高一级线路实施短路融冰，具体选择要根据线路的长度和导线型号决定。短路融冰需要满足系统下负荷不能超过融冰电源点的容量，短路电流不能超过融冰回路中所串线路的最大允许电流，系统中无功要充足等条件。冲击合闸不可多次操作，否则会增加断路器等一次设备损坏风险。

2）带负荷融冰。国内宝鸡供电局率先采用 110kV 系统不停电融冰法，这种方法仅用于一些不能停电的重要线路。其具体方法是在变电站内安装专用融冰自耦变压器，并用两根相互绝缘的导线取代原单导线回路，地线亦需与杆塔绝缘。通过自耦变压器分别向单根导线与地线构成的回路提供电流来融化导线和地线上的覆冰。带负荷融冰法需要专用融冰变压器，变压器及附属设备投资大，另一方面融冰费用大，在推广上有困难。

3）增加负荷融冰。可以在融冰前就增加线路电流，如双回路线路中，停用的一回线路用于融冰，由变压器供给防冰电流，而另一回路带全部负荷。

4）在覆冰线路上附加直流装置融冰。将覆冰线路作为负载，施加直流电源，用较低电压提供短路电流加热导线使覆冰融化。直流融冰首先要根据所需融冰的线路型号，确定60min融冰电流；再根据线路长度及导线型号，计算出线路直流电阻；然后计算直流融冰装置需提供的电压和电容，校验其额定电压和额定容量，最后形成融冰方案，见表1-36。图1-36为某电厂直流融冰示意图。

表1-36　　　　　　　　　　直流融冰所需电源容量

电压等级（kV）	线型	10mm覆冰最小融冰电流（A）	线长（km）	融冰所需电源容量（MW）
500kV 直流	LGJ-4×720/50	5254	880	483.9
500	LGJ-4×400	3402	100	43.3
220	LGJ-2×240/40	1218	100	17.9
110	LGJ-300/50	714	20	2.0
35	LGJ-240/40	609	7	0.6
10	LGJ-150/35	441	5	0.4

5）附加电流脉冲。使环流与负荷电流叠加达到融冰目的。这种方法美、加、法都在进行研究。利用附加脉冲电流使冰融化，并依靠脉冲点动力使冰脱落，但可能给系统带来稳定性问题。

国内外专家通过多年的深入研究一致认为：对于发生大范围的输电线路覆冰问题，导线的热力融冰方法是最有效的方法；对于出现在局部范围内的输电线路覆冰问题，导线的机械除冰方法也可作为一种辅助措施。

另外，国家电网公司2010年1月发布的《输电系统状态监测系统建设原则》（试行）、《输电系统状态监测系统技术规范》（试行）、《输电系统状态监测装置技术规范》（试行）中的有关内容对输电线路覆冰监测系统的设计原则和总体目标、

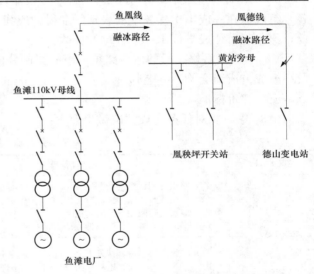

图1-36　某电厂直流融冰示意

输电线路状态监测平台技术标准、覆冰监测装置的系统的组成和技术要求作出了明确的规定。建立防冰抗冰预警系统可以有效掌握线路覆冰情况，协助各种融冰技术手段的实施。

〰〰【任务实施】

线路覆冰事故案例分析

一、工作前准备

1. 课前预习相关知识部分。

2. 搜集线路覆冰事故图片及相关资料。

二、操作步骤

1. 小组长组织班前会议，进行任务分工。

2. 小组长安排人员负责，将组员收集的资料归总整理，并组织召开线路覆冰事故案例分析会。

3. 针对分析会上提出的疑义补充资料，着手准备撰写《线路覆冰事故案例分析报告》。

4. 小组长组织审核本组撰写的线路覆冰事故案例分析报告，并指定专人修改。

5. 小组长安排组员完成汇报 PPT 的制作，在小组会议上试讲一次，提出修改意见或建议并进行修改完善。

6. 以小组为单位向指导老师申请"线路覆冰事故案例分析"汇报。

7. 汇报过程中，小组长安排组员记录指导老师和其他分析小组对本组"线路覆冰事故案例分析"汇报的点评。

8. 汇报完毕后，小组长组织小组会议，对汇报会上老师及其他组提出的意见或建议进行汇总整理，并组织小组成员参照意见修改《线路覆冰事故案例分析报告》。

9. 工作任务完成后，小组长组织召开"线路覆冰事故案例分析"工作总结会议，点评各小组成员在完成本次任务中的表现、取得的成绩，指出不足，与小组副组长、学习委员商议，给小组每位成员评出一个合理的分数。

10. 小组长将修改后的《线路覆冰事故案例分析报告》文档、汇报 PPT、小组工作总结及小组成员成绩交给指导老师。

三、评价标准

根据表 1-37 对任务完成情况做出评价。

表 1-37   评 分 标 准

项　目	考核标准	配　分	扣　分	得　分
小组合作	(1) 小组计划详细周密 (2) 小组成员团结协作、分工恰当、积极参与 (3) 能够发现问题并及时解决 (4) 学习态度端正、资料搜索能力强	20		
线路覆冰事故案例分析报告	(1) 收集资料丰富，搜索方法先进，对资料进行分类整理 (2) 报告内容全面、事故原因分析到位，条理清晰、格式规范、语句通顺 (3) 线路防覆冰措施针对性强，具有可操作性 (4) 对国内外防架空线路覆冰技术有一定的了解	35		
案例分析汇报	(1) 汇报 PPT 制作颜色搭配协调，汇报文字简短清晰，图片、数据展示恰当 (2) 汇报者思路正确，态度端正，汇报姿态自然大方，口齿清楚，语言通顺，声音洪亮，普通话标准	30		
安全文明	(1) 能遵守学习任务完成过程的考核规则 (2) 能爱护多媒体设备，不人为损坏仪器设备 (3) 能保持汇报教室环境整洁，秩序井然	15		

【巩固与练习】

简答题

1. 简要说明如何有效预防绝缘子冰闪事故的发生。

2. 了解不同防舞动装置的作用原理。

3. 如何实施短路电流融冰？

任务7　线路鸟害故障案例分析

🎤【布置任务】

任务书见表 1-38。

表 1-38 　　　　　　　　　　　　　　　　任　务　书

任务名称	线路鸟害事故案例分析
案例材料	某地区电网 110～220kV 线路一年内共发生跳闸 24 次，鸟害事故占统计数中的 18 次。其中有一条 220kV 线路 76 号杆塔中相绝缘子串在不长时间就因为鸟害发生了 5 次跳闸，故障时间大致为深夜 22 时至次日凌晨 7 时区间。 　案例分析提供的资料： 　(1) 该杆塔位于半山坡，周围人烟较少，树木丛生，山脚下有一个养鱼塘、适宜于鸟类生养、栖息。一次跳闸后，发现中相绝缘子下方地面有许多白色鸟粪，且绝缘子串上、下各一片闪络烧伤。 　(2) 换以 XSH-100/20 型复合绝缘子（上、下均压环间距离为 195.8cm），仍然跳闸，发现上、下均压环四周不同方位，不同程度地有多处放电烧伤痕迹。 　(3) 在上述基础上，加了一块 80cm×100cm（与铁塔横担大小相等）的铁板，罩在绝缘子串上方，仍发生了跳闸
任务要求	(1) 各小组接受工作任务后讨论并制定工作计划 　(2) 阅读教材上相关知识部分 　(3) 搜集本案例的现场照片及有关技术资料，找出线路鸟害事故发生的主要原因，提出有针对性的防污措施 　(4) 撰写《线路鸟害事故分析报告》 　(5) 各小组长组织审核《线路鸟害事故分析报告》 　(6) 各小组准备好 5min 的汇报 PPT 并进行汇报 　(7) 各小组进行客观评价，完成评价表
注意事项	(1) 每位组员应阅读教材上相关知识部分，有不懂之处及时咨询指导老师 　(2) 组员之间应相互督促，完成本次学习任务 　(3) 注意收集现场一手资料，有利于分析问题、提出针对性意见或建议
成果评价	自评： 互评： 师评：
小组长签字	组员签字

　　　　　　　　　　　　　　　　　　　　　　　　　　　日期：　　年　　月　　日

📖【相关知识】

架空线路鸟害事故与雷害、污闪相比，数量相对较少。多集中在个别线路或某条线路个别地段，可能对其安全运行造成极大危害。

一、线路鸟害故障的类型和形成原因

自然界鸟类的纲目繁多，如果从鸟害故障的形成机理上进行分析和归类，则可以将其分为：

1. 筑巢类

鸟类在电力线路上筑巢及其相关因素所引发的电力线路跳闸故障统称为筑巢类故障（见

图 1-37　鸟筑巢

图 1-37）。此类故障的肇事鸟主要有喜鹊、猫头鹰、雕、秃鹰、乌鸦、八哥、鹞子等。形成原因有：

（1）春季鸟类开始在输电线路杆塔上筑巢产卵、孵化，经常口叼树枝、铁丝、柴草等物在线路上空往返飞行，当铁丝等物落在横担与导线之间或落到绝缘子上使绝缘子串短接便会造成线路的故障。如某 10kV 架空配电线路短路跳闸，是因为某杆塔的抱杆上筑有一个喜鹊窝，窝中的金属丝搭接在线路跳线与横担之间，造成线路一相接地。

（2）杆塔上的鸟巢与导线间距离过近，由于阴雨天气或其他原因，会引起接地。

（3）大风、暴雨天气时，鸟巢被风吹散到导线或绝缘子上，造成接地。

（4）鸟巢吸引蛇类或其他以鸟为食的动物爬上杆塔，导致导线经蛇体或其他动物躯体接地短路造成故障。

2. 猛禽类

各种猛禽在电力线路杆塔上猎食小动物所引发的电力线路跳闸故障统称为猛禽类故障。

3. 泄粪类

各种在电力线路杆塔上活动且排泄粪便量较大的鸟类的粪便所引发的电力线路跳闸故障统称为泄粪类故障。该类故障形成的原因有：

（1）鸟粪闪络。鸟在绝缘子悬挂点附近的横担上排便时，高电导率的鸟粪将短接部分空气间隙，即使鸟粪并没有贯通全部通道，也可能造成闪络。而不同电压等级的线路，故障特点也有所不同。对于 220kV 及以上电压等级的线路，绝缘子串较短，高电导率的鸟粪可形成较长的通道，使空气间隙的有效绝缘长度明显减小，在带电体和粪便末端之间的空气间隙放电。对于 500kV 及以上电压等级的线路，相对整个绝缘子串来说，鸟粪通道所占的空气间隙比例较小，直接导致其余空气间隙闪络的概率较小。但如果绝缘子上存在一定污秽且在潮湿气候条件作用下，由于绝缘子串的绝缘水平降低，放电可能沿着"鸟粪通道—粪道末端与绝缘子串间的空气间隙—绝缘子串表面"这一通道形成。鸟粪闪络是一种突发性事件，闪络前没有任何征兆，闪络时也极少为人所见，只能事后以鸟粪痕迹作为判断。

（2）鸟粪污闪。如图 1-38 所示，当鸟粪染污绝缘子表面，在潮湿气候和雨雾作用下，有可能形成沿绝缘子表面的闪络。如果鸟粪形成长路径的贯穿性污染则有可能造成污闪。

4. 其他类

如大型鸟类在飞翔或争斗时，从导线间隙通过会造成相间短路或单相接地。还有如一些鸟类（如乌鸦、喜鹊等）喜欢嘴里衔着树枝或线路施工遗弃的铜、铝、铁线头等，从导线间穿越飞行时可造成相间短路造成跳闸。近年来，在跨区电网输电线路检修和运行工作中，已多次发现复合绝缘子被鸟啄损坏的例子，如图 1-39 所示，国内已发生过多起由于密封失效导致复合绝缘子掉串的恶性事故。

二、鸟害故障发生的规律

（1）季节性。冬春两季是鸟害故障的多发期。

（2）时间性。猛禽类和泄粪类鸟害故障在夜间发生的概率比较大，筑巢类鸟害故障则基本发生在白天。

（3）区域性。大部分鸟害故障发生在人员稀少的丘陵、山地、水田，并且附近有水库或

　　　　　　图 1-38　鸟粪污闪　　　　　　　　　　　图 1-39　合成绝缘子被鸟啄食

水塘、无树林的地带。

　　（4）瞬时性。由鸟排泄粪便及鸟筑巢所引起的鸟害故障，如造成绝缘子闪络、线路跳闸等情况，一般均属线路瞬间故障，不会造成单相接地永久性事故，线路的重合闸都能成功。

　　（5）线路性。鸟害引起的接地故障大多发生在 220kV 线路，500kV 线路也时有发生，但比例较小；35kV 及以下线路要防止鸟巢形成两点接地短路。同时，鸟害大多发生在线路铁塔的中相处。桁架结构式横担上发生的鸟害故障约占整个鸟害故障的 93%。

　　（6）迁移性。当鸟在杆塔上的某一处栖息条件被破坏以后，它会在该杆塔的另一个位置或附近另一基杆塔上重新寻找栖息地并引发出鸟害故障。

　　（7）重复性。同一类的鸟，活动的区域有一个较固定的范围，鸟害故障容易出现重复性。

　　（8）相似性。大多数鸟害事故具有明显的相似特点，具体情况为：天气较好，无大风、暴雨等异常天气；横担（或挂线点）有弧光烧伤痕迹；导线或绝缘子有不同程度烧伤；在横担上或其他部位有鸟类痕迹；单相接地，重合成功。

三、防止鸟害故障的措施和对策

　　针对鸟害事故形成的原因及发生的规律，制定了相应的预防措施，包括防鸟害的组织措施和技术措施。

　　1. 预防鸟害故障的组织措施

　　（1）绘制线路的鸟害区域图。根据对各条线路鸟害事故的统计与分析及各种运行资料，准确划分架空线路鸟害区域。深入线路，沿线摸清靠近冬季不干枯的河流、湖泊、水库和鱼塘的杆塔，位于山区、丘陵植被较好且群鸟和大鸟活动频繁的杆塔以及有鸟巢和发生过鸟害的杆塔，作为重点鸟害区域，绘制出每条线路的鸟害区域图。这样就可以对此区域重点巡视，并在鸟粪污闪事故中，缩小巡视范围，快速查找出鸟粪污闪事故的发生点，及时排除故障。如内蒙古将超高压线路经过区域按鸟害程度等级划分为 0、Ⅰ、Ⅱ、Ⅲ级区域，在杆塔上分别安装不同的数量的防鸟刺、防鸟器等防范装置。

　　（2）加强运行管理。在鸟害事故高发的季节里，对鸟害区域图中的线路重点巡视，增加巡视次数，若发现鸟巢，应及时拆除，并安装防鸟设施。在鸟害季节里，线路运行维护人员还应重视群鸟和大鸟活动情况的观察，重视防鸟设施巡视和维护工作，发现损坏的有必要增添防鸟装置。某电业局巡线人员在一座高压杆塔上，发现一个特大鸟窝，刚好筑在 220kV 线路一杆塔上的危险部位，鸟窝的草藤下垂正要短接 220kV 绝缘子串，随时可能造成线路跳闸的故障。经过一番努力，电业人员成功地将鸟窝迁移到安全地方（见图 1-40），消除了

图 1-40　送电工人在为鸟儿搬家

隐患。

聘请靠近线路村庄里的村民为临时巡视员，在运行人员巡视的间隔期内，让临时巡视员对线路进行巡视。因为临时巡视员的住址靠近线路便于对线路的异常情况进行监控，发现问题及时上报，这样，既可弥补巡视人员少工作量大，无法兼顾每一条线路的问题，又可防止事故的发生，节省人力、物力。

登杆巡查。在巡视中如果发现杆塔上或杆塔上的平面上有大量的鸟粪或有鸟类集中栖息在某基杆塔上，应及时组织人员登杆检查，对鸟粪污染和表面脏污的绝缘子及时安排带电清扫。

2. 预防鸟害故障的技术措施

对鸟害故障的技术措施一般有防、驱两种方式，以驱为主，防驱结合。

（1）防止鸟害故障的技术措施。在防止鸟类形成放电通道方面，采取的技术措施有：

1）采用大盘径绝缘子。如图 1-41 所示，在绝缘子串靠横担处加装一片或在串中间各安装多片大盘径绝缘子，可起到防鸟害、防冰闪及增强防污能力的综合作用。

2）加装防鸟粪挡板。由于复合伞群存在着相当多的缺陷，在其基础上设计出一种采用方形玻璃纤维防鸟挡板，安装于绝缘子串的第一片上，防止鸟粪直接飘落上绝缘子周围形成放电通道，如图 1-42 所示。

3）安装防鸟罩。如图 1-43 所示，防鸟罩安装在悬垂绝缘子串第一片绝缘子的钢帽上，可防止鸟粪在空中形成线状通道并污染绝缘子串，对筑巢类鸟害有一定防范作用，但对猛禽类鸟害故障的防范能力就要差一些。

图 1-41　大盘径绝缘子

图 1-42　安装防鸟挡板

图 1-43　安装防鸟罩

4）安装防鸟网。防鸟网是一种铁丝网制作的笼子，一般装在猫头塔的中横担处，将中线横担绝缘子挂点附近用防鸟网封住，防止鸟进入中横担附近，避免鸟在中横担处泄粪造成鸟害事故。同样，也可以在多次发生鸟害事故的杆塔上安装防鸟网，将绝缘子串上的横担网起来，阻止鸟类在杆塔上活动，避免鸟害事故的发生。

5）架设防鸟线。大型鸟类飞行、降落都需要一定的空间。该方法正是利用这一点，在杆塔横担头至杆顶用铁丝拉一道线，占据鸟类下落的空间，从而达到防鸟目的，如图 1-44 所示。

6）安装防鸟刺。防鸟刺一般装在绝缘子串悬挂点上部的横担处，使鸟类不能在此点筑巢、落脚，防止鸟粪排泄在绝缘子串上。防鸟刺一般用多股钢绞线制成，一端采用金属装置固定，另一端形成树枝状散开，散落成一伞状保护范围，如图 1-45 所示。

图 1-44 防鸟箱　　　　　　　　图 1-45 防鸟刺

7）安装感应电极板。利用线路自身传输的高压电能，在绝缘子串上方安装一块与横担绝缘的金属极板，使其带有感应电压，鸟类无法站立。

8）在绝缘子制造时，可调整硅橡胶的配方，使鸟"憎恶"硅橡胶的气味和口味，以此来防止鸟啄食复合绝缘子。同时采用在投运前将绝缘子包裹的方式来保护复合绝缘子。

（2）驱鸟的技术措施。在驱鸟方式中，采用的方法主要有以下几种：

1）安装惊鸟装置。在杆顶部涂刷红漆、挂闪光塑料带、挂小红旗、安装风铃、反光镜等。

2）安装风车式驱鸟器。

风车式驱鸟器的原理是根据鸟类的生活习性而做成的。研究发现，鸟类大多对以下三种事物表现出惊恐或不安：一是黄颜色或红颜色，二是会动的物体，三是光。根据这一特点研制成了风车式驱鸟器，它也具有三个特点：一是它可以依靠自然风力转动，二是在风车的四个风叶头上安装了四个黄色或红色的塑料小碗，三是在每个塑料小碗里安装了一个小镜子，如图 1-46 所示。风车式防鸟器既有颜色能转动，又能够反射太阳光和月光，使鸟不敢靠近它。把风车式驱鸟器安装在绝缘子串挂点上，能够有效地防止鸟害的发生。

图 1-46 风车式驱鸟器

3）恐怖眼式惊鸟牌。恐怖眼式惊鸟牌是借鉴民航系统的驱鸟经验，选择鸟的敏感色彩，喷涂制作一种反光恐怖大眼睛的双面图案铭牌（如图 1-47 所示），利用支撑架安装于杆塔顶部较显眼的位置，支撑架可轻微转动和变换角度，以避免形式单一。恐怖眼式惊鸟牌应具有不锈蚀、不褪色、反光度不减弱的特点。

4）安装声光驱鸟装置。声光驱鸟装置采用声、光、色综合驱鸟方式为一体的驱鸟结构，通过播放鸟的各种特殊鸣叫声音，如鸟遇难时的哀鸣、鸟类惊叫及遇到它们的天敌时发出的求救声，使鸟类受到惊吓而飞走，起到驱鸟的效果。

5）脉冲电击式驱鸟装置。该装置采用了可调式防鸟刺与脉冲电击相结合方式，针对鸟被电击后的记忆效应，直接采用脉冲高压电击停留在横担上的鸟类以达到驱鸟效果，如图 1-48

所示。

6）超声波驱鸟器，如图 1-49 所示，超声波驱鸟器采用单片机技术实现分段工作，每次工作是在一定频率范围内随机发出某频率超声波，来延长动物的适应期。

图 1-47 恐怖眼式惊鸟牌

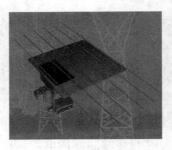
图 1-48 高压电子驱鸟器

图 1-49 超声波驱鸟器

【任务实施】

线路鸟害事故案例分析

一、工作前准备

1. 课前预习相关知识部分。

2. 搜集线路鸟害事故图片及相关资料。

二、操作步骤

1. 小组长组织班前会议，进行任务分工。

2. 小组长安排人员负责，将组员收集的资料归总整理，并组织召开线路鸟害事故案例分析会。

3. 针对分析会上提出的疑义补充资料，着手准备撰写《线路鸟害事故案例分析报告》。

4. 小组长组织审核本组撰写的线路鸟害事故案例分析报告，并指定专人修改。

5. 小组长安排组员完成汇报 PPT 的制作，在小组会议上试讲一次，提出修改意见或建议并进行修改完善。

6. 以小组为单位向指导老师申请"线路鸟害事故案例分析"汇报。

7. 汇报过程中，小组长安排组员记录指导老师和其他分析小组对本组"线路鸟害事故案例分析"汇报的点评。

8. 汇报完毕后，小组长组织小组会议，对汇报会上老师及其他组提出的意见或建议进行汇总整理，并组织小组成员参照意见修改《线路鸟害事故案例分析报告》。

9. 工作任务完成后，小组长组织召开"线路鸟害事故案例分析"工作总结会议，点评各小组成员在完成本次任务中的表现、取得的成绩，指出不足，与小组副组长、学习委员商议，给小组每位成员评出一个合理的分数。

10. 小组长将修改后的《线路鸟害事故案例分析报告》文档、汇报 PPT、小组工作总结及小组成员成绩交给指导老师。

三、评价标准

根据表 1-39 对任务完成情况做出评价。

表 1-39　　　　　　　　　　　　　　　评　分　标　准

项　目	考核标准	配　分	扣　分	得　分
小组合作	（1）小组计划详细周密 （2）小组成员团结协作、分工恰当、积极参与 （3）能够发现问题并及时解决 （4）学习态度端正、资料搜索能力强	20		
线路鸟害事故案例分析报告	（1）收集资料丰富，搜索方法先进，对资料进行分类整理 （2）报告内容全面、事故原因分析到位，条理清晰、格式规范、语句通顺 （3）线路防鸟害措施针对性强，具有可操作性 （4）对国内外防架空线路鸟害技术有一定的了解	35		
案例分析汇报	（1）汇报 PPT 制作颜色搭配协调，汇报文字简短清晰，图片、数据展示恰当 （2）汇报者思路正确，态度端正，汇报姿态自然大方，口齿清楚，语言通顺，声音洪亮，普通话标准	30		
安全文明	（1）能遵守学习任务完成过程的考核规则 （2）能爱护多媒体设备，不人为损坏仪器设备 （3）能保持汇报教室环境整洁，秩序井然	15		

🤲 【巩固与练习】

简答题

1. 鸟害的形式有哪些？

2. 谈谈你对如何防鸟害的想法，分析防鸟害的难点是什么？

任务 8　线路外力破坏事故案例分析

🎙 【布置任务】

任务书见表 1-40。

表 1-40　　　　　　　　　　　　　　　任　务　书

任务名称	线路外力破坏事故案例分析
案例材料	收集你所在地方输电线路或配电线路发生过的外力破坏案例，将案例分类、进行总结，对发生的原因和防范措施进行分析
任务要求	（1）各小组接受工作任务后讨论并制定工作计划 （2）阅读教材上相关知识部分 （3）搜集案例的现场照片及有关技术资料，找出线路外力破坏事故发生的主要原因，提出有针对性的防污措施 （4）撰写《线路外力破坏事故分析报告》 （5）各小组长组织审核《线路外力破坏事故分析报告》 （6）各小组准备好 5min 的汇报 PPT 并进行汇报 （7）各小组进行客观评价，完成评价表
注意事项	（1）每位组员应阅读教材上相关知识部分，有不懂之处及时咨询指导老师 （2）组员之间应相互督促，完成本次学习任务 （3）注意收集现场一手资料，有利于分析问题、提出针对性意见或建议

续表

成果评价	自评：		
	互评：		
	师评：		
小组长签字		组员签字	

日期：　　年　　月　　日

📖【相关知识】

外力破坏是指人们有意或无意而造成的线路故障。而大量的外力破坏是由于人们疏忽大意或对电的知识了解不够而引起的。在线路上因外力破坏发生跳闸的概率很高。根据历年内各省相关统计数据表明，外力破坏处于持续增长的态势，对电网安全运行影响很大。

一、线路外力破坏的原因

架空输电线路外力破坏故障主要由违章施工作业，盗窃、破坏电力设施，房障、树障、交叉跨越公路，在输电线路下焚烧农作物、山林失火及飘浮物等造成。而架空配电线路常见的外力破坏包括机动车辆撞杆、吊车碰撞导线、砍伐树木砸线、修路挖渠倒杆、爆破采石砸线、撞击碾压拉线、晃动拉线造成短路、风筝挂线拽拉短路、高空落物造成短路、小偷偷盗接地引线等。

1. 违章施工作业

随着社会经济的不断发展，输配电线路及其走廊周围的施工越来越多。由于施工单位及其组成人员比较复杂，部分施工人员在施工过程中对输配电线路不采取相应的防护措施，很容易造成吊车等施工机械碰撞导线，使线路跳闸，严重的会长时间中断供电，而且还有可能给施工人员人身安全造成危害，如图 1-50、图 1-51 所示。如某道路改造施工时，混凝土泵车碰线引发跳闸，引起该 220kV 线路上的变电站全部失电，仅该次事故就造成城区大量重点单位停电，影响极坏，直接经济损失达 140 余万元。

城市道路中，有一部分电杆所处行车道中，而一些驾驶员安全意识薄弱，驾车不当，就增加了汽车撞杆或拉线事故的可能，如图 1-52 所示。如某 10kV 线路出线开关跳闸，重合未成。经查线发现，10kV 电杆被汽车撞断，导线绝缘皮被撞伤，造成相间短路，出线开关动作（注：该线路处于交通事故多发地段）。

图 1-50　吊车吊臂碰到线路导致事故　　　图 1-51　车辆铲断电杆造成停电　　　图 1-52　杆塔被汽车撞击

由于经济开发区、农田改造区及公路等有关公共设施建设区内，原有线路走廊防护区不断遭到基础设施建设的占用，电力设施保护条例难以落实。另外，一部分线路运、检单位对线路通道内及杆塔附近的经济开发区、公路及市政建设等社会施工作业点的危险点预控没有做深做细，没有做到有效监控，仅仅以发隐患通知单就算已经联系过了，而没有进一步对现场（危险点）设置警示、警告标志，更没有派专人进行现场电力设施保护宣传和安全监督、监控，致使施工作业引起的线路外损、外力破杆跳闸事故居高不下。

2. 盗窃、破坏电力设施，危及电网安全

线路通道的保护一直是线路维护工作的一个难点，当输电线路经过山区，人烟稀少，一些周边治安环境较差地区，输电线路塔材、金具和导线等被盗普遍存在，且十分严重，对线路安全运行造成严重威胁（见图 1-53）。例如，据辽宁省电力电公司不完全统计，全省丢失并补充的塔材已超过 100t，全省 13 个市地无一不丢失塔材、螺栓，这些偷盗事件给线路安全运行带来极大危害。

盗窃破坏电力设施案件呈上升趋势，严重威胁电网安全。盗割电力高压运行线路的现象屡禁不止，尤其是盗窃 10kV 以下的配电线路、路灯线路、农网改造后的线路比较严重，特别是农村低压线路。由于有些地方相对比较偏僻，安全保卫难度大，容易成为犯罪分子的目标。某地两村交界处发生一宗特大盗窃案，盗窃电杆拉线线夹致使高压线杆倒塌（如图 1-54 所示），造成某 220kV 线路电源中断，直接、间接损失约 1.5 亿元，而被偷的线夹仅获赃款 160 元。

图 1-53　塔材被盗　　　　　　　　　图 1-54　被盗倒杆

3. 房障、树障、交叉跨越公路危害电网安全

由于受地形和环境的限制，输电线路一般沿山区架设。现在大部分山区为了发展经济，进行封山育林或将山承包给别人，在山上种植着大量树木。还有些树木在线路建设初期时，由于施工人员清理树木不够彻底，给运行人员以后的运行维护留下隐患，图 1-55 所示为施工人员砍伐超高树木。当输电线路和树木之间的距离超过《电力设施保护条例》中规定的安全距离，输电线路就会对树木放电。如果雨天或空气湿度过大，树木就会成为导电体，对树木周围的建筑、设备或人员构成危害，并可能造成重大设备、人身伤亡事故，同时危及电网的安全运行。某 10kV 架空线路频发零序保护动作，开关跳闸、重合发生的故障，原因是某支线一电杆旁农民家的紫藤枝条被风吹落在该线路上，造成线路一相接地故障。

违章建筑和树障威胁着电力线路的安全运行。一些单位和个人违反国家法律法规，擅自在电力设施保护区内违章建房，违章种树。电力线路下的树障、房障（如图 1-56 所示）是电网安全运行的大敌，同时，也会直接危及人身安全。某 110kV 线路旁一违章搭建的临时大棚被风吹起，造成线路跳闸，将在现场搭棚的一名民工烧伤。

图 1-55　砍伐超高树木

图 1-56　房顶紧贴线路

　　各地区大力发展市政和公路建设，特别是与输电线路交叉跨越多的公路、超高建筑、树木、民房、炸石、取土、外力冲撞、对线路放电、开山炸石炸伤导线甚至断线的问题还时有发生，应引起足够重视。

　　4. 在输电线路下焚烧农作物、山林失火以及飘浮物

　　如图 1-57～图 1-59 所示，输电线路下焚烧农作物、山林失火以及漂浮物（如放风筝、气球、白色垃圾），导致线路跳闸。还有其他一些不可预计的人为破坏电力设施的情况。如某市发生山林火灾，途径火灾地段的一 500kV 线路受浓烟雾影响，线路间形成导电通道，发生跳闸。某市 220kV 某杆塔被一对拾荒者烧"荒"烧到，使其线路停电 60 多个小时，经济损失在 100 万以上。而城市庆典、市民婚庆放气球、彩带，在架空线路附近放风筝都可能会导致短路停电。

图 1-57　山火

图 1-58　线路下焚烧

图 1-59　气球缠绕导线

二、线路外力破坏的防治措施

　　目前，对外力破坏的防治措施主要有以下几点：

　　1. 划分防护区段，做好运行维护工作

　　电力运行部门应按照 DL/T 741—2010 等有关规程要求做好线路沿线的日常管理工作，可针对不同地段外力破坏事故多发的不同类型，划分防违章建筑区、防开挖破坏区、放风筝区、防施工事故区等，设置限高警示牌，对特别重要跨河区段，采用线上警示灯（如图 1-60 所示）。在各种类型的防护区，都设立针对性明确的警示牌（如图 1-61 所示），如在交通事故频繁地段，电杆加装护桩、贴警示贴或喷刷荧光功能的警示标志（如图 1-62 所示）；在日常巡视中，根据该区的特点，着重查看相关情况有无异常，为制定防外力破坏事故提供依

据。110kV 及以上电压等级输电线路杆塔 8m 及以下宜采用防盗螺栓。做好工程验收工作，清除保护区内的建筑物、树木，及时发现违章施工等外力隐患，将其消灭在萌芽中。

图 1-60　装防盗报警系统　　　　　图 1-61　电力警示牌　　　　　图 1-62　刷防撞标识

2. 加大宣传力度，营造强大的保电舆论氛围

利用地方广播、电视、电台、报纸等各种舆论工具和新闻媒体开展一系列声势浩大的电力法规宣传，做好保护电力设施的宣传（如图 1-63 所示）；结合线路巡视，开展对沿线群众《电力法》《电力设施保护条例》的宣传教育，在线路所在的广大农村地区开展以发放电力设施保护宣传材料等各种形式的宣传、教育活动，引导和提高群众对保护电力设施重要性和损坏、破坏电力设施严重性、危害性的认识；加强群众义务护线网管理，指导和促进群众护线工作的普及和提高。设立奖励基金，广泛发动群众检举、揭发盗窃、破坏电力设施的违法犯罪行为及违章行为。对各种危害和破坏电力设施的行为进行严厉打击，更好地抑制破坏电力设施案件频发的趋势。

图 1-63　电力设施保护宣传

3. 争取政府、相关职能部门的配合和支持

电力设施保护工作是一项长期、复杂的社会工程，涉及面广，社会性强，必须紧紧依靠地方各级政府，通过政府行为动员全社会做好电力设施保护工作。结合实际，不定期地召集有关职能部门参加座谈会、分析会等，研究、解决存在的问题，制定出保电意见和具体措施。施工单位在电力设施保护区内施工之前，应向属地电力管理部门申请备案，了解地下管线分布图，与电力部门共同制定现场安全措施，施工时加强管理，以防外力破坏事故发生。

同时，要协调好与公安、司法等部门的关系，加大查处和打击破坏电力设施违法行为的力度。依靠公安、司法等执法部门，严厉打击破坏电力设施的违法犯罪行为，震慑犯罪分子，确保电力设施安全、稳定运行。如无锡对盗窃总价值 529 元人民币的变压器零线，获赃款 160 多元的违法案件，根据刑法规定处当事人 3 年有期徒刑。

4.开发新科技防盗产品，运用智能化技术手段

具体技术手段为研究各种防止电力设施被盗装置，如防盗螺栓、金具、拉线等，并积极推动新型无拉线杆塔，以及其他各类具有防盗功能的新材料、新技术的推广应用，如某市供电局对所有送电线路的所有杆塔 8m 以下全部更换成防盗螺栓。同时，应加大科技投入，逐步推广和应用先进的防盗技术装置，不断提高电力设施的科技水平。采用智能化技术手段，如采用视频图像检测监控预警，可实现对施工机械活动范围监控，从而避免事故发生，图 1-70 为在杆塔加装防盗报警系统。

5.加大护线力度

各地电力部门要积极加大护线力度，建立专业的电力执法队伍处理各种线路破坏事故，聘请法律顾问有效保护电力设施和企业利益不受侵害。

6.为电力设施投保

为了保证电力企业的合法利益不受侵害，有必要为电力设施进行投保。当电力设施由于受外力破坏，给电力企业和用户造成经济损失时，可由保险公司承担一部分或全部损失。若属于人为外力侵害，电力企业还可以通过法律手段挽回经济损失。

目前线路的外力破坏并没有从根本上得到有效遏制，线路不仅需要电力部门加强管理维护，还需依靠当地政府、公安部门、人民群众和各种宣传媒体的保护与支持，全面落实"人防、技防、措施防"的整体防范体制。

📖【拓展知识】

大量的运行经验证明许多故障属于季节性故障。春夏季温度变化对架空电力线路影响十分直接。下面就对春夏季多发事故进行一些说明。

一、防暑度夏工作

除前面所讲述的线路故障外，夏季气温升高，雨水增多，植物生长茂盛都会给架空电力线路的安全运行带来很大影响。

1.检查交叉跨越

由于夏天气温高，导线弧垂增大，会使交叉跨越距离变小，容易发生事故。因此，在巡视线路时，应检查交叉跨越距离，检查时应注意以下几个问题：

（1）运行中的线路，导线弧垂的大小主要决定于气温、导线温升和导线上的垂直荷载。当导线温度最高或导线结冰时，都有可能使弧垂变大。因此在检查跨越距离是否合格时，各地区应用导线结冰或最高温度来验算。

（2）档距中导线弧垂的变化是不一样的，靠近档距中心的弧垂变化大，靠近导线悬挂点处变化小。因此，在检查交叉跨越时，一定要注意交叉点距杆塔的距离。在同样的交叉距离下，交叉点越靠近档距中心，危险性越大。

（3）检查交叉距离时，应记录当时的气温，以便对照。

2.架空线路的防洪

在夏季洪汛期间，架空线路可能遭受洪水的袭击而发生事故，因此，必须对架空线路进行防洪处理。

（1）洪水对架空线路的危害。洪水对线路杆塔的危害主要有下列几种情况：

1）杆塔基础土壤受到严重冲刷流失，因而破坏了基础的稳固性，造成杆塔倾倒。

2）基础已被洪水淹没，水中的漂浮物（树木、柴草等）挂到杆塔或拉线上，会增大洪

水对杆塔的冲击力，若杆塔强度不够，则造成倒杆塔事故。

3）跨越江河的杆塔，由于其导线弧垂比较大，跨越距离较小，故随洪水而来的高大物体容易挂碰导线，致使混线、断线或杆塔倾倒。

4）位于小土堆、边坡等处杆塔，由于雨水的浸泡和冲刷引起坍塌、溜坡，造成杆塔的倾倒。

（2）防洪对策及基本要求。应做好防洪、防汛设计。输电线路应按 50 年一遇防洪标准进行设计。对可能遭受洪水、暴雨冲刷的杆塔以预防为主，应采取可靠的防汛措施；杆塔的基础护墙要有足够强度，并有良好的排水措施。具体办法有：

1）对杆塔基础周围的土壤，如有下沉、松动的情况，应填土夯实，在杆根处还应培出一个高出地面不小于 30cm 的土台。

2）保护杆塔基础的土壤，使其不被冲刷或坍塌，围桩如图 1-64 所示。在汛期有可能被洪水冲击的杆塔，根据具体情况，酌情增添护堤。

3）对于设在水中或汛期有可能被水浸没的杆塔，应根据具体情况增添支撑杆或拉线。

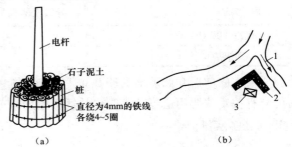

图 1-64　围桩、护堤示意图
(a) 围桩；(b) 护堤
1—水流方向；2—护堤；3—杆塔位置

4）当河岸冲刷严重且扩展较快时，可将线路改线以避开冲刷严重地带。

3. 树木的修建和砍伐

春夏两季，树木生长速度很快，在线路下面或附近的树木有可能碰触导线。在大风天气里树枝摇摆，当触及架空线路时，就会造成接地或烧伤导线等故障，还可能引起火灾。1996 年"7·2"和"8·10"美国西部电网（WSCC）两次大面积停电事故，均为导线对树木放电所致。

为防止树木引起线路故障，必须适当进行树木的修剪和砍伐工作，使树木与线路之间能保持一定的安全距离。

架空线路通过林木时，应砍伐出通道，通道内不得再种植树木。1～10kV 线路的通道的宽度应不小于线路宽度加 10m，35～500kV 线路的通道宽度不应小于线路两边相导线间的距离和林区主要树种自然生长最终高度两倍之和。通道附近超过主要树种自然生长最终高度的个别树木也应砍伐。

对不影响线路安全运行，不妨碍对线路进行巡视、维修的树木或果林、经济作物林可不砍伐，应加强巡视中的观察。树木所有者与电力主管部门应签订协议，确定双方责任，确保满足下列条件：

（1）树木自然生长高度不超过 2m。

（2）电力线路与树木自然生长高度间的垂直距离，导线在最大弧垂时应符合表 1-41 所列数值。

表 1-41　　　　　　　　　　　　　导线在最大弧垂时与树木之间的安全距离

线路电压（kV）	1～10	35～110	154～220	330	500
最大弧垂时垂直距离（m）	3.0	4.0	4.5	5.5	7.0

　　（3）架空线路通过公园、绿化区和防护林带时，树木和边线在最大偏斜时的距离不得小于表 1-42 所列数值。

表 1-42　　　　　　　　　　　树木和边线在最大偏斜时的安全距离

线路电压（kV）	1～10	35～110	154～220	330	500
距离（m）	3.0	3.5	4.0	5.0	7.0

　　（4）架空线路通过果树林、经济作物林及城市绿化用的灌木林时，不必留出通道，但导线至树梢的距离应不小于表 1-43 所列数值。

表 1-43　　　　　　　　　　　导线至树梢的安全距离

线路电压（kV）	1～10	35～110	154～220	330
距离（m）	1.5	3.0	3.5	4.5

　　树木修剪后和修剪前的距离可与上列数值差±0.5m 以内，如保持上述距离确有困难，可与有关单位协商适当缩小距离并适当增加修剪次数。

❈【任务实施】

线路外力破坏事故案例分析

一、工作前准备

1. 课前预习相关知识部分。

2. 搜集线路外力破坏事故图片及相关资料。

二、操作步骤

1. 小组长组织班前会议，进行任务分工。

2. 小组长安排人员负责，将组员收集的资料归总整理，并组织召开线路外力破坏事故案例分析会。

3. 针对分析会上提出的疑义补充资料，着手准备撰写线路外力破坏事故案例分析报告。

4. 小组长组织审核本组撰写的《线路外力破坏事故案例分析报告》，并指定专人修改。

5. 小组长安排组员完成汇报 PPT 的制作，在小组会议上试讲一次，提出修改意见或建议并进行修改完善。

6. 以小组为单位向指导老师申请"线路外力破坏事故案例分析"汇报。

7. 汇报过程中，小组长安排组员记录指导老师和其他分析小组对本组"线路外力破坏事故案例分析"汇报的点评。

8. 汇报完毕后，小组长组织小组会议，对汇报会上老师及其他组提出的意见或建议进行汇总整理，并组织小组成员参照意见修改《线路外力破坏事故案例分析报告》。

9. 工作任务完成后，小组长组织召开"线路外力破坏事故案例分析"工作总结会议，点评各小组成员在完成本次任务中的表现、取得的成绩，指出不足，与小组副组长、学习委员商议，给小组每位成员评出一个合理的分数。

10. 小组长将修改后的《线路外力破坏事故案例分析报告》文档、汇报 PPT、小组工作总结及小组成员成绩交给指导老师。

三、评价标准

根据表 1-44 对任务完成情况做出评价。

表 1-44   评　分　标　准

项　目	考核标准	配　分	扣　分	得　分
小组合作	(1) 小组计划详细周密 (2) 小组成员团结协作、分工恰当、积极参与 (3) 能够发现问题并及时解决 (4) 学习态度端正、资料搜索能力强	20		
线路外力破坏事故案例分析报告	(1) 收集资料丰富，搜索方法先进，对资料进行分类整理 (2) 报告内容全面、事故原因分析到位，条理清晰、格式规范、语句通顺 (3) 线路防外力破坏措施针对性强，具有可操作性 (4) 对国内外防架空线路外力破坏技术有一定的了解	35		
案例分析汇报	(1) 汇报 PPT 制作颜色搭配协调，汇报文字简短清晰，图片、数据展示恰当 (2) 汇报者思路正确，态度端正，汇报姿态自然大方，口齿清楚，语言通顺，声音洪亮，普通话标准	30		
安全文明	(1) 能遵守学习任务完成过程的考核规则 (2) 能爱护多媒体设备，不人为损坏仪器设备 (3) 能保持汇报教室环境整洁，秩序井然	15		

【巩固与练习】

总结不同季节、不同气候要预防的事故类型及预防措施。

项目二

架空输配电线路日常维护与检测

【项目导航】

当你作为新员工进入某供电公司线路运行班组工作时，班长安排你和其他员工一起开展架空输配线路的日常维护和管理工作，你知道架空输配电线路的日常维护工作有哪些吗？因架空线路架设在野外，受气候变化影响较大，为保证线路安全可靠运行，架空输配线路运行一段时间后，需定期进行检测，你知道架空输配电线路运行检测的工作有哪些吗？你知道测试结果是否满足线路运行要求吗？以上这些是输配电线路专业从业人员的日常工作内容，也是在本项目中要学习的专业知识和要完成的学习任务。

【项目目标】

知识目标

1. 了解架空输配电线路的管理规范和评价标准。

2. 熟悉架空线路日常维护的项目及要求。

3. 掌握红外测温仪、接地电阻测试仪、绝缘电阻表、经纬仪等仪器设备的工作原理及使用方法。

能力目标

1. 能理解架空线路运行规程的技术要求。

2. 能根据季节气候变化的特点安排线路检测维护工作。

3. 能正确使用仪器设备检测线路运行参数。

4. 能对检测数据进行分析判断线路运行状态是否良好，对不达标测试项目提出整改意见。

素质目标

1. 能主动学习，在完成任务过程中发现问题，能把握问题本质，具有分析问题及解决问题的能力。

2. 具有安全意识，善于沟通，能围绕主题讨论、准确表达观点。学会查找有用资料，书面表达规范清晰。

【项目要求】

本项目要求学生完成六个学习任务。通过六个学习任务的完成，使学生进一步熟悉架空输配电线路的运行要求，理解架空线路日常维护与检测工作的重要性，学会使用红外测温仪、接地电阻测试仪、绝缘电阻表、经纬仪等仪器设备的使用方法，能对检测数据进行分析，判断线路运行状态是否良好，对不达标测试项目提出整改意见。

【项目计划】

项目计划参见表 2-1。

表 2-1 项 目 计 划

序号	项目内容	负责人	实施要求	完成时间
1	任务1：拉线的调整	各小组长	(1) 研讨任务，制定工作计划 (2) 各小组成员明确分工，确定岗位工作任务要求 (3) 编制《拉线调整作业指导书》规范，满足国家电网公司要求 (4) 工器具材料准备正确、数量充足，经试验合格 (5) 操作工艺标准清楚，规范 (6) 作业危险点分析正确，安全措施到位 (7) 各小组进行客观评价，完成评价表	6 课时
2	任务2：线路通道的维护	各小组长	(1) 研讨任务，制定工作计划 (2) 各小组成员明确分工，确定岗位工作任务要求 (3) 编制《线路砍伐树木作业指导书》规范，满足国家电网公司要求 (4) 工器具材料准备正确、数量充足，经试验合格 (5) 操作工艺标准清楚，规范 (6) 作业危险点分析正确，安全措施到位 (7) 各小组进行客观评价，完成评价表	6 课时
3	任务3：杆塔接地电阻的测试	各小组长	(1) 研讨任务，制定工作计划 (2) 各小组成员明确分工，确定岗位工作任务要求 (3) 编制《杆塔接地电阻的测试作业指导书》规范，满足国家电网公司要求 (4) 确认好准备的接地电阻测试仪是经试验合格 (5) 测试方法正确，操作规范，数据分析处理正确 (6) 作业危险点分析正确，安全措施到位 (7) 各小组进行客观评价，完成评价表	4 课时
4	任务4：低零值绝缘子的检测	各小组长	(1) 研讨任务，制定工作计划 (2) 各小组成员明确分工，确定岗位工作任务要求 (3) 编制《绝缘子低零值测试作业指导书》规范，满足国家电网公司要求 (4) 确认好准备的测试仪是经试验合格 (5) 测试方法正确，操作规范，数据分析处理正确 (6) 作业危险点分析正确，安全措施到位 (7) 各小组进行客观评价，完成评价表	4 课时
5	任务5：导线连接处红外测温	各小组长	(1) 研讨任务，制定工作计划 (2) 各小组成员明确分工，确定岗位工作任务要求 (3) 编制《红外线测温作业指导书》规范，满足国家电网公司要求 (4) 确认好准备的红外测温仪是经试验合格 (5) 测试方法正确，操作规范，数据分析处理正确 (6) 作业危险点分析正确，安全措施到位 (7) 各小组进行客观评价，完成评价表	4 课时

续表

序号	项目内容	负责人	实施要求	完成时间
6	任务6：架空线路弧垂的测量	各小组长	(1) 研讨任务，制定工作计划 (2) 各小组成员明确分工，确定岗位工作任务要求 (3) 编制《110kV 输电线路使用经纬仪测量交叉跨越作业指导书》规范，满足国家电网公司要求 (4) 确认好准备的测试仪是经试验合格 (5) 测试方法正确，操作规范，数据分析处理正确 (6) 作业危险点分析正确，安全措施到位 (7) 各小组进行客观评价，完成评价表	4 课时
7	任务评估	教师		

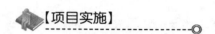【项目实施】

任务 1　拉 线 的 调 整

【布置任务】

任务书见表 2-2。

表 2-2　　　　　　　　　　　任 务 书

任务名称	10kV 架空配电线路拉线的调整		
任务描述	××线路实训场地有一条架设多年的 10kV××架空配电线路，由于架设在室外，受自然环境影响，这条 10kV××架空配电线路 14 号杆塔的拉线出现松弛现象，致使 14 号杆塔发生了倾斜。××年××月××日，需按国家电网公司标准化作业要求对 10kV××架空配电线路 14 号杆塔拉线进行调整，老师提供作业指导书模板，学生接到命令后 6h 内完成任务，并检测拉线基础强度、拉线受力情况、14 号杆塔倾斜度等是否符合运行规程要求		
任务要求	(1) 各小组接受工作任务后讨论并制定工作计划 (2) 阅读教材上相关知识部分 (3) 搜集整理生产现场资料，领会电力安全工作规程及架空线路运行规程要求 (4) 各小组长组织组员到线路实训场地查勘 (5) 各小组长安排组员编写拉线调整作业指导书并组织人员审核 (6) 标准化作业流程正确，工作质量良好 (7) 各小组进行客观评价，完成评价表		
注意事项	(1) 每位组员应阅读教材上相关知识部分，有不懂之处及时咨询指导老师 (2) 组员之间应相互督促，完成本次学习任务 (3) 现场作业，应注意保证人身安全，严禁打闹嬉戏 (4) 发现异常情况，及时与指导老师联系 (5) 安全文明作业		
成果评价	自评：		
	互评：		
	师评：		
小组长签字		组员签字	

日期：　　　年　　　月　　　日

【相关知识】

架空输配电线路架设在野外，常年受自然环境和人类活动的影响，金属材料易发生锈蚀、金属部件会出现损坏等，线路通道内出现违章建筑、升高建（构）筑物和树竹木生长等，因此运行单位需进行日常维护通道和更换、调整杆塔拉线等。

一、拉线调整的准备工作

（1）作业人员要求。作业人员共 4 人，工作负责人（监护人）1 人，作业人员 3 人。工作人员必须经培训合格，持证上岗。

（2）调整前检查。调整前应检查杆身倾斜和拉线松紧情况、塔基及拉线基础周围地势、地貌情况。

（3）技术准备。

1）核对线路双重名称、杆塔号。

2）检查所用工具规格是否配套。

3）检查杆身倾斜及拉线松紧程度。

（4）机具准备。根据杆塔拉线形式准备合格配套的防盗工具及拉线调整工器具，具体见表 2-3。

表 2-3　　　　　　　　　　　　　拉线调整所需工器具

序 号	名　称	型　号	单 位	数 量	备　注
1	经纬仪		台	1	视情况确定是否需要
2	活动扳手	25cm	把	2	可根据需要调整
3	钳子		把	2	
4	防盗工具	UT-1	套	1	可根据需要调整
5	防盗工具	UT-4	套	1	

（5）材料准备。准备相应数量合格配套的拉线防盗螺帽。

二、拉线调整方法及工艺标准

（1）拉线调整方法。

1）用防盗工具卸掉防盗螺帽。

2）用活动扳手调整拉线，同时通过经纬仪等注意观察杆身倾斜情况。

3）调整拉线完毕后，拉线的松紧程度要满足《110kV～500kV 输电线路运行规程》要求，并做好记录。

4）调整拉线完成后，应重新做好防盗措施。

（2）工艺标准。

1）调整后组合拉线的各根拉线应受力均衡，拉线与拉棒应呈一直线。

2）X 形拉线的交叉点处应留足够的空隙，避免相互摩擦。

3）NUT 型线夹带螺母后螺杆必须露出螺纹，并应装设防盗螺帽。

三、作业危险点及控制措施

作业危险点及控制措施见表 2-4。

表 2-4　　　　　　　　　　　　　作业危险点及控制措施

序号	危险点	控　制　措　施
1	雷、雨、雪、大风或其他因素威胁作业人员安全	工作中若遇雷、雨、雪、5 级以上大风或其他威胁作业人员安全时，工作负责人可根据具体情况临时停止工作
2	杆身倾斜	调整拉线时，应对称进行，不得四根拉线同时调整，带电调整拉线必须在统一指挥下进行，并应设专人监护，专人监测杆塔倾斜情况，保持对带电体的安全距离
3	高处坠落	杆塔上有人工作时严禁调整拉线

四、注意事项

（1）拉线调整作业应在无大风、雷雨、雪、大雾等良好天气里进行。

（2）调整过程中遇特殊情况如拉线下把锈死、杆身倾斜严重等必须及时上报。

【任务实施】

10kV 架空配电线路拉线的调整

一、工作前准备

1. 课前预习相关知识部分。

2. 将班上学生分成 4 人一组，选出小组长。

二、操作步骤

1. 小组长组织班前会议，进行任务分工，落实工作负责人（监护人）、作业人员人选。

2. 小组长安排人员负责，到现场检查实训场地××10kV 架空配电线路 14 号杆塔拉线、基础及相关的情况，并核对线路双重名称及杆塔号，找出作业时的危险点并提出相应的预防措施。

3. 以小组为单位编写作业指导书，经指导老师审核同意后方可开始工作。

4. 小组长安排组员准备所需工器具及材料，并经检查合格。

5. 作业人员调整拉线并观察杆身倾斜情况，监护人在现场监护。

6. 作业人员调整完后，检查拉线的松紧程度满足运行规程要求，做好记录。

7. 作业人员做好收尾工作，检查防盗措施是否到位，整理工器具，清理场地。

8. 作业人员完成工作任务后，向工作负责人汇报，工作负责人现场点评各小组成员在完成本次任务中的表现、取得的成绩，指出不足，与小组副组长、学习委员商议，给小组每位成员评出合理的分数。

9. 小组长将作业指导书、点评记录、小组工作总结及小组成员成绩单交给指导老师。

三、评价标准

根据表 2-5 对任务完成情况做出评价。

表 2-5　　　　　　　　　　　　评 分 标 准

项　目	考核标准	配　分	扣　分	得　分
小组合作	（1）小组计划详细周密 （2）小组成员团结协作、分工恰当、积极参与 （3）能够发现问题并及时解决 （4）学习态度端正、责任心强	20		
10kV 架空配电线路拉线的调整	（1）工器具、材料准备合格、充足 （2）作业指导书编写正确规范 （3）拉线调整方法正确、工器具使用正确 （4）工作过程控制好，安全措施到位，工作质量满足要求 （5）实行收工点评，能客观评价工作任务完成情况，肯定成绩，指出不足	45		
资料归档	作业指导书、点评记录、小组成员成绩单交给指导老师	20		

续表

项 目	考核标准	配 分	扣 分	得 分
安全文明	（1）能遵守学习任务完成过程的考核规则及相关的实习管理制度 （2）能爱护工器具，不浪费材料，不人为损坏仪器设备 （3）能保持操作环境整洁，操作秩序良好	15		

【巩固与练习】

简答题

1. 简述拉线的材质、安装要求。
2. 简述拉线调整的作业程序、作业危险点及控制措施。

任务 2　线路通道的维护

【布置任务】

任务书见表 2-6。

表 2-6　　　　　　　　　　　任　务　书

任务名称	110kV 架空输电线路通道的维护
任务描述	××线路实训场地有一条架设多年的 110kV××架空输电线路，线路走廊出现树木，严重影响到这条 110kV××架空输电线路的正常运行。××年××月××日，需按国家电网公司标准化作业要求对 110kV××架空输电线路通道进行维护，老师提供标准化作业指导书模板，学生接到命令后 6h 内完成任务
任务要求	（1）各小组接受工作任务后讨论并制定工作计划 （2）阅读教材上相关知识部分 （3）搜集整理生产现场资料，领会电力安全工作规程及架空线路运行规程要求 （4）各小组长组织组员到线路实训场地查勘 （5）各小组长安排组员编写《线路砍伐树木作业指导书》并组织人员审核 （6）标准化作业流程正确，工作质量良好 （7）各小组进行客观评价，完成评价表
注意事项	（1）每位组员应阅读教材上相关知识部分，有不懂之处及时咨询指导老师 （2）组员之间应相互督促，完成本次学习任务 （3）现场作业，应注意保证人身安全，严禁打闹嬉戏 （4）仔细观察作业时的危险源并提出相应的预防措施 （5）发现异常情况，及时与指导老师联系 （6）安全文明作业
成果评价	自评： 互评： 师评：
小组长签字	组员签字

日期：　　　年　　　月　　　日

【相关知识】

线路通道维护是指对输电线路沿线环境影响线路安全的情况进行巡视、检查和处理，及时发现和消除线路运行安全隐患的一项重要工作。线路通道维护工作应根据线路运行的特点及运行规程的要求，了解和掌握线路健康水平、线路防护区及沿线、季节等情况，划分特殊区域图表，并根据季节性和危害性制定重点维护计划，采取相应措施，确保线路安全运行。

一、掌握砍伐树木的具体要求

图 2-1、图 2-2 为树木侵入输、配电线路保护区，砍伐树木工作是指修剪或砍伐线路防护区域内有碍线路运行的竹子、树木的工作，其目的是避免竹、树等因长高而接触导线，造成事故；在砍伐过程中，需预防树木、树枝倒落在导线上，砸坏线路。线路防护区是指导线边线向外侧水平延伸并垂直于地面所形成的区域，在一般地区导线边线延伸的距离为：1～10kV 为 5m，35～110kV 为 10m。

图 2-1　树木侵入 10kV 配电线路保护区

图 2-2　树木侵入 110kV 输电线路保护区

在依法划定的电力设施保护区内，任何单位和个人不得种植危及电力设施安全的树木、竹子或高秆植物。电力企业对已划定的电力设施保护区内，新种植或自然生长的可能危及电力设施安全的树木、竹子，应当予以砍伐，不支付树木补偿费、林地补偿费、植被恢复费等任何费用。根据城市绿化的要求，必须在已建的电力设施保护区内种植树木时，园林部门需与电力管理部门协商，征得同意后，可种植矮种树木并由园林部门修剪，以保持树木自然生长最终高度和架空电力线路之间的距离符合安全距离的要求。

（1）砍伐靠近带电线路的树木时，工作负责人在工作前，必须向全体工作人员说明线路有电，不得攀登电杆、树木，所用绳索应与导线保持足够的安全距离。因为砍伐树木用的绳索一般由麻类材料制成，加上保管条件差、受潮等原因，误接触带电线，可能发生电气事故，并危及人身安全。

（2）上树砍剪树枝时，不应攀抓脆弱和枯死的树枝，不应攀登已经锯过或砍过而未断开的树枝。应防止马蜂等昆虫或动物伤人，人和绳索应与导线保持足够的安全距离，并使用安全带，安全带不得系在待剪树枝的断口附近或以上。

（3）发现树枝有接触导线现象，必须在线路停电后进行处理。因为树枝触碰导线会出现如下后果：①导线与树枝接触，在接触处引起放电，电流沿树枝、枝干流入大地，使线损增大，严重时会烧伤导线；②树身带电，人接触树木时会危及其安全；③如树木同时接触 A、B 或 B、C 两相导线，会造成相间短路事故。

在工作人员上树锯树枝时，树枝摆动，如果树枝接近导线，就可能使树枝接触导线放电，危及工作人员安全。所以必须在线路停电后方可进行处理。如果必须在线路带电的情况下进行处理，则需按带电作业的要求进行。

（4）为防止树木倒落在导线上，应设法用绳索把树枝拉向与导线相反的方向。绳索应有足够的长度和强度，以免伤人。树枝接触带电导线时，禁止人员接近。牵拉树枝的绳子应具有一定的长度，使拉绳人员能站在安全地点，以免被倒落的树木砸伤。

（5）砍剪树枝时，应有专人监护，树木下不得有人逗留，防止砸伤：①在 3m 以上的树干上砍剪的工作属于高处作业，需专人监护，防止工作人员从高处摔跌；②工作人员上树砍树枝时，站立比较困难，故需设专人监护，以防意外；③有些树枝距带电导线较近，可能会使工作人员触电；④利用高梯砍剪树枝时，要有人扶梯，有人监护，防止树枝掉落时砸伤导线和树下人员。

（6）大风、下雨及潮湿天气，不应进行砍剪树枝工作，否则应采取安全措施。大风时，树枝摆动大，锯树困难，树枝有可能接触导线；锯下的树枝下落方向不定，人也可能被风吹下；雨和潮湿天气会使树枝湿滑，工作人员难以站牢抓牢，这都有可能造成高处跌落事故。所以，此类天气不应上树进行砍剪树枝工作，如情况特殊，应采取相应的安全措施。

（7）使用油锯和电锯的作业，应由熟悉机械性能和操作方法的人员操作。使用时，应先检查所能锯到的范围内有无铁钉等金属物体，以防金属物体飞出伤人。

二、维护准备工作

（1）作业人员要求。作业人员共 3 人，工作负责人（监护人）1 人，作业人员 2 人。工作人员必须经培训合格，持证上岗。

（2）维护工具、器材准备见表 2-7。

表 2-7　　　　　　　　　　　　**巡视维护所需工器具、材料表**

序　号	名　　称	单　位	数　量	备　注
1	通信工具	部	3	
2	望远镜	只	3	
3	巡线仪（PDA）	台	3	
4	个人工具	套	3	
5	砍刀	把	3	根据需要配置
6	笔	支	3	
7	隐患通知书	本	1	
8	警示牌	块	若干	
9	绝缘绳索	块	1	

三、线路通道维护方法及工艺标准要求

1. 线路通道维护方法

（1）工作负责人进行工作前"三交三查"。

（2）工作成员在工作负责人（监护人）监护下进行通道维护。

（3）班组成员根据实际做好记录。

2. 工艺标准要求

（1）发现杆塔上有未经许可架设的电力线、通信线、广播线及安装各类装置等，应责令违章单位和个人拆除并恢复原状。

（2）发现杆塔及拉线基础周围有取土、打桩、钻探、开挖或倾倒酸、碱、盐及其他有害化学物品等作业行为，应签发违反《电力设施保护条例》隐患通知书，责令违章单位和个人恢复原状，必要时设置安全围栏和警示牌。

（3）发现线路保护区有兴建建筑物、构筑物、厂房、加油站或堆放可燃、易爆物品和其他影响安全供电的物品等作业行为，应签发违反《电力设施保护条例》隐患通知书，责令违章单位和个人拆除违章建筑、清除可燃易爆物品。

（4）发现线路保护区内有种植树、竹及其他可能影响线路安全运行的植物，应签发违反《电力设施保护条例》隐患通知书，要求违章单位和个人移植线路保护区内树木或改种其他低矮树种，并设置警示牌，对影响线路安全运行的树木依法进行修剪或砍伐。

（5）发现线路保护区内有进行农田水利建设及打桩、钻探、开挖、地下采掘等作业行为，应签发违反《电力设施保护条例》隐患通知书，提醒违章单位和个人注意保持足够安全距离，必要时设置安全围栏和警示牌。

（6）发现线路保护区内有进入或穿越保护区的超高车辆、机械等，应签发违反《电力设施保护条例》隐患通知书，提醒施工单位和司机注意保持足够安全距离，并设置限高标志和警示牌。

（7）发现线路附近500m区域内有施工爆破、开山采石，在线路两侧各300m区域内放风筝，线路保护区内有鱼塘等行为，应签发违反《电力设施保护条例》隐患通知书，责令封闭采石场，提醒民众注意保持足够安全距离，并设置警示牌。

（8）发现线路巡视、检修时使用的道路、桥梁有冲毁、损坏，应及时上报进行维修。

四、作业危险点及控制措施

作业危险点及控制措施见表2-8。

表2-8　　　　　　　　作业危险点及控制措施

序号	危险点	控制措施
1	雷雨、雪、大雾、酷暑、大风等恶劣天气巡视维护易造成人身伤害	（1）遇到雷电时，应远离线路或暂停巡视，以保证巡视人员的人身安全 （2）大风天巡视应沿线路上风侧前进 （3）暑天、大雪天不得单人巡视 （4）暑天巡视要采取措施防止中暑，带足水及防暑药品
2	偏僻山区巡视、维修巡线道时防止马蜂、毒蛇等动物伤害	偏僻山区必须有两人进行巡视，应有防止马蜂、毒蛇等动物侵袭的措施，并携带必要的通信、防身工具盒、药品
3	砍伐、修剪树木时发生高处坠落、落物砸伤或触电	上树砍、剪树木时，不应攀抓脆弱和枯死的树枝，禁止攀登已经锯过或砍伐过的未断树木，并正确使用安全带，砍伐靠近带电线路的树木时，采用绳索对树木的倾倒方向进行控制，树木、绳索不得接触导线；树枝接触高压带电导线时，严禁直接用手去取；人和绳索应与导线保持足够的安全距离
4	发现危及线路安全运行的危急缺陷时，不立即汇报，可能造成设备重大损坏	巡视中发现危及线路安全运行的缺陷或隐患，应及时处理、汇报

五、注意事项

（1）按期或根据具体情况加强巡视，确保巡视到位，及时发现和掌握线路保护区内出现的各种危及线路安全运行的情况。

（2）对邻近或进入线路保护区作业的施工单位，应预先进行《中华人民共和国电力法》、《电力设施保护条例》等法律、法规的宣传，发放安全告知书、隐患通知书等书面文件，必要时签订保证线路安全运行协议书。同时应加强线路巡视和看护，督促施工单位落实安全措施。

【任务实施】

110kV 架空输电线路通道的维护

一、工作前准备

1. 课前预习相关知识部分。

2. 将班上学生分成 7 人一组，并选出小组长 1 名（工作负责人）。

二、操作步骤

1. 小组长组织班前会议，进行任务分工，落实工作负责人（监护人）、作业人员人选。

2. 小组长指定人员负责，到现场检查实训场地××110kV 架空输电线路拉线、基础、周边树木生长等相关情况，并核对线路双重名称及杆塔号，找出作业时的危险点并提出相应的预防措施。

3. 以小组为单位编写××110kV 架空输电线路砍伐树木作业指导书，经指导老师审核同意后方可开始工作。

4. 小组长安排组员准备所需工器具及材料，并经检查合格。

5. 工作负责人组织站队"三交"，确认各作业人员明白各自的工作内容及相关的注意事项。

6. 作业人员上树修剪树枝，确保满足线路运行要求，操作过程全程有专职监护人监护。

7. 作业人员实施地面砍伐时，严格按标准化作业指导书要求作业，全程有监护人监护，确保人身及线路安全。

8. 作业人员做好收尾工作，整理工器具，清理场地，做好消缺记录。

9. 作业人员完成工作任务后，向工作负责人汇报，工作负责人现场点评各小组成员在完成本次任务中的表现、取得的成绩，指出不足，与小组副组长、学习委员商议，给小组每位成员评出合理的分数。

10. 小组长将作业指导书、点评记录、小组工作总结、消缺记录单及小组成员成绩单交给指导老师。

三、评价标准

根据表 2-9 对任务完成情况做出评价。

表 2-9　　　　　　　　　　　　**评　分　标　准**

项　目	考核标准	配　分	扣　分	得　分
小组合作	（1）小组计划详细周密 （2）小组成员团结协作、分工恰当、积极参与 （3）能够发现问题并及时解决 （4）学习态度端正、责任心强、安全监护落实好	20		
110kV 架空输电线路通道的维护	（1）工器具、材料准备合格、充足 （2）作业指导书编写正确规范 （3）树上修剪树枝方法正确、工器具使用正确，有防触电、防高空坠落、防落物伤人的措施 （4）地面砍伐树木倒落方向控制好，符合作业指导书要求，有防触电、防砸伤人等安全措施 （5）工作过程控制好，安全措施到位，工作质量满足要求 （6）实行收工点评，能客观评价工作任务完成情况，肯定成绩，指出不足	45		

续表

项　目	考核标准	配　分	扣　分	得　分
资料归档	作业指导书、点评记录、消缺记录单、小组成员成绩单交给指导老师	20		
安全文明	（1）能遵守学习任务完成过程的考核规则及相关的实习管理制度 　（2）能爱护工器具，不浪费材料，不人为损坏仪器设备 　（3）能及时清理操作场地的杂物、砍伐的树枝，整理工器具，操作秩序良好	15		

【巩固与练习】

简答题

1. 请说出 10、110、220、330、500kV 架空线路保护区范围。
2. 简述线路通道维护标准的主要内容有哪些？

任务 3　杆塔接地电阻的测量

【布置任务】

任务书见表 2-10。

表 2-10　　　　　　　　　　　　　　　任　务　书

任务名称	110kV 架空输电线路杆塔接地电阻的测量
任务描述	××线路实训场地有一条架设多年的 110kV××架空输电线路，架设在南方山区的室外。在××年××月××日，需按国家电网公司标准化作业要求对××线路实训场 110kV××架空输电线路杆塔接地电阻进行测量，并对测量数据进行分析计算，判断测量结果是否满足当地 110kV 架空线路防雷要求，老师提供标准化作业指导书模板，学生接到命令后 4h 内完成任务
任务要求	（1）各小组接受工作任务后讨论并制定工作计划 　（2）阅读教材上相关知识部分 　（3）搜集整理生产现场资料，领会电力安全工作规程及架空线路运行规程要求 　（4）各小组长组织组员到线路实训场地查勘 　（5）各小组长安排组员编写《110kV××架空输电线路杆塔接地电阻测量作业指导书》并组织人员审核 　（6）标准化作业流程正确，工作质量良好 　（7）各小组进行客观评价，完成评价表
注意事项	（1）每位组员应阅读教材上相关知识部分，有不懂之处及时咨询指导老师 　（2）组员之间应相互督促，寻找完成本次学习任务 　（3）现场作业，应注意保证人身安全，严禁打闹嬉戏 　（4）仔细观察作业时的危险源并提出相应的预防措施 　（5）发现异常情况，及时与指导老师联系 　（6）安全文明作业
成果评价	自评： 互评： 师评：
小组长签字	组员签字

日期：　　年　　月　　日

【相关知识】

　　检测杆塔工频接地电阻值是检验杆塔耐雷水平的手段之一，若线路遭反击雷跳闸后，事故调查规程要求必须检测故障杆塔的接地电阻值，因此正确检测杆塔工频接地电阻值是防止或减少线路反击雷害的措施之一。而且接地电阻表属国家列入安全防护的强制检定计量器具，如何正确使用接地电阻表，对保证安全生产意义重大。

一、接地电阻检测仪的工作原理

　　ZC-8 型接地电阻检测仪的工作原理为接地装置工频接地电阻的数值等于接地装置的对地电压与通过接地装置流入地中的工频电流的比值。ZC-8 型接地电阻检测仪内安装有手摇直流发电机，额定转速 120r/min，产生的直流电流被电流换向开关周期性反向，即电流经电流测试线 C 极探针入地，经两者间（探针与接地引下线端部 40m）的大地中流回人工敷设接地线至 E 后回到接地电阻检测仪内。人工敷设接地线的边缘 E 和电位极探针 P 之间的电位降被检测仪内的电压换向开关换向（电压探针与接地线端部 25m 土壤的电压降）。电压换向开关与电流换向同轴，二者同步动作（回到表计的电流、电压降），表计线圈在永久磁场中转动，电流线圈产生的力矩使指针转向零位，而电压线圈产生的力矩使指针转向高位欧姆读数。通过这两个线圈的电流分别对应从接地线流回的电流和电压降，接地仪表的刻度以欧姆为单位表示。

　　DL/T 475—2006《接地装置特性参数测量导则》规定：由于输电线路杆塔处于野外，现场没有交流电源且接地网较小，一般采用带直流发电机的接地电阻检测仪测量。三极桩头接地电阻检测仪专用作摇测接地电阻，仪表上有三个接线桩，E 为接地桩，检测时与杆塔接地引下线连接；P 为电压桩，检测时与电压测试线连接；C 为电流桩，检测时与电流测试线连接。四极桩头接地电阻检测仪为两用仪表，仪表上有四个接线桩，C1、P1、C2、P2，采用四桩连接测试线时可摇测土壤电阻率；将 P2、C2 短接后成 E 为接地桩，检测时与杆塔接地引下线连接；P1 作为电压桩，检测时与电位测试线连接；C1 作为电流桩，检测时与电流测试线连接，该连接方式可检测杆塔接地电阻值。

二、ZC-8 接地电阻检测仪的使用

　　1. ZC-8 型接地电阻检测仪测量简单接地体的接地电阻的操作步骤

　　（1）测量前将仪表放于水平位置调零，检查检流计的指针是否指于中心线上（即零线），否则可用零位调整器将其调正指于中心线。

　　（2）测量时解开接地引下线，仪表的 E 端和引下线 D 相接，距测点 Y。打入电位探针 A，并与仪表 P 相连；在 DA 延长线上距 D 点 Z 处打入电流探针 B，接线如图 2-3 所示。

　　（3）测量开始，先将倍率开关 S 置于最大倍率，慢慢转动发电机的手柄，同时转动测量标度盘使检流计的指针指于中心线。然后逐渐加快手柄的转速，使其达到 120r/min 以上，调整测量标度盘使指针指于中心线上。

　　（4）如测量标度盘的读数小于 1 时，应将倍率开关置于较小倍数，再重新调整测量标度盘，以得到正确读数。

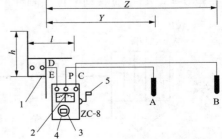

图 2-3　测量接地电阻的接线和布置
1—接地装置；2—检流计；
3—倍率标度；4—测量标度盘；5—摇柄

（5）用测量标度盘的读数乘以倍率标度的倍数，即为所测的接地电阻值。

从测量原理中可知，绝缘电阻表发出的交流电在接地极、电位极和电流极连线之间形成回路，电位极的电压值除以电流值就是接地电阻。正确测量的条件是电位极测得的电压必须正确，即电位极必须在零电位处。接地电阻是流散电阻，以接地极为中心，向四周流散，其电位分布呈倒锥形，地面上的电位分布是以接地点为中心的圆形，其直径为 20m 左右，中心点电位最高，20m 外电位为零。

测量时，电流回路中接地极、电流极均为临时接地极，厂家说明书中，一般取测点与打入电位探针距离 $Y=20m$，与打入电流探针距离为 $Z=40m$，并且随仪器连接线也按此配置。用在单个垂直接地极接地电阻测量中时，电位极在零电位处无疑是正确的。但是，杆塔接地一般采用水平接地体，呈射线状分布。射线长度 L 最长可以达到 60m。如果电位、电流极连线仍按 20、40m 布置则显得极不合理。

对放射形水平导体接地系统，单根射线的长度一般取 10~60m，其根数一般取 2~12 根。这种分布式的大型接地装置，其电位零区显然不在离接地点 20m 处。规程规定 $Z=4L$，$Y=2.5L$（L 是最长射线长度）。研究证明 $Y/Z \approx 0.618$ 时，电位极处于电位为零处才能得出正确结果。

2. ZC-8 型接地电阻检测仪测量复杂接地体的接地电阻的操作步骤

接地网接地电阻测量的精确度，直接关系到正确判断接地网的施工质量，以及对运行中的接地网是否还需进行处理等问题。因此，提高测试的准确性是很重要的，否则将会造成人力、物力的浪费。接地网接地电阻测量的精确度，关键在于电流、电位探测针的位置选择是否合适，如选择不当，常会引起不可忽视的误差。根据电流、电位探测针的布置方式，测量接地网的接地电阻可有以下几种方法：

（1）5D/2.5D 法。采用 5D/2.5D 法时，探测针布置如图 2-4 所示。从接地网边缘算起，至电位探测针的距离为 d_{12}，至电流探测针的距离为 d_{13}，通常取 d_{13} 等于 5D（D 为接地网最大对角线长度），取 d_{12} 约为 $2.5d_{13}$。

测量时，将电位探测针沿接地网与电流探测针的连线方向移动 3 次，每次移动距离约为 5% d_{13}，如 3 次测得的电阻值互相接近，即认为电位探测针的位置选择得合适。如 d_{13} 取 4D~5D 有困难，在土壤电阻率较均匀的地区，可取 2D，d_{12} 取 D；在土壤电阻率不均匀的地区或城区，d_{13} 可取 3D，d_{12} 取 1.7D。

（2）30°夹角法。采用 30°夹角法时，探测针布置如图 2-5 所示，一般取 $d_{12}-d_{13}>2D$，夹角 $\theta \approx 30°$，也应移动电位探测针重复 3 次测量，使测得的电阻值接近即可。

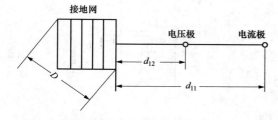

图 2-4　5D/2.5D 法测量接地
网接地电阻时探测针布置

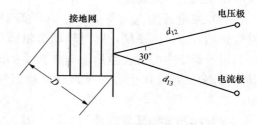

图 2-5　30°夹角法测量接地网接地
电阻时探测针布置

三、接地电阻测量中应注意的事项

（1）接地电阻值的大小与季节、天气、土壤干湿程度等环境因素有关，并随着上述因素的变化而有差异。一般来说，测量接地电阻适宜于秋季进行，此时秋高气爽，天气干燥，测出数值较准确、可靠。

（2）当测量杆塔及电气设备保护接地电阻时，一定要全部断开与设备连接，否则会影响测量的数值。

（3）在测量中常常发现有的接地线年久锈蚀严重，必须先用锉刀锉去铁锈，使 E 导线接触良好方可测量。否则因接触电阻很大而造成测量失真。

（4）当使用有 4 端钮的 ZC-8 测量小于 $1k\Omega$ 接地电阻时，应将 C2、P2 端钮连接片打开，分别用导线连接到被测接地体上，以消除测量时连接导线电阻的附加误差。

（5）在使用 ZC-8 时应注意不要在 C 和 P 短路的情况下摇动手柄，以免造成仪表损坏。

【任务实施】

110kV 架空输电线路杆塔接地电阻的测量

一、工作前准备

1. 课前预习相关知识部分。
2. 将班上学生分成 2 人一组，其中规定 1 名为小组负责人（监护人）。

二、操作步骤

1. 小组长组织班前工作会议，进行任务分工。

2. 小组长组织到现场检查实训场地 110kV××架空输电线路拉线、基础、周边树木生长等相关情况，并核对线路双重名称，找出作业时的危险点并提出相应的预防措施。

3. 以小组为单位编写 110kV××架空输电线路杆塔接地电阻测量作业指导书，经指导老师审核同意后方可开始工作。

4. 小组长组织准备好所需测量仪器设备，并经检查合格。

5. 工作负责人组织站队"三交"，确认作业人员明白自己的工作内容及相关的注意事项。

6. 作业人员严格按标准化作业指导书中作业内容及标准要求作业，全程有监护人监护，确保人身安全。

7. 作业人员测量完毕，做好记录，恢复接地体与杆塔连接。

8. 作业人员做好收尾工作，整理仪器设备，清理场地。

9. 作业人员完成工作任务后，向工作负责人汇报，由工作负责人验收。

10. 工作负责人现场点评小组成员在完成本次任务中的表现、取得的成绩，指出不足，给小组每位成员评出合理的分数。

11. 小组长将作业指导书、点评记录、接地电阻测量记录单、相关处理建议或意见及小组成员成绩单交给指导老师。

三、评价标准

根据表 2-11 对任务完成情况做出评价。

表 2-11 　　　　　　　　　　　　　　　 评 分 标 准

项　目	考核标准	配分	扣分	得分
小组合作	（1）小组计划详细周密 （2）小组成员团结协作、分工恰当、积极参与 （3）能够发现问题并及时解决 （4）学习态度端正、责任心强、安全监护落实好	20		
110kV 架空输电线路杆塔接地电阻的测量	（1）工器具、材料准备合格、充足 （2）作业指导书编写正确规范 （3）接地电阻测量仪表使用方法正确、读数准确、数据记录、计算正确 （4）能按照标准化作业流程完成工作任务 （5）工作过程控制好，安全措施到位，对测量结果做出正确的分析判断 （6）实行收工点评，能客观评价工作任务完成情况，肯定成绩，指出不足	45		
资料归档	作业指导书、点评记录、测量结果记录单及分析判断结果、小组成员成绩单交给指导老师	20		
安全文明	（1）能遵守学习任务完成过程的考核规则及相关的实习管理制度 （2）能爱护工器具，不浪费材料，不人为损坏仪器设备 （3）能及时清理操作场地的杂物，整理工器具，操作秩序良好	15		

【巩固与练习】

简答题

1. 能否不解开接地引下线测量接地电阻？

2. 实际工作中是否能按 $d_{13} = (4 \sim 7)L$ 操作？如果减少到 $2L$ 时，测量结果如何处理？

任务 4　低零值绝缘子的检测

【布置任务】

任务书见表 2-12。

表 2-12 　　　　　　　　　　　　　　　 任 务 书

任务名称	110kV 架空输电线路低零值绝缘子的检测
任务描述	××线路实训场地有一条 110kV ××架空输电线路，架设在南方山区的室外，线路经过一个食品加工厂。在××年××月××日，需按国家电网公司标准化作业要求对××线路实训场地 110kV ××架空输电线路低零值绝缘子进行检测，老师提供标准化作业指导书模板，学生接到命令后 4h 内完成任务
任务要求	（1）各小组接受工作任务后讨论并制定工作计划 （2）阅读教材上相关知识部分 （3）搜集整理生产现场资料，领会电力安全工作规程及架空线路运行规程要求 （4）各小组长组织组员到线路实训场地查勘 （5）各小组长安排组员编写《110kV ××架空输电线路低零值绝缘子检测作业指导书》并组织人员审核 （6）标准化作业流程正确，工作质量良好 （7）各小组进行客观评价，完成评价表

续表

注意事项	（1）每位组员应阅读教材上相关知识部分，有不懂之处及时咨询指导老师 （2）组员之间应相互督促，寻找完成本次学习任务 （3）现场作业，应注意保证人身安全，严禁打闹嬉戏 （4）仔细观察作业时的危险源并提出相应的预防措施 （5）发现异常情况，及时与指导老师联系 （6）安全文明作业
成果评价	自评： 互评： 师评：
小组长签字	组员签字

日期：　　年　　月　　日

国【相关知识】

一、绝缘子串上的电压分布

悬式绝缘子主要由铁帽、铁脚和瓷件三部分组成。从理论分析，可将这三部分看成一个电容器，其铁帽和铁脚分别为两个极，瓷件可作为绝缘介质。假设每个绝缘子的电容为 C_0，绝缘子串可以看成由几个电容 C_0 串联的等值电路。此外，绝缘子上的金属部分又分别和接地杆塔以及和导线形成电容 C_1 和 C_2。因此，绝缘子串上的电压分布可由上述电容所组成的等值电路来表示，如图 2-6（a）所示。

实际上，每个绝缘子的电容 C_1 和 C_2 互不相等，其大小决定于该绝缘子对杆塔和导线的相对位置。但是，为了分析方便，可以近似地假设对于每个绝缘子都相同。这样，电路在交流电压作用下，每个电容都将流过电容电流，并在电容上产生压降。流过每个串联电容 C_0 的电流，包括三个分量：

（1）贯穿所有串联电容的电流分量 I_0 对每个 C_0 都相同，如图 2-6（b）所示。

（2）由对地电容 C_1 引起的电流分量为 I_1，流过每个 C_0 的 I_1 值都不相等，并随着离横担距离增加而增加，因此靠近导线的绝缘子流过的电流最多，电压降也最大，如图 2-6（c）所示。

（3）由对导线电容 C_2 引起的电流分量为 I_2，流过每个 C_0 的 I_2 值也不相等，并随着离导线的距离增加而增加，同样可知，靠近横担的绝缘子流过的电流最多，电压降也最大，如图 2-6（d）所示。

由此可见，每个 C_0 上分布的电压是由这三个电流分量的总和在 C_0 上引起的压降。因此，由于 C_1 和 C_2 的影响，沿绝缘子串电压分布是不均匀的。从图 2-6（a）中绝缘子上电压和绝缘子序号的关系曲线可以看出，从导线算起的第一个绝缘子上承受的电压最大。故该绝缘子上的电场强度较大，会引起电晕甚至闪络放电，从而加速了绝缘子老化。为此，在超高压绝缘子串的上、下端装有均压环，如图 2-7 所示。这是为了增加绝缘子对导线的电容 C_2，以改善电压的分布，降低了靠导线第一片绝缘子的电压。

二、绝缘子串电压分布的测定

架空线路在运行中，除了加强巡线从外部观察绝缘子外，还必须采用特制的工具进行带电试验。主要测量绝缘子串上每个绝缘子上的电压分布是否符合标准，悬式绝缘子串电压分

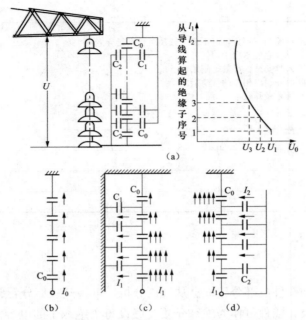

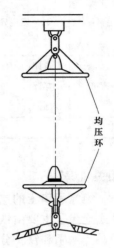

图 2-6　绝缘子串的等值电路和绝缘子串上的电压分布　　　　图 2-7　均压环

布标准见表 2-13。如果在某一绝缘子串中带有损坏的绝缘子，则损坏的绝缘子上没有电压分布，而加在该绝缘子上的电压将分布在其他良好的绝缘子上。

表 2-13　　　　　　　　　　　　　　悬式绝缘子串电压分布标准

工作电压（kV）		绝缘子类型	类　别	按由横担数起绝缘子元件顺序的分布电压（kV）													
线	相			1	2	3	4	5	6	7	8	9	10	11	12	13	14
220	127	XP-7	正常的	8	6	5.6	5	5	5	5	6	6.5	7	9	12	16	31
			有缺陷的，小于	4	3	3	2	2	2	2	3	3	4	6	8	16
110	65	XP-7	正常的	8	5	5	4.5	6.5	8	10	17						
			有缺陷的，小于	4	2	2	2	3	4	5	9						
35	20	XP-7	正常的	4	3.5	4.8	8										
			有缺陷的，小于	2	2	2	4										

三、瓷绝缘子低零值测试

根据《架空输电线路运行规程》DL/T 741—2019 规定，盘型绝缘子绝缘电阻，330kV 及以下线路不应小于 300MΩ，交流 500kV 及以上、直流±400kV 及以上线路绝缘子（含接地极绝缘子）不应小于 500MΩ，盘型绝缘子分布电压不应为零或低值。瓷绝缘子经过一段时间运行之后，在机械负荷和温度变化的作用下，逐渐失去了它的绝缘性能，这种现象称为绝缘子的劣化，也称低值或零值绝缘子。如不能及时发现、更换，绝缘子会发生部分收缩或膨胀而产生内力，这种内力会使绝缘子发生爆裂，减弱绝缘子的电气强度，使绝缘子发生击穿，甚至发生掉串。目前对瓷绝缘子通常采用停电绝缘电阻检测法和带电分布电压法、接地电阻法检测，早期用火花间隙放电听声音法检测劣化瓷绝缘子，由于采用固定的放电间隙去检测分布电压值相差 5 倍以上绝缘子，其技术原理粗糙，实践证明，用火花间隙法检测出的低零值绝缘子多数在绝缘子串中间，而运行线路零值炸裂则基本是导线侧的 1~2 片，火花间隙法目前几乎淘汰，现在采用的语音式分布电压检测低零值绝缘子测试原理如图 2-8 所示。

1. **语音式分布电压检测方法**

（1）语音式分布电压检测绝缘子一般原则和注意事项。判定低零值绝缘子一般原则。

1）测量时两金属探针应逐片进行，将探针与钢帽和伞盘下的钢脚钢帽处搭接，语音分布电压检测仪工作，通过光纤从操作杆内传递至后部，发出"嘶嘶"声。

2）测量时另一员工记录发出的每片分布电压值，与DL/T 626《劣化盘形悬式绝缘子检测规程》中的相应位置绝缘子标准电压值比较，明显小于标准值属劣化。

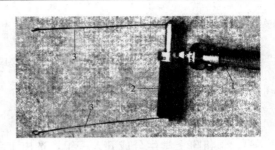

图 2-8　语音式分布电压检测低
零值绝缘子测试原理图
1—绝缘操作杆；2—分布电压检测仪；3—金属探针

（2）语音式分布电压检测注意事项。

1）带电检测应在晴朗、干燥的天气中进行。

2）检测前，应对语音式检测器进行检查，保证完好。

3）检测前对绝缘操作杆进行分段绝缘检测，绝缘操作杆的最小有效绝缘长度不准小于《国家电网公司电力安全工作规程》（线路部分）表 10-2 的规定。

4）作业人员操作绝缘操作杆时应戴清洁、干燥的绝缘手套，防止绝缘工具在使用中脏污和受潮。

5）串中零值绝缘子片数少于《国家电网公司电力安全工作规程》（线路部分）规定的零值绝缘子片数和少于 3 片绝缘子（串）应停止检测和不得检测。

（3）语音式分布电压值法检测操作要求。

1）测量绝缘子前，检查校核语音分布电压检测仪是否完好。

2）测量时，把两个端头（金属探针）分别搭在绝缘子串其中一片绝缘子上铁帽和下铁脚上，可听到检测仪播出的该片分布电压值声音，与规程中该电压等级、该位置的绝缘子标准电压值核对，可得出低值或零值的结果。

3）检测操作时，应从靠近导线的绝缘子开始，逐片向横担侧进行。

4）检测时如发现有低值或零值绝缘子时应再次核实，另一作业人员做好检测的每片记录。

（4）语音式分布电压值法检测中异常情况及其处理原则。检测操作中如发现同一串的绝缘子中，零值绝缘子片数达到表 2-14 的规定时，应立即停止检测，详细做好记录和上报。

表 2-14　　　　　　　　　　　一串绝缘子中允许零值绝缘子片数

电压等级（kV）	63（66）	110	220	330	500	750
串中绝缘子片数（片）	5	7	13	19	28	29
串中零值片数（片）	2	3	4	5	6	5

注　若绝缘子串片数超过该表规定时，零值绝缘子片数可相应增加。

2. **绝缘电阻检测仪检测方法**

绝缘电阻检测仪可停电逐片检测瓷绝缘子有否低零值，也可按装在绝缘操作杆上同语音式分布电压检测方法一样，带电检测时，该检测仪会自动记录每片绝缘子的电阻值，只记录检测的顺序即可，工作结束后，将检测仪中的数据导入计算机并检查核对。

☱☲【任务实施】

110kV 架空输电线路低零值绝缘子的检测

一、工作前准备

1. 课前预习相关知识部分。

2. 将班上学生分成 6 人一组，选出 1 名学习小组长。

二、操作步骤

1. 小组长组织班前工作会议，进行任务分工。

2. 小组长组织到现场检查实训场地 110kV××架空输电线路拉线、基础、周边树木生长等相关情况，并核对线路双重名称，找出作业时的危险点并提出相应的预防措施。

3. 以小组为单位编写《110kV××架空输电线路低零值绝缘子检测作业指导书》，经指导老师审核同意后方可开始工作。

4. 小组长组织准备好所需测量仪器设备，并经检查合格。

5. 工作负责人组织站队"三交"，确认作业人员明白自己的工作内容及相关的注意事项，并签字。

6. 作业人员严格按标准化作业指导书中作业内容及标准要求作业，全程有监护人监护，确保人身安全。

7. 作业人员测量完毕，做好记录。

8. 作业人员做好收尾工作，整理仪器设备，清理场地。

9. 作业人员完成工作任务后，向工作负责人汇报，将记录单交工作负责人。

10. 工作负责人现场点评小组成员在完成本次任务中的表现、取得的成绩，指出不足，给小组每位成员评出合理的分数。

11. 小组长将作业指导书、点评记录、绝缘子测试记录单、相关处理建议或意见及小组成员成绩单交给指导老师。

三、评价标准

根据表 2-15 对任务完成情况做出评价。

表 2-15　　　　　　　　　　　　　　评 分 标 准

项　目	考核标准	配　分	扣　分	得　分
小组合作	（1）小组计划详细周密 （2）小组成员团结协作、分工恰当、积极参与 （3）能够发现问题并及时解决 （4）学习态度端正、责任心强、安全监护落实好	20		
110kV 架空输电线路低零值绝缘子的检测	（1）工器具、材料准备合格、充足 （2）作业指导书编写正确规范 （3）低零值绝缘子检测仪器使用方法正确、符合操作要求、读数准确、数据记录详细 （4）能按照标准化作业流程完成工作任务 （5）工作过程控制好，安全措施到位，对测量结果做出正确的分析判断 （6）实行收工点评，能客观评价工作任务完成情况，肯定成绩，指出不足	45		

续表

项　目	考核标准	配　分	扣　分	得　分
资料归档	作业指导书、点评记录、测量结果记录单及分析判断结果、小组成员成绩单交给指导老师	20		
安全文明	(1) 能遵守学习任务完成过程的考核规则及相关的实习管理制度 　(2) 能爱护工器具，不浪费材料，不人为损坏仪器设备 　(3) 能及时清理操作场地的杂物，整理工器具，操作秩序良好	15		

【巩固与练习】

简答题

1. 简述检测低零值绝缘子工作的意义。
2. 简述用绝缘电阻检测仪停电检测绝缘子的步骤。

任务 5　导线连接处红外测温

【布置任务】

任务书见表 2-16。

表 2-16　　　　　　　　　　　任　务　书

任务名称	220kV 架空输电线路导线连接处红外测温
任务描述	各供电公司为做好迎峰度夏工作，在××年××月××日，××省××供电分公司××运行班组需要对××城区一条正在运行的 220kV ××架空输电线路导线连接处进行红外测温，完善此条线路的运行参数记录，找出薄弱环节，及时维护检修，保证线路的供电能力，提高负荷高峰期的供电可靠性。需按国家电网公司标准化作业要求，对 220kV ××架空输电线路导线连接处进行红外测温，老师提供标准化作业指导书模板，接到命令后 4h 内完成任务
任务要求	(1) 各小组接受工作任务后讨论并制定工作计划 　(2) 阅读教材上相关知识部分 　(3) 搜集整理生产现场资料，领会电力安全工作规程及架空线路运行规程要求 　(4) 各小组长安排组员编写《××220kV 架空输电线路导线连接点红外测温作业指导书》并组织人员审核 　(5) 标准化作业流程正确，安全意识强，工作质量良好 　(6) 测试仪器设备使用方法正确，数据记录清晰完善 　(7) 各小组进行客观评价，完成评价表
注意事项	(1) 每位组员应阅读教材上相关知识部分，有不懂之处及时咨询指导老师 　(2) 组员之间应相互督促，完成本次学习任务 　(3) 现场作业，应注意保证人身安全，严禁打闹嬉戏 　(4) 仔细观察作业时的危险源并提出相应的预防措施 　(5) 发现异常情况，及时与指导老师联系 　(6) 安全文明作业
成果评价	自评： 互评： 师评：
小组长签字	组员签字

日期：　　　年　　　月　　　日

【相关知识】

　　红外线测温仪是一种远距离和非接触带电设备的测量温度装置，目前主要有 HW-2 型和 HW-4 型两种。前者是小型手提式的，距离测温点 1～5m 以内；后者是较大型手提式，距离测温点在 50m 左右。这两种测温仪内部结构原理基本相同。

红外线是一种电磁波，它的波长是在 0.76～1000μm 之间。红外线和可见光一样呈直线传播，能折射、反射和被吸收，也可用透镜进行聚焦等。

红外线是我们肉眼看不见的，但太阳能几乎有 50％ 是以红外线辐射的形式传送到地球上来的。因此，红外线与热的传送有着密切的关系。任何物体，不论它是否发光，只要温度高于绝对零度（−273℃），都会一刻不停地辐射红外线。温度高的物体，辐射红外线较强；反之，辐射的红外线较弱。因此，我们只要测定某物体辐射的红外线多少，就能测定该物体的温度。红外线测温仪就是根据此原理而制成的。

输电线路导线连接器（接续管、耐张压接管、跳线引流板和并沟线夹）是导线元件最薄弱处，压接管是工程施工中的重要隐蔽工程，特别是现在施工单位多数采用高空平衡挂线方法，因此耐张压接管的压接尺寸和压接工艺较难控制，监理人员几乎不可能旁站监理。跳线连接点属电流致热型设备，当引流板施工未清理杂质、导电脂未涂、光面、毛面搭接和螺栓紧固未按相应规格螺栓扭矩值紧固等，在运行中会因接触电阻增大等原因引起连接处过热甚至熔断，造成断线事故。因此，新建线路竣工验收和停电检修时应认真检查跳线连接处状况，采用扭矩扳手按相应规格螺栓的标准扭矩值紧固，在线路输送额定荷载 30％ 以上时，采用红外测温仪器抽测运行检测距离 50m 以内的跳线引流板、并沟线夹，以使跳线连接处发热隐患能及时发现和处理。

架空输电线路耐张跳线连接（并沟线夹、引流板）均采用 2 只螺栓连接的设备线夹，加之线路耐张塔间隔距离较远，跳线连接处悬空连接，作业人员检修紧固时工作站位不便，线路工人普遍采用同样的 10in 活动扳手，致使每个人紧固连接螺栓程度不一（即拧紧连接螺栓无数量级标准），容易发生并沟线夹、引流板等连接处接触电阻大而发热，甚至熔断等问题，如图 2-9 所示。

图 2-9　耐张管引流板发热熔断

一、按扭矩值检测跳线连接设备

新建输电线路竣工验收和停电检修时，运行单位应杜绝以往人均一把 25cm 的活动扳手检查紧固连接螺栓的原始粗糙方法，应落实专人采用扭矩扳手按相应规格螺栓的标准扭矩值检查紧固跳线引流板或并沟线夹，以标准数量值控制此类电流致热型设备发热。

二、红外检测

1. 一般检测

（1）被检测的输电线路输送负荷必须在线路额定输送电流 30％ 以上方可开展红外测温工作。

（2）红外检测一般先用红外热像仪对所有应测试部位进行全面扫描，发现热像异常部位，然后对异常部位和重点被检测设备进行详细测温。

（3）应充分利用红外设备的有关功能达到最佳检测效果，如图像平均、自动跟踪等。

（4）环境温度发生较大变化时，应对仪器重新进行内部温度校准（有自校除外），校准按仪器的说明书进行。

（5）被测线路的跳线连接处高度必须在测温仪器的空间分辨率内（即有效检测距离）。

（6）正确选择被测物体的辐射率（金属导线及金属连接选 0.9）。

2. 精确检测

（1）针对不同的检测对象选择不同的环境温度参照体。

（2）测量设备发热点、正常相的对应点及环境温度参照体的温度值时，应使用同一仪器相继测量。

（3）检测时风速必须满足规程要求。

（4）不得在晴天检测，阴天检测时被测设备背后不得有附加光源进入检测仪镜头内。

（5）作同类比较时，要注意保持仪器与各对应测点的距离一致，方位一致。

（6）正确输入大气温度、相对湿度、测量距离等补偿参数，并选择适当的测温范围。

（7）应从不同方位进行检测，求出最热点的温度值。

（8）记录异常设备的实际负荷电流和发热相、正常相及环境温度参照体的温度值。

3. 检测周期

（1）一般情况下对正常运行输电线路每年检测一次。若线路输送荷载小于导线额定输送电流 30% 以下时，检测电流致热型跳线连接金具效果不大。

（2）对重负荷线路、运行环境差线路应适当增加监测次数。

4. 红外检测注意事项

（1）环境温度一般不宜低于 5℃、空气湿度一般不大于 85%，不应在有雷、雨、雾、雪环境下进行检测，风速超过 0.5m/s 情况下检测需按有关换算系数换算成实际发热温度。

（2）红外热像仪应图像清晰、稳定，具有较高的温度分辨率和测量精度，空间分辨率满足实测距离的要求。例 DL/T 664《带电设备红外诊断应用规范》要求的红外测温应采用长焦镜头不大于 0.7mrad（毫弧度）的规定，则针对 LGJ-400/35 压接管其有效检测距离约为 64m，若采用常规镜头则有效检测距离只有 40m 以内。

（3）检测电压致热的设备应在日落之后或阴天进行；检测电流致热的设备最好在设备负荷高峰状态下且环境温度大于 30℃时进行，一般不低于额定负荷的 50%。

（4）应避免将仪器镜头直接对准强烈高温辐射源（如太阳），以免造成仪器不能正常工作及损伤。

（5）红外测温仪应放置在阴凉干燥，通风无强烈电磁场的环境中，应避免油渍及各种化学物质沾污镜头表面及损伤表面。

5. 红外检测操作要求

（1）红外热像仪在开机后，需进行内部温度校准，在图像稳定后即可开始。

（2）打开镜头盖，对准目标，调整热像仪镜头的焦距并进行自动校正后获得清晰的目标热像。

（3）通过调整仪器位置，将目标物体移至屏幕中十字测温点上，屏幕右上角所显示的温度即为测温点处目标的温度。

（4）当检测到目标物体出现发热异常时，应变换位置和角度重新进行复测，并将数据和红外热像记录下来，存入存储装置，以备分析。

6. 红外检测中异常情况及其处理原则

红外检测中发现设备发热异常后应立即进行分析，按照相关规定进行诊断和确认缺陷类

型，并在缺陷确认以后立即向本单位运行专责和领导汇报，并在最短时间内提供红外报告和
红外热相图谱，以备上级部门组织相关人员进行分析处理。

【任务实施】

220kV 架空输电线路导线连接处红外测温

一、工作前准备

1. 课前预习相关知识部分。

2. 将班上学生分成 2 人一组，选定小组负责人（监护人）。

二、操作步骤

1. 小组长组织班前工作会议，进行任务分工。

2. 以小组为单位编写《220kV××架空输电线路导线连接处红外测温作业指导书》，经
指导老师审核同意后方可开始工作。

3. 小组长组织准备好所需测量仪器设备，并经检查合格。

4. 工作负责人组织站队"三交"，确认作业人员明白自己的工作内容及相关的注意事
项，并签字。

5. 作业人员严格按标准化作业指导书中作业内容及标准要求作业，全程有监护人监护，
确保人身安全。

6. 作业人员测量完毕，做好记录。

7. 作业人员做好收尾工作，整理仪器设备，清理场地。

8. 作业人员完成工作任务后，向工作负责人汇报，将记录单交工作负责人。

9. 工作负责人现场点评小组成员在完成本次任务中的表现、取得的成绩，指出不足，
给小组每位成员评出合理的分数。

10. 小组长将作业指导书、点评记录、导线连接处红外测温记录单、相关处理建议或意
见及小组成员成绩单交给指导老师。

三、评价标准

根据表 2-17 对任务完成情况做出评价。

表 2-17   评 分 标 准

项　目	考核标准	配　分	扣　分	得　分
小组合作	(1) 小组计划详细周密 (2) 小组成员团结协作、分工恰当、积极参与 (3) 能够发现问题并及时解决 (4) 学习态度端正、责任心强、安全监护落实好	20		
220kV 架空输电线路导线连接处红外测温	(1) 工器具、材料准备合格、充足 (2) 作业指导书编写正确规范 (3) 红外测温仪使用方法正确、符合操作要求、读数准确、数据记录详细 (4) 能按照标准化作业流程完成工作任务 (5) 工作过程控制好，安全措施到位，对测量结果做出正确的分析判断 (6) 实行收工点评，能客观评价工作任务完成情况，肯定成绩，指出不足	45		

续表

项　目	考核标准	配分	扣分	得分
资料归档	作业指导书、点评记录、测量结果记录单及分析判断结果、小组成员成绩单交给指导老师	20		
安全文明	（1）能遵守学习任务完成过程的考核规则及相关的实习管理制度 （2）能爱护工器具，不浪费材料，不人为损坏仪器设备 （3）能及时清理操作场地的杂物，整理工器具，操作秩序良好	15		

【巩固与练习】

简答题

1. 红外测温作业中发现连接器发热异常情况，其处理原则是什么？
2. 简述红外测温操作要求。

任务6　架空线路弧垂的测量

【布置任务】

任务书见表2-18。

表2-18　　　　　　　　　　　　　任　务　书

任务名称	110kV架空输电线路导线弧垂的测量		
任务描述	××年××月××日，按国家电网公司标准化作业要求对××线路实训场110kV××架空输电线路导线弧垂进行测量，老师提供标准化作业指导书模板，同学们接到命令后4h内完成任务		
任务要求	（1）各小组接受工作任务后讨论并制定工作计划 （2）阅读教材上相关知识部分 （3）搜集整理生产现场资料，领会电力安全工作规程及架空线路运行规程要求 （4）各小组长安排组员编写《110kV××架空输电线路导线弧垂测量作业指导书》并组织人员审核 （5）标准化作业流程正确，安全意识强，工作质量良好 （6）测试仪器设备使用方法正确，数据记录清晰完善 （7）各小组进行客观评价，完成评价表		
注意事项	（1）每位组员应阅读教材上相关知识部分，有不懂之处及时咨询指导老师 （2）组员之间应相互督促，完成本次学习任务 （3）现场作业，应注意保证人身安全，严禁打闹嬉戏 （4）仔细观察作业时的危险源并提出相应的预防措施 （5）发现异常情况，及时与指导老师联系 （6）安全文明作业		
成果评价	自评： 互评： 师评：		
小组长签字		组员签字	

日期：　　　年　　月　　日

【相关知识】

一、架空线路交叉跨越限距和弧垂的测量

交叉跨越限距是指架空输配电线路导线之间及导线对邻近设施（如对地或对交跨物等）的最小距离。架空输配电线路在竣工投运验收中，运行单位都对各种限距进行复核且符合设计要求，但线路在运行过程中，随着线路通道周围的生产活动和树竹的自然生长，各限距的实际值均会发生变化，当限距达不到设计规定值时，将对线路的安全运行构成威胁。因此，运行单位必须对通道内和两侧建筑物、交叉穿越的弱电线路及树竹等与运行线路之间各种限距进行观测确保其满足设计要求，否则应及时处理。

1. 交叉跨越限距测量一般原则和注意事项

（1）限距测量一般原则。

1）测量交叉跨越限距的方法一般有目测法、直接测量法和仪器测量法等方法。

2）在线路巡视过程中，巡视人员可采用目测的方法，检查导线之间、导线对地和对交叉跨越物的限距。

3）当目测法怀疑某些限距不符合规定时，必须采用其他方法，如直接测量法和仪器测量法等方法进行测量校验。

（2）限距测量注意事项。

1）雨雾天气禁止用直接测量法进行测量。

2）绝缘测量杆（绝缘绳）应保持干燥，并定期做耐压试验。

3）抛扔测量绳时，应防止测量绳在架空线上互相缠绕而无法取下。

2. 交叉跨越限距测量操作方法

（1）直接测量法：利用绝缘测量杆或绝缘测量绳直接对限距进行测量。

1）绝缘测量杆测量。测量限距时，可将绝缘测量杆立于被测线路的下方，直接读取数据。

2）绝缘测量绳测量。绝缘测量绳在绳的一端连接一个有一定质量的金属测锤，测量绳上以每米为尺度做上标记以便观察测距。测量限距时，利用测锤的质量将测绳抛于被测线路导线上，然后根据测绳上的标记，直接读取数据。

（2）仪器测量法：利用经纬仪或全站仪及其他测量仪器，对线路交叉跨越限距进行非接触式测量。以下主要介绍用经纬仪进行导线交叉跨越限距的测量方法。

测量导线交叉跨越距离时，可将经纬仪架设在交叉角近似等分线的适当位置上。调整好仪器，并在被测线路交叉点垂直下方立好塔尺。先读取中丝 h 和视距 s，然后沿垂直方向转动望远镜筒，使镜筒内"十"字分划线的横线分别切于导线交叉点的上线和下线，从而得到两个垂直角 θ_1 和 θ_2，如图 2-10 所示。

经纬仪至交叉点的水平距离为

$$s = 100L \tag{2-1}$$

交叉点间的垂直距离为

$$H_1 = s(\tan\theta_2 - \tan\theta_1) \tag{2-2}$$

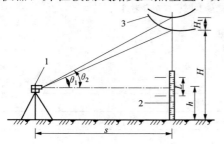

图 2-10　用经纬仪测量交叉跨越距离示意
1—仪器；2—塔尺；3—交跨导线

式中　s——经纬仪与被测点的水平距离，m；

　　　　L——视距丝在塔尺上所切刻度数，m；

θ_1 和 θ_2——导线交叉点上线、下线的垂直角。

二、架空线路弧垂的测量

1. 架空线弧垂测量一般原则

测量架空线弧垂常用的方法有四种，即等长法、异长法、角度法及平视法。在实际工作中，为了操作简便、减少观测前的计算工作量及便于掌握弧垂的实际误差范围，通常优先选用等长法、异长法观测架空线的弧垂。当受客观条件限制，不能采用上述两种方法观测弧垂时，则选用角度法观测弧垂。在上述三种弧垂观测方法均不能达到弧垂观测的允许误差范围时，最后才考虑用平视法测量架空线的弧垂。

2. 架空线弧垂测量操作方法

线路运行中弧垂观测最基本的方法，即角度法观测弧垂的操作方法。角度法观测弧垂如图 2-11 所示，其中 A、B 为悬点，A' 为 A 在地面的垂直投影；a 为仪器中心至 A 点的垂直距离；θ 为仪器视线与导线相切的垂直角，即为观测角；r 为仪器视线与 B 的垂直角；l 为档距，h 为高差。由式 2-3 计算出观测档的 f 值

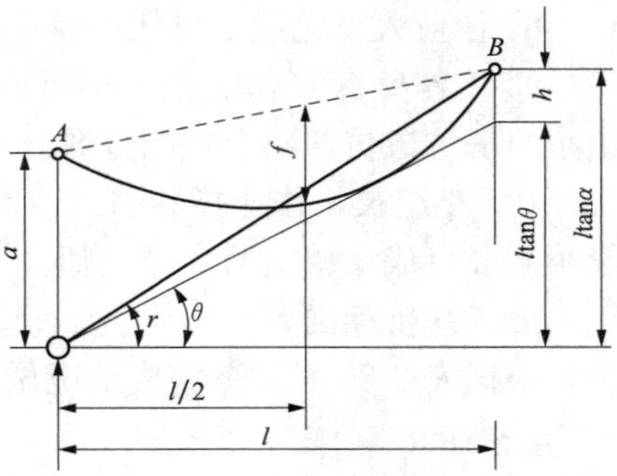

图 2-11 角度法观测弧垂

$$f = \frac{1}{4}(\sqrt{a} + \sqrt{a - l\tan\theta \pm h})^2 \qquad (2\text{-}3)$$

当弧垂观测角 θ 为仰角时，式中 h 前取"+"号，θ 角为俯角时，式中 h 前取"-"号。

三、交叉跨越限距和弧垂换算

架空线路的导线弧垂随温度的变化而变化，测量线路限距和弧垂不一定在最高气温下进行，故所测得的数据一般不是最小限距或最大弧垂。因此在测量上述数据时，应及时记录测量时的气温和风速，以便对其进行必要的换算。输电线路导线在最大计算弧垂下，对地面的最小限距（距离）不应小于表 2-19 的规定值。

表 2-19   导线在最大计算弧垂下，对地面的最小限距

地区、电压等级（kV）	110	220	330	500	750
居民区（m）	7.0	7.5	8.5	14	19.5
非居民区（m）	6.0	6.5	7.5	11	15.5（13.7）
交通困难区（m）	5.0	5.5	6.5	9	11

➰【任务实施】

110kV 架空输电线路导线弧垂的测量

一、工作前准备

1. 课前预习相关知识部分。

2. 将班上学生分成 2 人一组，选定小组负责人（监护人）。

二、操作步骤

1. 小组长组织班前工作会议，进行任务分工。

2. 以小组为单位编写《110kV××架空输电线路导线弧垂测量作业指导书》，经指导老

师审核同意后方可开始工作。

3. 小组长组织准备好所需测量仪器设备，并经检查合格。

4. 工作负责人组织站队"三交"，确认作业人员明白自己的工作内容及相关的注意事项，并签字。

5. 作业人员严格按标准化作业指导书中作业内容及标准要求作业，全程有监护人监护，确保人身安全。

6. 作业人员测量完毕，做好记录。

7. 作业人员做好收尾工作，整理仪器设备，清理场地。

8. 作业人员完成工作任务后，向工作负责人汇报，将记录单交工作负责人。

9. 工作负责人现场点评小组成员在完成本次任务中的表现、取得的成绩，指出不足，给小组每位成员评出合理的分数。

10. 小组长将作业指导书、点评记录、导线弧垂测量数据记录单、相关处理建议或意见及小组成员成绩单交给指导老师。

三、评价标准

根据表 2-20 对任务完成情况做出评价。

表 2-20　　　　　　　　　　　　　评　分　标　准

项　目	考核标准	配　分	扣　分	得　分
小组合作	（1）小组计划详细周密 （2）小组成员团结协作、分工恰当、积极参与 （3）能够发现问题并及时解决 （4）学习态度端正、责任心强、安全监护落实好	15		
110kV 架空输电线路导线弧垂的测量	（1）工器具、材料准备合格、充足 （2）作业指导书编写正确规范 （3）经纬仪（全站仪）使用方法正确、符合操作要求、读数准确、数据记录详细 （4）能按照标准化作业流程完成工作任务 （5）工作过程控制好，安全措施到位，对测量结果做出正确的分析判断 （6）实行收工点评，能客观评价工作任务完成情况，肯定成绩，指出不足	50		
资料归档	作业指导书、点评记录、测量结果记录单及分析判断结果、小组成员成绩单交给指导老师	20		
安全文明	（1）能遵守学习任务完成过程的考核规则及相关的实习管理制度 （2）能爱护工器具，不浪费材料，不人为损坏仪器设备 （3）能及时清理操作场地的杂物，整理工器具，操作秩序良好	15		

【巩固与练习】

简答题

1. 观察弧垂应注意哪些事项？

2. 如何测量交叉跨越距离？

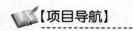

项目三

架空输配电线路巡视检查与运行管理

【项目导航】

当你作为新员工进入某供电公司线路运行班组工作时，班长安排你和其他员工一起开展架空输配电线路的日常维护和管理工作，你知道如何对架空输配电线路进行巡视检查吗？当在巡线过程中发现了问题，你知道如何处理吗？我国幅员辽阔，架空输配电线路纵横全国各地，如此量大面广的线路，你知道国家电网公司是如何科学管理的吗？以上这些是输配电线路专业从业人员的日常工作内容，也是在本项目中要学习的专业知识和要完成的学习任务。

【项目目标】

知识目标

1. 熟悉国家电网公司架空输配电线路的管理规范和评价标准。
2. 掌握架空输配电线路的巡视方法和巡视内容。
3. 掌握巡线用的仪器设备的使用方法。

能力目标

1. 能对巡线时发现的缺陷进行缺陷等级评定，提出整改意见或建议。
2. 能根据国家电网公司要求对运行线路技术资料实行科学管理。

素质目标

1. 能主动学习，在完成任务过程中发现问题，能把握问题本质，具有分析问题及解决问题的能力。
2. 具有安全意识，善于沟通，能围绕主题讨论、准确表达观点。学会查找有用资料，书面表达规范清晰。

【项目要求】

本项目要求学生完成三个学习任务。通过三个学习任务的完成，使学生掌握架空输配电线路巡视方法及线路运行要求，了解线路工种的特殊性和保网供电的重要性，熟悉架空线路技术管理的具体工作内容及管理标准要求。

【项目计划】

项目计划参见表 3-1。

表 3-1　　　　　　　　　　　　项 目 计 划

序号	项目内容	负责人	实施要求	完成时间
1	任务 1：架空线路定期巡视	各小组长	(1) 研讨任务，制定工作计划 (2) 各小组成员明确分工，按工作计划完成任务要求 (3) 各小组成员适应工作环境能力强，巡线方法正确，无漏巡、少巡项目 (4) 能严格按国家电网公司标准化作业流程完成巡视任务，安全意识强，安全防范措施正确、周全 (5) 对巡视时发现的问题记录全面、清楚，对发现的线路缺陷能正确评级，并提出整改意见 (6) 巡线工作完成后，会办理工作终结手续，资质资料及时归档，实行系统闭环管理 (7) 各小组进行客观评价，完成评价表	8 课时
2	任务 2：架空线路故障巡视	各小组长	(1) 研讨任务，制定工作计划 (2) 各小组成员明确分工，按工作计划完成任务要求 (3) 各小组成员适应工作环境能力强 (4) 对线路故障类型判断准确 (5) 故障巡线方法正确，人员分工科学合理，有利于及时发现故障点 (6) 能严格按国家电网公司标准化作业流程完成巡视任务，安全意识强，安全防范措施正确、周全 (7) 对巡视时发现的问题记录全面、清楚，及时向上级汇报 (8) 发现故障点后能及时做好安全措施，做出的决策有利于尽快恢复送电 (9) 善于反思和总结 (10) 各小组进行客观评价，完成评价表	8 课时
3	任务 3：线路运行技术管理	各小组长	(1) 研讨任务，制定工作计划 (2) 各小组成员明确分工，按工作计划完成任务要求 (3) 能全面了解线路运行技术管理的相关内容 (4) 熟悉线路新设备管理的具体工作内容及实施步骤 (5) 编写的管理制度内容全面、语句通顺、条理清楚、操作性强 (6) 各小组进行客观评价，完成评价表	6 课时
4	任务评估	教师		

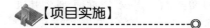

【项目实施】

任务 1　架空线路定期巡视

【布置任务】

任务书见表 3-2。

表 3-2　　　　　　　　　　　　任 务 书

任务名称	110kV××输电线路定期巡视
任务描述	××年××月××日，××省电力公司××分公司线路运行 1 班班长安排班组人员对 110kV××输电线路进行定期巡视，按国家电网公司标准化作业的要求完成此次巡线任务，巡视中发现问题应详细记录，并及时向班长汇报。要求模拟班组中一名巡线员参加此次巡线工作，在接到指令后 8h 完成巡线任务

续表

任务要求	(1) 各小组接受工作任务后讨论并制定工作计划 (2) 阅读教材上相关知识部分 (3) 搜集整理生产现场资料，熟悉架空输电线路运行规程要求 (4) 编写《110kV××输电线路定期巡视作业指导书》 (5) 准备巡视用工器具及相关备品备料 (6) 准备蛇药、防蚊虫的药及其他必备药品 (7) 各小组进行客观评价，完成评价表
注意事项	(1) 每位组员应阅读教材上相关知识部分，有不懂之处及时咨询指导老师 (2) 组员之间应相互督促，完成本次学习任务 (3) 现场巡线，应注意保证人身安全，严禁打闹嬉戏 (4) 发现异常情况，及时与指导老师联系 (5) 安全文明作业
成果评价	自评： 互评： 师评：
小组长签字	组员签字

日期： 年 月 日

📖【相关知识】

一、线路定期巡视目的与周期

1. 定期巡视目的

线路定期巡视通常也称正常巡视，目的是为了全面掌握线路各部件的运行状况和沿线情况，及时发现设备缺陷和沿线隐患情况，并为线路维修提供依据，为设备状态评估提供准确的信息资料。

2. 定期巡视周期

DL/T 741—2019 规定：输电线路的定期巡视周期为每月一次。但随着运行设备的不断增多，提高劳动效率的需求不断加剧，状态检修、状态维护的开展势在必行，且国家电网生〔2008〕269 号文《关于印发国家电网公司设备状态检修管理规定（试行）和关于规范开展状态检修工作意见的通知》对此做出了明确要求。因此，输电线路的定期巡视也应做相应调整，但这种调整需要可靠的状态评价做支撑，必须在全面掌握输电线路运行状况基础上的调整。根据周期的长短不同，巡视周期的调整可分为两类，即延长周期和缩短周期。对于位于交通不便、人员难以到达、地质稳定且长期运行经验表明没有盗窃电力设施等外力破坏可能的地区，可适当延长周期；对于建立了完善护线组织的地区，也可适当延长巡视周期。对位于易受外力破坏、风口或垭口等特殊气象、特殊污秽区域等地区，则应根据实际情况缩短巡视周期。以上所述可称为"状态巡视"，状态巡视还应结合在线监测设施的监测数据进行调整，对于在线监测设施齐全有效的线路，也可适当延长巡视周期。

二、线路巡视的方式

输电线路的巡视方式主要有两种：一种是班组集中巡视，另一种是单人或双人包干巡视。

班组集中巡视的流程：将被巡视线路根据人员构成、地形地貌特征、交通状况等划分为若干巡视段，将班组成员按技术技能水平等实际情况划分为若干个巡视组，与巡视段相对应，一般为两人一组，对于地势平坦、人烟稠密的地区也可一人一组，进行某一条线或某一个区段的班组集体巡视。

单人或双人包干巡视流程：根据巡视人员对线路的熟悉程度及各自的技术技能水平等实际情况，将整条线路或一段线路按责任划分的形式分配到每位巡视人员，巡视人员根据巡视时间计划的安排自行到巡视点进行巡视。

定期巡视计划无论是班组集中或是包干巡视，均由运行专职负责编制，并确保巡视计划的完整性和准确性。同时定期巡视计划经线路管理所主管批准后，按月度生产计划形式下发到班组执行。在计划编制过程中，应结合线路实际运行状况，并充分考虑线路的周边地质地貌、巡视人员的总体技术技能水平、交通条件等情况制定详细的巡视计划。

三、设备巡视的主要内容

1. 线路通道及周边环境变化的巡查

按照电力设施保护条例有关各电压等级保护区的规定，线路巡视时应查看通道内有无违章建筑，导线与建（构）筑物安全距离不足等；通道内或附近有无树木（竹林）与导线安全距离不足等；线路下方或附近有无危及线路安全的施工作业等；线路附近有无烟火现象，有无易燃、易爆物堆积等。线路通道内有无新建或改建电力、通信线路、道路、铁路、索道、管道等。线路杆塔基础保护设施有无坍塌、淤堵、破损等。有无由于地震、洪水、泥石流、山体滑坡等自然灾害引起通道环境的变化。巡视、维修时使用巡线道、桥梁有无损坏等。沿线保护区内有无新出现的污染源或污染加重等。线路通道内或附近采动影响区有无裂缝、坍塌等情况。线路附近有无放风筝、危及线路安全的漂浮物。线路跨越鱼塘有无警示牌。有无采石（开矿）、射击打靶、藤蔓类植物攀附杆塔等。

2. 设备本体的检查

（1）地基与基面。检查有无回填土下沉或缺土、水淹、冻胀、堆积杂物等。

（2）杆塔基础。检查有无破损、酥松、裂纹、漏筋、基础下沉、保护帽破损、边坡保护不够等。

（3）杆塔。检查有无杆塔倾斜、主材弯曲、地线支架变形、塔材、螺栓丢失、严重锈蚀、脚钉缺失、爬梯变形、土埋塔脚等，有无混凝土杆未封顶、破损、裂纹等。

（4）接地装置。检查接地有无断裂、严重锈蚀、螺栓松脱、接地带丢失、接地带外露、接地带连接部位有雷电烧痕等。

（5）拉线及基础。检查拉线金具等有无被拆卸、拉线棒严重锈蚀或蚀损、拉线松弛、断股、严重锈蚀、基础回填土下沉或缺土等。

（6）绝缘子。检查其有无伞裙破损、严重污秽、有放电痕迹、弹簧销缺损、钢帽裂纹、断裂、钢脚严重锈蚀或蚀损、绝缘子串顺线路方向倾角大于 $7.5°$ 或 $300mm$。

（7）导线、地线、引流线、屏蔽线、OPGW。检查有无散股、断股、损伤、断线、放电烧伤、导线接头部位过热、悬挂漂浮物、弧垂过大或过小、严重锈蚀、有电晕现象、导线缠绕（混线）、覆冰、舞动、风偏过大、对交叉跨越物距离不够等。

（8）线路金具。检查有无线夹断裂、裂纹、磨损、销钉脱落或严重锈蚀，均压环、屏蔽环烧伤、螺栓松动、防振锤跑位、脱落严重锈蚀、阻尼线变形、烧伤，间隔棒松脱、变形或离位，各种连板、连接环、调整板损伤、裂纹等。

3. 附属设备的检查

检查防雷装置，如避雷器有无动作异常、计数器失效、破损、变形、引线松脱，放电间隙有无变化、烧伤等。防鸟装置有无破损、变形、螺栓松脱，有无动作失灵、褪色、失效等。各种监测装置有无缺失、损坏、功能失效等。杆号、警告、防护、指示、相位等标识有无缺失、损坏、字迹或颜色不清、严重锈蚀等。航空警示器材中的高塔警示灯、跨江线彩球有无缺失、损坏、失灵。防舞防冰装置有无缺失、损坏等。ADSS 光缆有无损坏、断裂、弛度变化等。

四、线路巡视的危险点及安全注意事项

1. 正常巡视中的危险点

从不明深浅的水域和薄冰通过容易造成生命危险，因此巡视中应尽可能从桥梁上通行；偏僻山区、夜间巡视容易发生迷路、摔跌，应有两人同行，夜间巡视必须配备照明工具，暑天和大雪天巡视必要时由两人进行，在林区线路巡视时，要注意防火；巡视时，不宜穿凉鞋，防止扎脚；经过村庄、果园等可能有狗的地方先喊话，必要时应预备棍棒，防止被狗咬伤；经过草丛、灌木等可能有蛇的地方，应边走边打草，防止被蛇咬伤；雨雪天巡线时，应采取防滑措施；巡线时应远离深沟、悬崖；巡视时应注意蜂窝，不要靠近、惊扰；单人巡视时，禁止攀登杆塔；巡视时应遵守交通法规，不得翻越高速公路护栏；线路巡视人员发现导线断落地面或悬在空中时，应设法防止行人靠近断线地点 8m 以内，并迅速报告领导和调度等候处理；巡视时遇有雷电，应远离线路或暂停巡视，防止雷电伤人；在线路防护区内需要砍伐树木、毛竹时，必须按 DL/T 741—2010 的相关规定做好安全技术措施。

2. 特殊区域巡视中的危险点

巡视时，应有两人进行并配备必要的防护工具和药品，防止受伤后无法自救；行走时，应注意观察地面，防止猎人埋设的铁丝套；有危险动物出没的地区巡视，应有防止动物伤害的措施，如木棒、哨子等；夜间巡视应沿线路外侧进行，应有足够照明工具，条件允许时配备夜视仪；应有良好的联络工具，无移动信号的地区应配备卫星电话或对讲机；登杆塔巡视必须由两人及以上进行，并注意保持安全距离；采空区巡视应注意观察地面，防止踩空和掉入裂缝；经过行洪区应绕行；穿越粉尘严重的厂矿附近时应防止粉尘迷眼；穿越化工厂矿等区域时应有防毒防护措施，必要时佩戴防毒面具；发现塔材被盗，测量长度超过 2m 的塔材时应由两人进行，并注意检查塔材螺栓固定情况；塔材被盗数量较多影响到杆塔稳定时，不得攀登杆塔；发现拉线装置被盗，对拉线必须采取固定措施，处理时应防止拉线与导线距离太近而放电；注意观察线路走廊两边的建筑物、构筑物等，防止高处落物伤人；穿越开山放炮区域时应注意落石伤人；不得穿越靶场等射击区域；在强风天气应远离杆塔正下方，防止杆塔构件脱落伤人；导地线覆冰时，不应沿导地线正下方行走，防止脱冰伤人，导地线舞动时应远离线路；覆冰时不得攀登杆塔，有雷电活动时严禁接打手机，远离高大的树木或构筑物，不要高举金属物品指向天空，不得攀登杆塔；在高山大岭巡视遇有雷电活动时，应及时撤离，雷云距离较近时应立即就地匍匐，待雷云远离后方可站立；沿庄稼地行走时必须穿着长袖工作服，防止花粉过敏；经过秋收地域时注意划伤、扎伤。

五、线路巡视的步骤

巡视人员在巡视过程中如果不按一定的次序巡视，就会重复往返、顾此失彼，降低巡视效率和质量，因此应将各项巡视内容进行划分和排序，形成合理的观察顺序和行走路线。输电线路的巡视一般采用由远及近的巡视方法：即从巡视出发位置开始，一直到杆塔下全方

位、全过程对线路环境、杆塔、拉线周围状况、通道异常、设备缺陷等进行检查。巡视检查中应注意结合太阳光的方向，尽量沿顺光方向观察杆塔上的部件。

巡视时，一般先在远离杆塔的位置观察线路周围环境、地貌变化；在向杆塔位置行进途中，注意观察杆塔及绝缘子的倾斜，导地线弧垂、导线分裂间距、异物悬挂、线路通道内的作业及树木等异常；到达杆塔位置注意检查杆塔各部件缺陷和两侧档距内有无影响线路安全的外界因素；沿线路向下一基杆塔行进途中，注意观察通道内的树木、建筑物、构筑物、边坡等对导线的安全距离及导、地线断股、间隔棒等金具状况。

六、几种典型的线路巡视检查方法介绍

1. 杆塔检查方法

（1）应自上而下或自下而上逐段检查，不应遗漏。对于地质不良地区或采空区，应检查杆塔塔材是否变形，以肉眼可分辨的挠曲为准；主材变形的应将脸部紧贴在主材上，沿主材向上看，检查有无挠曲。杆塔结构一般为对称结构，塔材短缺可根据对比塔材是否对称来检查；新短缺的塔材在与其他塔材的交叉处会留有新印迹，明显区别于杆塔的整体色彩；塔材的锈蚀通过观察塔材是否变红来判断。

螺栓的紧固程度一般用力矩扳手检查，预先按不同规格的螺栓在力矩扳手上设置不同的力矩值，当紧固力矩达到该设定值后，会听到"咔"声；有经验的巡线工也有用脚踩踏角钢检查是否有螺栓振动声来判断塔材是否松动，这种方法一般用于检查螺栓普遍松动的情况。防盗设施的检查除了外观检查外，还应定期使用扳手拆卸的办法来检查其有效性。当发现绝缘子串倾斜或地表裂缝时，应检查铁塔的倾斜，一般使用经纬仪来检查。

（2）钢筋混凝土杆塔裂纹的检查一般在距离杆根5～10m的距离检查；钢筋混凝土杆塔的挠曲检查应将脸部紧贴在杆体上，沿杆体向上看，检查凸或凹的现象；有叉梁的钢筋混凝土杆塔应注意检查叉梁是否对称，各连接处是否有位移现象；钢筋混凝土杆的外附接地引下线应牢固固定在杆体上；当发现绝缘子串倾斜或地表裂缝时，应检查电杆的倾斜，一般使用经纬仪来检查。

（3）拉线的受力变化检查可以通过观察各条拉线的弧垂是否相同来判断，也可以用手逐条扳动拉线来检查其松紧程度是否相同；拉线的UT形螺栓必须有防盗设施并有效。

2. 绝缘子、金具检查方法

（1）绝缘子可从地面使用望远镜检查耐张绝缘子的锁紧销是否短缺，有两种方法：一种是巡视人员站在顺光侧，沿锁紧销轴心方向45°范围以内，避开其他绝缘子、金具等遮挡，能看到锁紧销的端部是否露出，能看到端部，则说明锁紧销存在，否则锁紧销短缺。另一种方法是利用绝缘子球窝连接处的透光来检查绝缘子的锁紧销是否短缺，对于W形锁紧销，沿锁紧销安装方向的轴心观察光线是否通透，如通透则表明无锁紧销，否则说明有锁紧销。

（2）绝缘子闪络主要通过颜色变化来检查，根据杆塔高度的不同，一般在距离杆塔10～50m的位置用望远镜来检查。瓷绝缘子闪络后，表面釉质被灼伤，灼伤处会出现中心白边缘黑的灼斑；悬垂串的瓷绝缘子主要通过观察瓷裙边缘的变化来判断是否闪络。污秽玻璃绝缘子闪络后，受高温及氧化的作用，其灼伤点比其他部位洁净；洁净的玻璃绝缘子表面灼伤难以发现，主要通过观察绝缘子碗头部位的放电点来判断，放电点一般有硬币大小，银色发亮。复合绝缘子的灼伤较为明显，颜色发白，灼伤伞裙明显区别于其他部位。

（3）金具的大部分缺陷需通过登杆塔检查来发现，地面巡视主要检查其销子是否齐全。

站在与销子穿向成直线的位置用望远镜检查销钉穿孔的通透性来判断销子是否存在，距离近时也可以直接用望远镜来观察销子是否存在。

（4）对于 220kV 及以上线路，在杆塔下还应注意听放电声，如放电声偏大则说明高电位侧金具有异常或绝缘子脏污严重，应注意检查金具是否有尖刺，均压环、屏蔽环是否正常，绝缘子表面是否积污严重。

3. 弧垂变化检查方法

从地面检查导地线弧垂变化一般要站在杆塔正下方来观察，三相导线弧垂点应在一个平面上；钢绞线型架空地线的弧垂应小于导线弧垂；如档距中间有高地，也可在高地上水平观察其弧垂平衡状况。分裂导线的间距变化应在线路的外侧来观察，分裂子导线的间距是否均匀，有无变大或变小的现象。导地线断股应在线路外侧行进时顺光观察，出现散股的断股容易发现，其断裂处会与主线分离，形成小分叉。特别要注意无间隔棒的分裂导线的巡查，防止间距小于设计值时在某一运行时段发生导线缠绕、碰击、鞭打现象。

七、线路巡视典型口诀

有经验的巡线工人积累了不少的线路巡视经验，现举例如下，以供参考。

1. 三十二句口诀

沿线巡视要仔细，发现情况现场记，树木障碍建筑物，桥梁便道均注意。
每走五十米处站，抬头扫视导地线，交叉限距和弛度，断股接头放电声。
行至距杆五十米，细看倾斜和位移，横担不正叉梁歪，滑坡污源和外力。
杆塔周围转一圈，基础护坡和拉线，跳线金具绝缘子，杆上部件看个遍。
寻至杆根上下看，叉梁鼓肚土壤陷，裂纹挠曲须留神，不要忽视接地线。
铁塔巡视更简单，各处连接靠螺栓，基础地脚和塔材，节板包铁最关键。
夏季树木最危险，登杆两米前后看，交叉距离要吃准，观察站在角分线。
特殊区域抓重点，定点巡视攻难关，吃苦耐劳好同志，发现隐患保安全。

2. 四季口诀

春季多风线舞动，巧用舞动查险情，沿线群众植树忙，防护区内控栽树。
夏季到来多雷雨，注意基础和接地，温高导线弛度变，各类交叉勤查看。
秋有霜露气候潮，绝缘干净才可靠，鸟类数量要增加，及时检查防鸟刺。
冬季降雪线覆冰，特殊区域要多去，农家温室种蔬菜，劝其绑扎塑料棚。

3. 查看绝缘子锁紧销口诀

杆塔等高要停步，先望钢帽大口处，反复观察看不清，百米以外看亮度。
钢帽中间有黑点，表明销子在里面，钢帽窝里亮堂堂，销子一定掉出孔。

4. 天气口诀

晴天注意看空中，雨后注意杆裂缝，风天注意导线摆，雾天捕捉放电声。

【任务实施】

110kV××输电线路定期巡视

一、工作前准备

1. 课前预习相关知识部分，结合岗位工作任务要求，借阅架空线路运行规程及相关线路设计规程。

2．熟悉架空线路运行要求的主要指标，熟悉指导老师提供输电线路正常巡视作业指导书模板中各分项的内容。

二、操作步骤

1．小组长组织班前会议，进行任务分工，明确监护人及其职责，交代巡线员的工作内容及相关注意事项。

2．小组长安排组员填写输电线路正常巡视作业指导书，并组织人员审核。

3．准备巡视用的工器具、备品备料及必备药品。

4．站队"三交"，确保巡线质量和巡线安全。

5．巡视时发现问题认真记录，正确进行缺陷评级。

6．及时汇报，并提出改进意见。

7．巡视资料归档管理。

8．巡视任务结束，小组长组织现场工作点评，并记录。

9．以小组为单位向指导老师汇报线路运行检查情况。

三、评价标准

根据表 3-3 对任务完成情况做出评价。

表 3-3　　　　　　　　　　　　　　　　　评 分 标 准

项　目	考核标准	配　分	扣　分	得　分
小组合作	（1）小组计划详细周密 （2）小组成员团结协作、分工恰当、积极参与 （3）能够发现问题并及时解决 （4）学习态度端正、操作熟练	15		
准备工作	（1）有关线路正常巡视方法、巡视内容及要求清楚 （2）输电线路正常巡视作业指导书填写正确规范 （3）巡视工器具、材料、必备药品等准备齐全 （4）着工装 （5）了解巡视线路的走向，清楚危险点的存在	25		
线路巡视	（1）巡视时注意核对巡视的线路及杆塔双层编号 （2）两人一组，一人监护，巡线方法正确，不漏巡视项目 （3）注意巡线时保证自身的安全 （4）善于发现问题，能进行线路缺陷评级并提出整改意见 （5）工器具检查入库	35		
总结汇报	（1）汇报时能使用专业的名词术语，口齿清晰，语言通顺 （2）能提供发现线路缺陷的图片、照片及相关资料 （3）提出的整改意见具有可操作性	15		
安全文明	（1）能遵守学院生产实习规章制度 （2）能爱护实习设施设备，不人为损坏仪器设备和元器件 （3）保持环境整洁，秩序井然，操作习惯良好	10		

【巩固与练习】

一、选择题

1．为了避免线路发生电晕，规范要求 220kV 线路的导线截面积最小是（　　）mm²。

(A) 150； (B) 185； (C) 240； (D) 400。

2. 自阻尼钢芯铝绞线的运行特点是（ ）。

(A) 载流量大； (B) 减小电晕损失；

(C) 感受风压小； (D) 削弱导线振动。

3. 电力线路适当加强导线绝缘或减少架空地线的接地电阻，目的是为了（ ）。

(A) 减少雷电流； (B) 避免反击闪络； (C) 减少接地电流； (D) 避免内过电压。

4. 最容易引起架空线发生微风振动的风向是（ ）。

(A) 顺线路方向； (B) 垂直线路方向；

(C) 旋转风； (D) 与线路成 45°角方向。

5. 下列不能按口头或电话命令执行的工作为（ ）。

(A) 在全部停电的低压线路上工作； (B) 测量杆塔接地电阻；

(C) 杆塔底部和基础检查； (D) 杆塔底部和基础消缺工作。

二、简答题

1. 架空线路的垂直档距大小受哪些因素的影响？其大小影响杆塔的哪种荷载？

2. 远离线路的地方应重点巡视哪些项目？

任务 2 架空线路故障巡视

🎤【布置任务】

任务书见表 3-4。

表 3-4   **任 务 书**

任务名称	220kV××线路故障巡视
任务描述	××年××月××日，××省电力公司××分公司线路运行 1 班班接调度通知，220kV××线路故障跳闸，并告知保护动作情况，要求班组尽快组织人员对 220kV××线路进行故障巡视，按国网公司标准化作业的要求完成此次巡线任务，尽快找出线路故障点，组织抢修恢复供电。试模拟班组中一名巡线员参加此次巡线工作，在接到指令后 8h 完成巡线任务。
任务要求	(1) 各小组接受工作任务后讨论并制定工作计划 (2) 阅读教材上相关知识部分 (3) 搜集整理生产现场资料，详细了解 220kV××线路保护动作情况及故障录波记录，初步判断出故障类型及故障点 (4) 编写《220kV××输电线路故障巡视作业指导书》 (5) 准备巡视用工器具、相关备品备料及检修要用的简单工具 (6) 准备蛇药、防蚊虫的药及其他必备药品 (7) 各小组进行客观评价，完成评价表
注意事项	(1) 每位组员应阅读教材上相关知识部分，有不懂之处及时咨询指导老师 (2) 组员之间应相互督促，完成本次学习任务 (3) 故障巡视，做好安全保护措施，注意保证人身安全，严禁打闹嬉戏 (4) 发现异常情况，及时与指导老师联系 (5) 安全文明作业

成果评价	自评：	
	互评：	
	师评：	
小组长签字		组员签字

日期：　　年　　月　　日

📖【相关知识】

一、线路故障巡视的目的

线路故障巡视是指线路跳闸后，为迅速找出跳闸原因和故障点而进行的巡视。线路故障巡视不同于正常巡视，其目的单一，就是为了查找故障点及故障原因，所有巡视均围绕故障展开，而不是对线路进行普遍性巡视。

二、线路故障巡视的准备工作

当线路发生跳闸或故障后，运行单位先根据线路继电保护装置动作情况、相关参数、结合相关的在线监控装置与当时的气象条件，以往故障发生并巡查到的经验等来分析判断线路故障的可能情况并确定巡查方案。根据巡查方案制定相关的危险点预控、个人工器具配备、人员组织与分工。

（1）重合闸装置的动作情况。根据重合闸装置的动作情况确定故障性质，即为永久性故障还是瞬时故障，故障发生的可能位置等，确定是否要准备后续抢修力量。

（2）保护测距。当前采用的微机保护得到的保护测距或故障录波测距相对准确，误差一般不超过 1～3km。线路跳闸后，必须先根据保护测距或故障录波测距结合线路档距分布情况初步判断故障点位置，确定巡视重点区段，一般以保护测距点位置向两侧扩展 1～5km 作为重点巡视区段。一般保护装置均为两端（变电站）配置，因此可能存在两端测距不一致的情况。遇到这种情况时，一定要结合两端的测距及运行经验进行综合判断，巡视重点段应将两端的测距均包含进来。如运行经验表明总是一端保护测距的误差小、另一端保护测距的误差大，也可以将误差小的一端作为主要判据。

（3）气象条件及地形地貌。一般情况下，一半以上的线路故障是由恶劣气象引发，不同的恶劣气象可能引发不同类型的线路故障，如大风可能引发线路风偏故障，雷雨可能引发线路雷击故障，持续大雾可能引发线路污闪，降雪、冻雨可能引发线路覆冰及绝缘子冰闪故障、春秋季的半夜、凌晨或傍晚容易引发鸟害故障等。地形、地貌对线路故障的影响也比较大。如位于突出山顶的杆塔容易遭受雷击，位于风口的杆塔容易发生风偏故障，海拔高的杆塔容易出现覆冰，临近污染源的线路容易出现污闪、丘陵、农田交界处且人类活动较少处容易发生鸟害等。因此，线路跳闸后，需根据线路所处地区的气象条件及地形地貌对线路故障类型做出初步判断，有重点地进行巡视。

（4）在线监测系统。随着科技水平的不断提高及状态检修的不断发展，线路在线监测系统的种类不断增多，功能不断完善，应用越来越广。线路在线监测系统主要的种类有气象监测、雷电定位监测、覆冰监测、防盗报警、视频监测、污秽（脉冲泄漏电流）监测、杆塔倾斜监测、导线温度监测等十几种。这些在线监测系统可以提供实时的线路现场运行数据及环境变化数据，根据这些数据可以对线路故障类型、故障点做出更准确的判断。如根据雷电电位系统可以找出线路跳闸时线路附近所有的落雷情况，并根据雷电对线路的相对距离和雷电流幅值大小判断出可能引发线路故障杆塔是反击雷还是绕击雷；根据线路覆冰在线监测装置可以判断出线路覆冰的厚度及重量；根据污秽在线监测装置检测到的泄漏电流脉冲频率值和脉冲电流量值可判断出绝缘子的积污程度；根据杆塔倾斜在线监测装置可以判断出杆塔倾斜的角度、塔头偏移的距离等。

（5）线路缺陷隐患。有的线路故障是由于线路缺陷和隐患而引发的，如金具磨损、绝缘子积污、杆塔构件被盗、线路附近施工作业等，因此及时掌握线路的缺陷、隐患能避免一部分线路故障。这些缺陷、隐患均有一个发展的过程，有的可能已得到处理，有的受停电限制、处理周期长等原因未能及时消除，因此线路跳闸后要及时了解线路所存在的缺陷和隐患，判断线路故障是否由这些缺陷和隐患引发。

（6）确定巡查方案。当线路发生故障时，应根据线路故障信息、当时的气象条件、故障巡查的时间确定进行地面巡查或登杆塔检查的故障巡查方案。因为不同的巡查方案有不同的要求，如人员配备、工器具的携带、工作票或任务单的签发等均有所区别。

三、线路故障巡视过程中的注意事项

1. 准备必要的工具材料

线路故障巡视不但要求找到故障点和故障原因，而且要全面真实地记录故障现象、测量相关数据，为分析故障和采取防范措施提供数据和依据。因此，线路故障巡视要携带一些记录故障现象、测量数据的工具，如用照相机或摄像机记录故障现场、故障杆塔、故障点地形地貌、放电点、闪络绝缘子等；用 GPS 定位仪测量故障的坐标、海拔；用接地电阻测试仪测量故障杆塔的接地电阻。

对于重合复跳的故障，为减少停电时间，迅速恢复送电，应根据对故障类型的初步判断，分析引起故障的原因及可能出现的后果，提前准备好必要的抢修工具和材料。如判断可能发生绝缘子闪络时，应准备好更换绝缘子所需的链条滑车、双勾紧线器、连接金具、新绝缘子等工具材料；如判断可能出现导线损伤或断线时，应准备好新导线、卡线器、绞磨、预绞丝、铝包带、压接工具、接续管等工具材料。

2. 安全注意事项

随着社会及城乡规划的不断发展，输电线路的走廊受到很大制约，杆塔高度不断增加，许多故障现象通过地面巡视已很难发现；随着现代电网的不断升级，电力系统的自动化水平不断提高，切除故障的时间越来越短，故障点也越来越不明显。因此现在多数故障，特别是超高压输电线路的故障点必须采用登塔检查才能被找到，为此，线路跳闸后要考虑到登塔巡视。巡视人员要携带安全带等登高工具，如 220kV 线路登杆检查应穿导电鞋、330kV 及以上线路登杆检查应穿导电鞋和防止感应电的静电屏蔽服或均压服。故障巡视时不宜采用单人巡视，至少要两人一组巡视，不仅是保证人身安全的需要，也是准确判定故障点和故障原因的需要。

无论何种巡视时，巡线应沿线路外角侧进行，以免导线落地伤人，同时巡视小组负责人应根据现场实际情况，补充必要的危险点分析和预控措施。如发现导线断线接地时，所有人员都应站在距故障点 8～10m 以外的地方，并应设专人看管，绝对禁止任何人走近接地点。

3. 向沿线居民了解情况

输电线路传输距离远，分布范围广，维护半径大，仅靠运行维护人员很难及时发现线路的突发性缺陷及隐患，因此许多供电企业都建立了护线组织，聘用线路沿线的居民参与巡线

护线工作。这些护线人员紧邻线路，对线路周边环境、气候的变化以及线路缺陷的掌握非常及时，因此线路出现跳闸，或需进行特殊巡视时，应及时与这些护线人员取得联系，以了解现场情况和线路周边的环境变化，对故障点的查找、故障类型的判断及第一手信息资料的掌握有很大帮助。

如输电线路短路跳闸时，短路电流可达几千安到几十千安，产生强烈的光和热（电弧温度可达 10000℃ 以上），使周围的空气急剧膨胀振动，发出巨大的响声，离线路故障点较近的居民都可能听到这种响声。因此在故障巡视时，即使没有建立护线组织，巡线人员应向沿线居民询问是否听到巨大响声和看到什么现象等，以便帮助巡线人员快速找到故障点。

四、典型故障现象

1. 雷击故障

国内外的长期运行经验表明，雷击架空地线档距中央引起导、地线空气间隙闪络是非常罕见的，雷击形式有直击、反击、绕击和感应雷击四种。故线路设计时，线路档距中央导线与架空地线间的距离按雷击档距中央时不致击穿导、地线间的空气间隙来确定。感应雷电压一般不大于 300kV，对 66kV 以上的线路不会发生感应雷击故障；反击一般发生在一基杆塔多相或相邻杆塔多相上；绕击一般发生在一基或相邻杆塔的单相上，下山坡侧或者开阔地带边相以绕击居多，上山坡侧和中相以反击居多；雷电流幅值在 30kA 及以下者绕击居多，雷电流幅值在 40kA 以上者反击居多。无论哪种雷击故障类型，主要表现为绝缘子附近的空气间隙击穿；雷击故障的重合成功率较高，尤其是 220kV 及以上线路，一般在 90% 以上。常见雷击故障有以下现象：

（1）导线或金具对横担构件放电。常见现象为线夹出口至防振锤范围内的导线有断续或连续性的放电痕迹，连接金具上有点状或块状的电弧烧伤斑点，横担构件的下平面有放电痕迹。此现象常见于 500kV 线路，500kV 线路的导线一般为四分裂导线，导线侧第一片绝缘子低于导线，悬垂线夹距横担的距离更短，因此主放电点出现在悬垂线夹上，而横担侧第一片绝缘子的碗头只是由于电弧的漂移形成一个灼伤点。横担上的挂线板向下伸出横担，且由于其有明显的尖端，受集肤效应的影响，放电点出现在塔材上，而横担侧绝缘子未出现放电。由于电弧存在漂移性，因此有时在中间的绝缘子也可能出现灼伤点。

（2）第一片绝缘子对导线放电。常见现象为绝缘子表面有较明显的电弧烧伤痕迹（釉面损伤形状为块状），绝缘子钢帽有点状或块状的电弧烧伤斑点，对于玻璃绝缘子其表面为块状的烧伤痕迹，内层可见较为明显的格状裂纹。这种现象较为多见，因为导线侧的绝缘子具有隔离作用，将悬垂线夹等金具隐藏在其盘径以内，因此主放电点会出现在悬垂线夹出口外的导线上。横担侧塔材未伸入横担下方或深入不够，电弧会绕过横担侧第一片绝缘子的上表面直接对碗头放电。

（3）复合绝缘子均压环之间放电。常见现象为复合绝缘子表面有较明显的电弧烧伤痕迹（颜色一般为灰白色），绝缘子上端硅橡胶护套有电弧烧伤痕迹（颜色一般为灰白色），均压环受损较轻微时有点状的放电斑点，受损较严重时有明显的破损或穿孔现象。均压环有均匀分布电压的作用和保护间隙的作用。保护间隙的作用相当于国外广泛采用的招弧角，起保护绝缘子不被电弧烧伤的作用。由于各电压等级的复合绝缘子均压环的配置不同，其放电现象也不同。对于 500kV 线路，配置有两个均压环，因此主放电点一般在两个均压环上，因电弧的漂移，有时中间的伞裙也可能出现灼伤。对于 220kV 线路，导线侧配置有一个均压环，因此导线侧主放电点在均压环上，横担侧主放电点在绝缘子碗头上。对于 110kV 线路，一般不配置均压环，因此表现为绝缘子两端的金属部分放电。

（4）导线直接对横担放电。造成这种情况的原因有两种：一种是同塔架设双回路杆塔，绝缘子串较长，超过上方导线对下方横担之间的距离，雷击后导线直接对下方横担放电；另一种是耐张杆塔的绕跳线不符合工艺要求，对杆塔的距离小于绝缘子串长，雷击后绕跳线直接对杆塔构件放电。

（5）耐张串闪络。一般耐张绝缘子串遭受雷击后，闪络绝缘子片数较悬垂绝缘子多，绝缘子串基本上是逐片闪络。如耐张串是双联配置，则有时闪络绝缘子片集中在其中一串上，有时分布在两串绝缘子，且位置前后错开。如引流线的施工工艺不规范，则有可能出现导线侧第 2~4 片绝缘子直接对引流线放电的情况。

（6）低零值瓷绝缘子爆裂。如发生雷击闪络的绝缘子串上正好有低零值瓷绝缘子，则可能出现低零值绝缘子钢帽爆裂的情况，并导致掉线或断串事故。这种现象的发生主要是因为瓷绝缘子的钢帽、钢脚浇铸部位中混杂有水分，雷击闪络时产生的电弧温度极高，水分被迅速加热，发生膨胀，将钢帽炸裂导线落地。

（7）玻璃绝缘子遭受雷击后，轻者玻璃件表面被电弧灼伤，去掉烧伤层后，因玻璃伞盘为熔融体，水分仍不会进入伞盘，绝缘随即恢复，不影响绝缘子的安全运行；重者强大的雷电流击碎伞盘，使绝缘子串的泄漏比距减少，但因自爆后的残余强度达绝缘子额定荷载的 80% 以上，不会发生掉串事故，但绝缘子串中的自爆片若影响耐污等级时，必须在雾季到来前更换完成。

2. 风偏故障

风偏故障常见有三种现象，即导线对杆塔构件放电、导地线线间放电和导线对周边物体放电。导线对杆塔构件放电分两种情况，一种是直线杆塔上导线对杆塔构件放电，另一种是耐张杆塔的跳线对杆塔构件放电。风偏故障一般表现为重合不成功或重合成功后短时间再次跳闸。

导线或跳线因垂直荷载不足，在大风作用下对杆塔构件放电，这种放电现象的特点是绝缘子不被烧伤或导线侧 1~2 片绝缘子烧伤轻微；导线、导线侧悬垂线夹或防振锤烧伤痕迹明显，直线杆塔的导线放电点比较集中；跳线放电点比较分散，分布长度约为 0.5~1m；在杆塔间隙圆对应的杆塔构件上会有烧伤且烧伤痕迹明显，因电场分布的不均匀性，杆塔构件的主放电多在脚钉、角钢端部等突出位置。220kV "干字形" 耐张塔的中相跳线易发生风偏，多表现为跳线对耐张串横担侧第一片绝缘子放电。

导地线在风力作用下发生舞动造成的故障一般发生在长度较大的档距中央，虽然导线上放电痕迹较长，但由于档距较大时的情况大多出现在山区，放电点距地面距离较大，所以较难发现。此类故障的发生一般有几个影响因素：档距较大，一般在 500m 以上；导地线弧度不平衡即不符合设计弧垂值，大多是架空地线弧度太大；地形特殊，属微气象区，短时风力较大；属于覆冰区，覆冰脱落时引起导线跳跃。由于故障点距地面距离远，这种故障的查找必须非常仔细，并在顺光的条件下才可能发现，必要时应借助高倍望远镜查找故障点。

设计时一般会考虑到对边坡、建筑物等的风偏距离，有时未对某处树木、悬崖等进行复测核实高程，造成未达到设计风速下导线对此类物体风偏放电，故障巡查需多天后才能发现树木、植被枯黄，导线对周边物体放电多发生在线路运行期间种植的树木、新组立的其他杆塔、堆物点等，这类故障一般发生在导线对地距离小的位置，查找相对容易。导线上会有长度超过 1m 的放电痕迹，对应的其他物体也会有明细放电痕迹，物体的放电痕迹一般为烧焦状的黑色。

　　3. 鸟粪闪络

　　鸟粪闪络有以下几个特点：多发生于河道、沼泽地、水库、养鱼池、油料作物地等食物、水源充足的地区；多发生于悬垂绝缘子串上；多发生在夜晚和凌晨。鸟粪闪络与雷击闪络均属于空气间隙击穿，因此在故障现象上颇为相似。直线杆塔鸟粪闪络时，在杆塔横担、导线、绝缘子串及部分金具上有烧伤痕迹，耐张杆塔的鸟粪闪络主要发生在直跳跳线与横担之间，烧伤点表现在横担下方和直跳跳线上方。鸟粪闪络故障一般均能在故障杆塔的横担上和对应的地面上找到鸟粪痕迹。

　　4. 污闪

　　污闪的主要特点是沿绝缘子表面放电，因此发生污闪后，大部分绝缘子表面都会有不同程度烧伤，一般放电通道形成的烧伤痕迹不会呈直线，而是不规则分布在绝缘子表面。金具及绝缘子的钢帽、钢脚等连接部分也可能有轻微烧伤痕迹，导线一般不会有明显烧伤痕迹。污闪一般发生在盐密值或灰密值偏高的重污区，且绝缘爬距较低的线路上，瓷质、玻璃钢绝缘子易发生污闪，复合绝缘子因有较好的憎水性不易发生污闪。瓷质绝缘子发生污闪后痕迹明显，玻璃钢绝缘子痕迹不明显，放电点的玻璃表面有轻微变色。发生污闪后，即使重合成功或试送成功，故障绝缘子的放电声音也与正常绝缘子不同，正常绝缘子的放电声音是规律的"沙沙"声，故障绝缘子的放电声是"哧哧"声。

　　另外连续多天阴雨天时，有时复合绝缘子线路会发生不明原因的跳闸事故，原因是运行数年的复合绝缘子憎水性临时丧失，发生故障跳闸。

　　5. 覆冰

　　线路覆冰有两种类型，一种是导线、架空地线覆冰；另一种是绝缘子串覆冰，对应的危害有三种：一种是导线、架空地线覆冰后发生短路、断线甚至倒杆；一种是绝缘子串覆冰的冰凌桥接在泄漏电流下冰凌柱内存有水，处在绝缘子表面引起融冰闪络；一种为导线覆冰弧垂增大，与交叉跨越物或树木的距离不足造成单相接地故障。

〖任务实施〗

220kV××线路故障巡视

　　一、工作前准备

　　1. 课前预习相关知识部分，结合岗位工作任务要求，了解 220kV 输电线路继电保护的配备情况及自动重合闸装置的投入方式。

　　2. 熟悉架空线路运行要求的主要指标，熟悉指导老师提供输电线路故障巡视作业指导书模板中各分项的内容。

　　二、操作步骤

　　1. 根据调度提供的线路保护动作情况，小组长组织巡视人员进行分析讨论，初步确定故障的类型及故障点的距离，进行任务分工，明确监护人及其职责，交代巡线员的工作内容及相关注意事项。

　　2. 小组长安排组员填写输电线路故障巡视作业指导书，并组织人员审核。

3. 准备巡视用的工器具、备品备料、必备药品及检修要用的简单工具。

4. 站队"三交"，确保安全及时找出故障点并做好安全措施。

5. 巡视时发现问题认真记录。

6. 及时汇报，并提出改进意见。

7. 巡视资料归档管理。

8. 巡视任务结束，小组长组织现场工作点评，并记录。

9. 以小组为单位向指导老师汇报线路运行检查情况。

三、评价标准

根据表 3-5 对任务完成情况做出评价。

表 3-5   评 分 标 准

项 目	考核标准	配 分	扣 分	得 分
小组合作	(1) 小组计划详细周密 (2) 小组成员团结协作、分工恰当、积极参与 (3) 能够发现问题并及时解决 (4) 学习态度端正、操作熟练	15		
准备工作	(1) 有关线路故障巡视方法、巡视内容及要求清楚 (2) 具有输电线路继电保护及自动装置的相关知识 (3) 输电线路故障巡视作业指导书填写正确规范 (4) 巡视工器具、材料、必备药品等准备齐全 (5) 着工装 (6) 了解巡视线路的走向，清楚危险点的存在	25		
线路巡视	(1) 分组巡视，巡视时注意核对巡视的线路及杆塔双层编号 (2) 两人一组，一人监护，巡线方法正确，不漏巡巡视项目 (3) 注意巡线时保证自身的安全 (4) 善于发现问题，并提出整改意见 (5) 工器具检查入库	35		
总结汇报	(1) 汇报时能使用专业的名词术语，口齿清晰，语言通顺 (2) 能提供发现线路缺陷的图片、照片及相关资料 (3) 提出的整改意见具有可操作性	15		
安全文明	(1) 能遵守学院生产实习规章制度 (2) 能爱护实习设施设备，不人为损坏仪器设备和元器件 (3) 保持环境整洁，秩序井然，操作习惯良好	10		

【巩固与练习】

简答题

1. 线路巡视的种类有哪些？

2. 简述进行输电线路故障巡视的步骤。

3. 线路故障类型判断的主要依据有哪些？

任务 3 线路运行技术管理

【布置任务】

任务书见表 3-6。

表 3-6	任　务　书	
任务名称	编制线路新设备管理制度	
任务描述	××年××月××日，××线路实训场地有一条新建的 110kV××架空输电线路准备投入运行。试按国家电网公司管理模式的要求编制 110kV××架空输电线路新设备管理制度，要求将施工资料、验收报告及相关资料、新设备运行管理要求编进管理制度，接到指令后 4 课时完成任务	
任务要求	（1）各小组接受工作任务后讨论并制定工作计划 （2）阅读教材上相关知识部分 （3）搜集整理生产现场资料，领会编制技术管理制度的内涵及保证线路安全运行基础工作的重要性 （4）各小组长组织组员到××线路实训场地进行实地查勘，收集相关的技术资料，了解线路运行的环境特征 （5）编制的《110kV××架空输电线路新设备管理制度》科学、合理，考虑问题全面，具有可操作性 （6）各小组进行客观评价，完成评价表	
注意事项	（1）每位组员应阅读教材上相关知识部分，有不懂之处及时咨询指导老师 （2）组员之间应相互督促，完成本次学习任务 （3）现场勘察，收集资料，应注意保证人身安全，严禁打闹嬉戏 （4）发现异常情况，及时与指导老师联系 （5）安全文明作业	
成果评价	自评：	
	互评：	
	师评：	
小组长签字		组员签字

日期：　　　年　　月　　日

📖【相关知识】

线路运行技术管理就是指计划管理、缺陷管理、新设备管理和技术资料管理等。输电线路的安全运行情况与其运行技术管理紧密相连，做好运行技术管理工作是安全运行的基础。

一、计划管理

输电线路的计划管理是对线路运行管理过程实行全面综合管理的一种科学方法，是确保线路安全运行，降低设备事故率的一项有效的管理方法。

1. 计划管理的目的

输电线路计划管理的目的是为了使运行人员能按月度完成线路巡视、检测和反措计划，掌握线路各部件运行情况及沿线情况，及时发现设备缺陷和威胁线路安全运行的情况。

2. 计划工作的内容

输电线路计划工作的内容主要是围绕线路安全运行而开展的工作，包括巡视、检测、消缺、大修和反措等。计划管理的重点内容（如状态巡视计划、预防事故措施计划、大修计划等）需根据上一年度的设备评估、设备的实际健康状况及周期试验等内容，制定下一年度的总体设备运维计划。为此需结合设备情况和季节特点，制定年度、季度和月度工作计划，以指导运行工作，编制带电作业程序，针对缺陷填报周、日缺陷处理计划。

（1）年度计划内容。

1）主要是结合设备运行的季节性特点，制订不同季节的反事故措施计划，并制订出执行反事故措施时间，减少设备的事故发生，确保设备的安全运行。

2）结合设备预防性检查试验周期，制定检查试验计划。

3）结合设备情况，制订年度大修、设备更改计划。

4）结合工作人员情况、设备运行状况，制定年度培训计划。

5）结合全年工作情况，做好年度工作总结和设备运行分析。

（2）季度计划内容。

1）季度计划主要是依据年度计划，结合季节性特点及设备运行状态编制季度工作。

2）季度计划必须结合季节性事故特点，制定完成年度反事故措施计划。

3）每季末应总结本季度各项工作完成情况，并对设备运行进行分析。

（3）月度计划内容。

1）月度计划就是具体的执行计划，必须制定详细，并有具体实施时间。

2）月度的设备巡视计划（一般应安排在每月上中旬），结合设备情况、季节情况安排细巡或重点巡视。

3）月度的缺陷消除计划（一般应安排在中下旬），主要消除遗留缺陷，同时对当月的部分缺陷也可结合安排。

4）月度计划安排还应结合年度、季度计划，安排反措施计划和预防性检查试验工作。

5）每月末应做好当月工作总结，并对设备运行状况进行分析，提出下月的工作计划。

6）缺陷处理临时计划根据单位带电作业装备和人员情况，及时处理带电部分的缺陷。

3. 如何编写计划

（1）设备运行管理计划的编制，主要就是对设备巡视、缺陷消除、反措执行和预防性检查试验做出合理安排。

（2）计划名称（即标题）。对于运行管理，主要以运行班站的工作为主，包括巡视、消缺、预防性检查试验三方面。

（3）计划正文。计划正文是计划的主体，它包括为什么要制订该计划，计划要完成哪些任务，如何去做，具体措施，达到什么目的，完成时间等。正文一般可分为以下三部分：

1）前言。简要叙述计划的目的和依据。

2）内容。陈述计划要完成的任务、达到的质量标准和要求，对计划内容要按主次分条叙述清楚。

3）实施计划措施。必须写清人员配备、时间安排等，具体措施必须明确，必要时应召集工作人员开会讨论。

4）日期。一般写在正文最后一行的右下方（也可按各电力公司要求加入编、审、批等）。

二、缺陷管理

加强设备缺陷管理，制定设备缺陷管理细则，其目的是对巡视发现的设备缺陷进行分类排列，以便有计划地对不同类型、不同严重程度的缺陷进行及时消除，保持设备健康水平，从而确保线路的安全运行。

1. 线路缺陷的分类

线路缺陷分为线路本体缺陷、附属设施缺陷和外部隐患三大类，各自含义如下。

（1）线路本体缺陷。线路本体缺陷是指组成线路本体的全部构件、附件及零部件，包括基础、杆塔、导地线、绝缘子、金具、接地装置、拉线等发生的缺陷。

（2）附属设施缺陷。附属设施缺陷是指附加在线路本体上的线路标识、安全标志牌及各种技术监测及具有特殊用途的设备（例如：雷电测试、绝缘子在线监测设备、外加防雷、防鸟装置等）发生的缺陷。

（3）外部隐患。外部隐患是指外部环境变化对线路的安全运行已构成某种潜在性威胁的情况，如在保护区内违章建房、种植树（竹）、堆物、取土以及各种施工作业等。

2. 缺陷级别

线路的各类缺陷按其严重程度，分为三个级别：

（1）危急缺陷。危急缺陷指缺陷情况已危及线路安全运行，随时可能导致线路发生事故。此类缺陷必须尽快消除或临时采取确保线路安全的技术措施进行处理，随后消除。如导线损伤面积超过总面积的 25%、复合绝缘子芯棒受损、杆塔基础被洪水冲坏等。

（2）严重缺陷。严重缺陷指缺陷情况对线路安全运行已构成严重威胁，短期内线路尚可维持安全运行，情况虽危险，但紧急程度较上类缺陷次之的一类缺陷。此类缺陷应在短时间内消除，消除前需加强监视。如铁塔倾斜超过 1%、预应力电杆纵向及横向裂纹超过规程规定等。

（3）一般缺陷。一般缺陷指缺陷情况对线路的安全运行威胁较小，在一定期间内不影响线路安全运行的一类缺陷。此类缺陷应列入年度、季度检修计划中加以消除。

3. 线路缺陷的管理

线路缺陷的发现途径主要来源于四个方面，即巡线人员发现的缺陷、检修人员在杆塔上作业时发现的缺陷（个别部件在杆塔下不易发现）、预防性检查试验中发现的缺陷（绝缘子检测、接地电阻摇测等）和其他人员发现的缺陷。

（1）上报缺陷。

1）巡线人员在巡视中发现的缺陷，应详细记录在巡视任务单中，并对缺陷进行分类定性。对于巡视中发现的一般缺陷，可在月末生产会上向班站汇报；对于重大和危急缺陷，应及时向运行班站和线路工区有关领导汇报，相关领导及专责人员应亲临现场鉴定，并采取相应措施，防止事故发生。对于巡视发现的缺陷，应及时登录到计算机。

严重缺陷一经发现，应于当天报告给送电（线路）工区或供电公司、超高压输（变）电公司（局）生产主管部门，送电（线路）工区应立即组织技术人员到现场进行鉴定，如确属"严重缺陷"，应立即安排处理并报上级生产主管部门；供电公司、超高压输（变）电公司（局），只要认定是"严重缺陷"，应立即安排处理不必再行上报。

危急缺陷一经发现，应立即报本单位生产主管部门和上级生产管理部门，分析、鉴定确认是危急缺陷后，应确定处理方案或采取临时安全技术措施，送电（线路）工区应立即实施并进行处理。供电公司、超高压输（变）电公司（局）的生产主管部门，除安排危急缺陷处理的同时，也应报所属区域电网、省（自治区、直辖市）电力有限公司生产管理部门并接受其指示。

2）检修人员在杆塔上检修时发现的一般缺陷可在检修时消除，发现的重大、危急缺陷应及时向检修班长和相关领导汇报，由相关领导确定处理意见。检修人员所发现的缺陷，不论是否消除，均应认真填写检修回单，通知运行班站，同时将缺陷登录到计算机。

3）对于预防性检查试验发现的缺陷，检测人员应认真填写检测回单，通知运行班站，同时将缺陷登录到计算机。

4）对于其他人发现的缺陷，接收汇报人应及时通知相关班站或有关领导，相关班站应及时到现场进行缺陷等级的判别并加以落实，对重大或紧急缺陷应及时向分管领导汇报，并将缺陷登录到计算机。

（2）缺陷审核和审批。

1）线路工区生产技术缺陷管理专职应对生产管理系统 MIS 系统中上报的缺陷（可根据缺陷描述、缺陷图片）进行认真审核。对于一般的运行类缺陷，直接分配运行班组进行消缺处理，对于检修类缺陷则提交检修专职安排。

2）线路工区生产技术检修专职在线路缺陷处理前应及时通知缺陷管理专职，了解线路缺陷状况，缺陷管理专职在生产管理系统中对应处理的缺陷进行审批，并填写相应的缺陷单传递给检修专职。

（3）消除缺陷。

1）对于设备上发现的缺陷，应按不同缺陷类别，安排运行班站、检修班组按计划进行消除。

2）一般缺陷的处理应结合缺陷情况，由运行班站和检修班按计划进行处理。

对于一般轻微缺陷（如地面上补加脚钉、螺丝、螺帽等），通道内交叉跨越、树木（不合格跨越、线下树木联系）问题，可在月度巡视计划中安排巡线人员进行处理。

对于一般缺陷（如塔上补加塔材、补加接地、地面接地连接等），通道内砍伐超高、线下树木，可由运行班站在月度消缺计划中安排处理。

对于一般性杆塔上缺陷，按线路工区生产计划安排检修班进行处理，带电部分的缺陷安排带电作业班在良好天气下及时处理。

3）对于重大缺陷，应由线路工区安排检修班或运行班站临时采取安全措施，然后制定完善的方案，再结合停电或带电进行处理，处理期限一般不超过一周（最多一个月），缺陷未消除前，必须加强监视巡查。

4）危急缺陷应申请临时检修，由检修班及时进行处理，处理期限通常不应超过 24h。

所有缺陷消除后，应由消除班站登录到计算机进行缺陷消除，相关运行班站应核实缺陷记录是否消除，实行闭环管理。

（4）缺陷消除后的验收。

1）设备上一般缺陷消除后，运行班站应在一个定期巡视周期内进行检查，检查缺陷消除是否按规范要求标准进行处理，并将巡视结果向班站汇报。

2）重大缺陷处理应结合现场检修进行，应边检修边验收。

3）危急缺陷处理应结合现场检修进行，应边检修边验收。

（5）缺陷管理流程如图 3-1 所示。

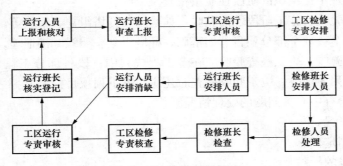

图 3-1　缺陷管理流程图

三、新设备管理

新设备投运前，线路运行单位应必须先组织管理班站熟悉线路设计施工图纸，熟悉设计的技术标准、施工要求，便于对新线路设备的验收、资料验收和线路管理。

1. 施工资料移交和验收

（1）工程竣工后，线路运行单位应先验收施工单位移交的各种资料：

1）设计变更通知单。

2）原设备、材料出厂质量合格证及出厂试验报告。

3）代用材料清单。

4）工程试验报告及记录。

5）未按设计施工的各项明细表及附图。

6）施工缺陷明细表及附图。

（2）工程竣工后，施工单位应将各种施工记录移交运行单位：

1）隐蔽工程验收检查记录。

2）杆塔挠度和偏移测量记录。

3）架设工程施工记录。

4）导地线接头和修补位置及数量记录。

5）引流线弛度及对杆塔各部分的电气间隙记录。

6）线路对跨越物距离及对建筑物接近距离的检查记录。

7）接地电阻测量记录。

8）混凝土块强度耐压试验记录。

9）交叉跨越检查记录。

10）线路杆塔位复测记录和分坑记录。

11）线路通道障碍物清理情况及青苗赔偿等记录。

2. 设备验收

在施工单位自检的基础上，线路工程验收应按以下步骤进行：

（1）对施工中的隐蔽工程进行验收，检查是否达到设计要求且符合施工工艺规定。隐蔽工程是指竣工后无法目视检查的工程项目，应在隐蔽前进行检查。隐蔽工程的验收一般由建设单位代表（即甲方驻工地代表）、监理进行施工现场验收。运行单位可选派熟悉输电线路设计、施工及验收规范，并掌握线路工程质量检测方法的人员作为运行单位代表，参与有关建设管理部门或监理单位组织的阶段性质量检查及验收。

（2）中间检查验收或施工阶段性的验收，如基础、杆塔组立、架线等。中间检查验收是在施工单位完成一个或数个部分项目（如基础、杆塔组立、架线、接地埋设等）后进行。

（3）竣工检查验收。竣工检查验收应在全工程或其中一段各部分工程全部结束后进行。除中间验收检查所列各项外，竣工验收检查时还应检查下列项目：

1）中间验收检查中有关问题的处理情况。

2）障碍物的情况。

3）杆塔上的固定标志。

4）临时接地线的拆除。

5）各项记录。

6）遗留未完成的项目。

3. 新设备运行管理

（1）各级线路生产管理部门及有关运行单位，应按照 GB 50233—2014《110～750kV 架空输电线路施工及验收规范》和 DL/T 782—2001《110kV 及以上送变电工程启动及竣工验收规程》的规定，对新建工程做好中间验收、竣工验收和启动投运工作。对不符合设计、施工及验收规范或不满足线路安全运行要求的不合格工程项目，应限期整改；整改后仍不合格者，有关运行单位可暂不接收，直至整改合格。

（2）运行单位应参加线路工程竣工验收会议，根据竣工验收实际情况和存在问题，提出需要整改的意见或建议，竣工验收会议应将其记入会议纪要中。

（3）在新线路投运后一年的试运行期间，线路运行单位应加强巡视、检测，对发现的问题应协同设计、施工单位认真分析，各负其责，积极处理。

四、输电线路的评级管理

输电线路评级是掌握和分析设备状况，加强设备管理，有计划地提高线路健康水平的有效措施。通过输电线路评级可以及时发现线路存在的问题并及时进行处理，使其保持健康完好的状态，实现安全、经济、稳定运行的目的。

1. 输电线路评级的原则

输电线路评级应根据设备实际运行状况，按输电线路评级标准的要求并结合运行经验进行，在具体评定一个设备单元的级别时，应综合衡量线路组件的运行状况，以线路单元总体的健康水平为准。

2. 输电线路评级的分类和单元划分

（1）输电线路评级的分类。按其健康状况分为一类、二类和三类，其中一、二类线路为完好线路，三类线路为不良线路。不同电压等级输电线路的完好率，指同一电压等级输电线路中完好线路占参评输电线路的百分数。

（2）输电线路评级以条为单位，支线或 T 接线路应包括在一条线路中；同杆架设的双、多回线路，以每回线路为一个单元；共用一只出线开关的所有回路，按一个单元统计。

（3）每个单元的构成包括基础、杆塔、导地线、绝缘子、金具、防雷与接地装置（含线路避雷器、耦合地线、可控避雷针等）、拉线以及线路标示、安全标志牌等材料（设备），此外，还应包括金属构件表面防腐层的实效性。

线路投入运行后安装的防鸟设施以及各种监测装置，不在此限。

3. 输电线路评级办法

输电线路评级工作每半年进行一次，由各供电公司、超高压输（变）电公司组织有关人员进行。

4. 输电线路评级标准

（1）一级线路。一级线路指线路技术性能良好，能保证线路长期安全经济运行的线路。

1）杆塔及基础。

a. 杆塔结构完好，塔材仅有轻微锈蚀，杆塔主材无弯曲、断裂现象，塔材各部件连接牢固，螺栓齐全，塔身倾斜不超过 1.0%（50m 及以上高塔不超过 0.5%）。杆塔基础牢固，防洪设施完好。

b. 钢筋混凝土杆钢筋无腐蚀、露筋，表面无空洞、酥松等现象，预应力杆无裂纹，非预应力杆裂纹宽度不超过 0.2mm。

2）导地线。

a. 导地线无金钩、松股、烧伤缺陷，断股处理符合规程要求，接头良好，有防振措施。

b. 导地线弛度符合 DL/T 741—2019 要求，交叉跨越及各部空气间隙符合有关规程要求，地线仅有轻微锈蚀。

3）绝缘子和金具。

a. 瓷绝缘子表面无裂纹、击穿、烧伤痕迹；复合绝缘子憎水性在 C2 级以上，铁件完好无裂纹，锌层仅轻微脱落和锈蚀；绝缘子串连接可靠，整串偏移不超过规定值，线路外绝缘有效泄漏比距在雾季来临前满足电网污秽等级要求。

b. 线路各部金具齐全、安装可靠、强度符合要求，防振锤安装可靠，各部销钉完好，无代用品。

4）防雷、接地装置和拉线。

a. 防雷设施安装符合设计要求。各部空气间隙、绝缘配合、架空地线保护角、绝缘地线放电间隙均符合有关规程要求。接地装置完好，接地电阻值合格。

b. 拉线装置完备，无松动、松股、断股现象。锚具、螺帽齐全，拉线和拉线棒仅有轻微锈蚀，拉线基础无下沉、塌方、缺土现象。

5）其他。线路防护区、巡线通道均符合有关法律、法规、规程要求，线路标识及各种安全标志牌齐全。巡视、测试、检修工作均能按周期进行，运行、检修、试验等资料和记录齐全，且与现场实际情况相符。

（2）二级线路。

二级线路指技术性能基本良好，个别构件、零部件虽存在一般缺陷，但可以保证在一定期限内安全经济运行的线路。

1）杆塔及基础。

a. 杆塔结构完整，塔材略有锈蚀，杆塔主材无断裂、明显弯曲现象，螺栓齐全，个别螺栓可有松动现象。塔身倾斜不超过 1.0%（50m 及以上高塔不超过 0.5%），杆塔基础牢固、完好，防洪设施完好。

b. 钢筋混凝土杆线路虽个别电杆的运行状况不完全满足 DL/T 741—2019 要求，但尚能保证安全运行。

2）导地线。

a. 导地线无金钩、松股、烧伤等缺陷，断股已做好处理，接头无裂纹、鼓包、烧伤痕迹，有防振措施。

b. 导地线弛度基本符合 DL/T 741—2019 要求，交叉跨越及各部空气间隙基本符合有关规程要求，不影响线路安全运行，地线可有一般锈蚀。

3）绝缘子和金具。

a. 瓷绝缘子表面无裂纹、击穿，铁件完好无裂纹，仅有轻微锈蚀，复合绝缘子憎水性在 C3 级以上，绝缘子串连接可靠，整串偏移不超过规定值，线路外绝缘有效泄漏比距在雾季来临前满足电网污秽等级要求。

个别绝缘子有烧伤破损现象，但不影响安全运行，瓷绝缘子虽有零值和玻璃绝缘子有自爆，但不超过有关规程规定，瓷质劣化绝缘予应及时更换。

b. 线路各部金具齐全，安装可靠，强度符合要求，防振锤安装可靠。

4）防雷、接地装置和拉线。

a. 防雷设施齐全，基本符合设计要求。各部空气间隙、绝缘配合、架空地线保护角、绝缘地线放电间隙基本符合有关规程要求，接地装置基本完好，接地电阻值基本合格。

b. 拉线装置完备，基本无松股、断股现象。锚具螺帽齐全，拉线和拉线棒虽有一般锈蚀，但强度满足要求，拉线基础无明显下沉、塌方、缺土现象。

5）其他。线路防护区、巡线通道均符合规程要求，线路标识及安全标志牌基本齐全。巡视、测试、检修工作均能按周期进行，运行、检修、试验等主要资料齐全，且与现场实际相符。

（3）三级线路。

三级线路指线路的技术性能不能达到一、二级线路标准要求或主要设备有重大缺陷，已影响到安全经济运行的线路。

5. 输电线路等级评级

根据输电线路评级的结果，综合衡量线路组件（设备）的状况，评定输电线路等级。有针对性地提出输电线路升级方案和确定下一年度大修、技术改进项目。

五、技术资料管理

（1）技术资料管理的目的。技术资料管理是安全运行的基础。输电线路安全运行情况好坏与日常的技术管理工作有直接关系。只有加强技术管理工作，才能不断地总结经验教训，贯彻"预防为主"的方针，提高设备的安全运行水平。

（2）技术资料管理要求。运行单位必须建立、积累与生产运行有关的技术档案（信息资料），并应符合如下要求：

1）保持完整、准确，并与现场实际相符合。

2）保持连续性且具有历史追溯性。

3）保持有专人负责原始资料汇总、同类资料统计、资料储存与检索。

4）及时搜集大修、更改、新建投产线路的全部资料并及时充实到原始资料中去。

（3）各种规程、技术资料。

1）中华人民共和国主席令第 60 号《中华人民共和国电力法》。

2）中华人民共和国国务院令第 239 号《电力设施保护条例》。

3）中华人民共和国国家经济贸易委员会/中华人民共和国公安部第 8 号《电力设施保护条例实施细则》。

4）《中华人民共和国国务院电网调度管理条例》。

5）电力工业部生 ［1996］374 号《电业生产人员培训制度》。

6）电力工业部第 3 号令《电网调度管理条例实施办法》。

7）水利电力部生字《带电作业技术管理制度》。

8）国家电网生 ［2006］935 号《架空输电线路管理规范（试行）》。

9）GB 50233—2014《110～750kV 架空输电线路施工及验收规范》。

10）DL 409—1991《电业安全工作规程（电力线路部分）》。

11）DL/T 782—2001《110kV 及以上送变电工程启动及竣工验收规程》。

12）DL/T 741—2019《架空输电线路运行规程》。

13）DL/T 5092—1999《110～500kV 架空送电线路设计技术规程》。

14）DL/T 620—1997《交流电气装置的过电压保护和绝缘配合》。

15）DL/T 887—2004《杆塔工频接地电阻测量》。

16）国家电网公司《电网调度管理规程》。

17）浙江省电力公司《架空送电线路状态维修技术规范》。

（4）设计、施工技术资料。

1）批准的设计文件和图纸。

2）路径批准文件和沿线征用土地协议。

3）与沿线有关单位订立的协议、合同（包括青苗、树木、竹林赔偿，交叉跨越，房屋拆迁等协议）。

4）施工单位移交的资料和施工记录：

① 符合实际的竣工图（包括杆塔明细表及施工图）。

② 设计变更通知单。

③ 原材料和器材出厂质量的合格证明或检验记录。

④ 代用材料清单。

⑤ 工程试验报告或记录。

⑥ 未按原设计施工的各项明细表及附图。

⑦ 施工缺陷处理明细表及附图。

⑧ 隐蔽工程检查验收记录。

⑨ 杆塔偏移及挠度记录。

⑩ 架线弧垂记录。

⑪ 导线、避雷线的连接器和补修管位置及数量记录。

⑫ 跳线弧垂及对杆塔各部的电气间隙记录。

⑬ 线路对跨越物的距离及对建筑物的接近距离记录。

⑭ 征（占）用地、交叉跨越、砍伐树木、通航河道桅杆高要求等同牵涉到单位、部门的协议书（复印件）。

⑮ 接地电阻测量记录。

（5）输电线路运行技术资料。

1）线路技术参数（即线路概况一览表）。

2）线路基本情况（杆塔明细）。

3）线路主要参数变更记录。

4）线路污秽情况记录表。

5）保护间隙变化及调整记录。

6）交叉跨越情况记录。

7）工程竣工验收交接情况。

8）线路检修记录。

9）线路故障跳闸记录。

10）接地电阻测量记录。

11）设备重大缺陷记录。

（6）各种记录。

1）运行工作日志。

2）运行分析记录。

3）缺陷记录。

4）绝缘保安工具检测记录。

5）登高起重工具试验记录。

6）安全活动记录。

7）杆塔倾斜测量记录。

8）混凝土杆裂缝检测记录。

9）绝缘子检测记录。

10）导线连接器测试记录。

11）导线、地线震动测试和断股检查记录。

12）导线弧垂、限距和交叉跨越测量记录。

13）钢绞线及地埋金属部件锈蚀检查记录。

14）接地电阻检测记录。

15）绝缘子附盐密值测量记录。

16）导线、地线覆冰、舞动观测记录。

17）雷电观测记录。

18）防洪点检查记录。

19）培训记录。

20）线路跳闸、事故及异常运行记录。

21）电力设施保护条例安全隐患告知书及安全协议。

【任务实施】

编制 110kV××输配电线路新设备技术管理制度

一、工作前准备

1. 课前预习相关知识部分，结合工作任务要求，借阅架空线路缺陷管理制度、线路设备维护管理制度等。

2. 了解国家电网公司架空线路新设备技术管理标准及要求。

二、操作步骤

1. 小组长组织组员到现场实地勘察，收集资料及相关信息。

2. 小组长组织组员对收集的资料及相关资讯进行分析讨论，初步拟定编制线路新设备技术管理制度的框架。

3. 以小组为单位组织编制《××线路实训场 110kV××输配电线路新设备技术管理制度》。

4. 任务完成后，小组长组织小组学习委员和副组长进行审核，提出修改意见后进行修改。

5. 形成小组的定稿后，小组长进行工作点评，并记录。

6. 以小组为单位向指导老师汇报任务完成情况，并将小组编制的 110kV××输配电线路新设备技术管理制度和小组的点评记录单交指导老师。

三、评价标准

根据表 3-7 对任务完成情况做出评价。

表 3-7   评 分 标 准

项　目	考核标准	配　分	扣　分	得　分
小组合作	（1）小组计划详细周密 （2）小组成员团结协作、分工恰当、积极参与 （3）能够发现问题并及时解决 （4）学习态度端正、配合默契	15		
准备工作	（1）有关××线路实训场 110kV××输配电线路新设备情况清楚 （2）收集××线路实训场 110kV××输配电线路新设备技术资料齐全 （3）××线路实训场 110kV××输配电线路现场勘查信息认真记录 （4）有关线路缺陷管理制度、线路运行管理制度资讯收集齐全	25		
线路新设备管理制度	（1）编制的线路新设备管理制度内容全面、条理清晰、用词专业标准 （2）编制的技术管理制度体现了科学性、合理性、实用性和可操作性 （3）编制的技术管理制度格式规范、语句通顺、字体大小合适、无错别字	35		
总结汇报	（1）汇报时能使用专业的名词术语，并辅以示图 （2）能提供线路新设备相应的图片、照片及相关技术数据 （3）汇报时姿态自然大方，口齿清晰，语言流畅，声音洪亮	15		
安全文明	（1）能遵守实训场地的规章制度 （2）能爱护实习设施设备，不人为损坏仪器设备和元器件 （3）保持环境整洁，秩序井然，操作习惯良好	10		

【巩固与练习】

简答题

1. 运行单位应有哪些标准、规程和规定？

2. 线路缺陷是如何分类的？

3. 运行单位应有哪些生产技术资料？

4. 线路设计、施工技术资料包括哪些方面？

5. 计划管理的目的是什么？

6. 架空线路评级的意义是什么？

项目四

架空输配电线路停电检修

【项目导航】

当你作为新员工进入某供电公司线路检修班组工作时，班长安排你和其他员工一起开展架空输配电线路停电检修工作，你知道架空输配电线路检修项目有哪些吗？线路一端连接着电源，一端连着用户，你知道在实施线路停电检修的过程中如何保证人身和被检修线路设备的安全吗？线路运行技术管理一直贯彻的是"预防为主"的方针，线路检修坚持的是"应修必修，修必修好"的原则，你知道如何采取有效的技术管理手段实时监视线路的运行状态，控制好不正常的线路运行状态，预防线路事故发生吗？以上这些是输配电线路专业从业人员的日常工作内容，也是在本项目中要学习的专业知识和要完成的学习任务。

【项目目标】

知识目标

1. 掌握停电检修的组织措施、安全措施及技术措施具体内容。
2. 熟悉国家电网公司输配电线路停电检修的标准化作业流程及方法要求。
3. 掌握线路检修的工器具使用方法及保养。
4. 熟悉输配电线路停电检修的工艺要求及验收标准。

能力目标

1. 能按国家电网公司要求编制标准化作业指导书。
2. 能根据检修项目的要求组织好人员分工。
3. 能正确分析作业过程中存在的危险点并采取有效的安全防范措施。
4. 能对检修工艺要求及检修质量把关。

素质目标

1. 能主动学习，在完成任务过程中发现问题，能把握问题本质，具有分析问题及解决问题的能力。
2. 具有安全意识，善于沟通，能围绕主题讨论、准确表达观点。学会查找有用资料，书面表达规范清晰。

【项目要求】

本项目要求学生完成六个学习任务。通过六个学习任务的完成，使学生进一步熟悉架空线路的运行要求，掌握架空输配电线路检修的基本要求，熟悉常见的架空输配电线路停电检修的项目和验收要求，培养学生能按国家电网公司标准化作业要求正确使用工器具实施线路停电检修、保证检修安全及质量的职业工作能力。

【项目计划】

项目计划参见表 4-1。

表 4-1   项 目 计 划

序号	项目内容	负责人	实施要求	完成时间
1	任务 1：停电登杆检查及清扫绝缘子	各小组长	（1）研讨任务，制定工作计划 （2）各小组成员明确分工，确定岗位工作任务要求 （3）编写的《停电登杆检查及清扫绝缘子作业指导书》规范，满足国家电网公司要求 （4）工器具材料准备正确、数量充足，经试验合格 （5）操作工艺标准清楚，规范 （6）作业危险点分析正确，安全措施到位 （7）各小组进行客观评价，完成评价表	8 课时
2	任务 2：停电更换防振锤	各小组长	（1）研讨任务，制定工作计划 （2）各小组成员明确分工，确定岗位工作任务要求 （3）编写的《××线路停电更换防震锤作业指导书》规范，满足国家电网公司要求 （4）工器具材料准备正确、数量充足，经试验合格 （5）操作工艺标准清楚，规范 （6）作业危险点分析正确，安全措施到位 （7）各小组进行客观评价，完成评价表	8 课时
3	任务 3：停电更换绝缘子	各小组长	（1）研讨任务，制定工作计划 （2）各小组成员明确分工，确定岗位工作任务要求 （3）编写的《××线路停电更换绝缘子作业指导书》规范，满足国家电网公司要求 （4）工器具材料准备正确、数量充足，经试验合格 （5）操作工艺标准清楚，规范 （6）作业危险点分析正确，安全措施到位 （7）各小组进行客观评价，完成评价表	8 课时
4	任务 4：停电更换拉线	各小组长	（1）研讨任务，制定工作计划 （2）各小组成员明确分工，确定岗位工作任务要求 （3）编写的《××线路停电更换拉线作业指导书》规范，满足国家电网公司要求 （4）工器具材料准备正确、数量充足，经试验合格 （5）操作工艺标准清楚，规范 （6）作业危险点分析正确，安全措施到位 （7）各小组进行客观评价，完成评价表	8 课时
5	任务 5：停电更换横担	各小组长	（1）研讨任务，制定工作计划 （2）各小组成员明确分工，确定岗位工作任务要求 （3）编写的《××线路停电更换横担作业指导书》规范，满足国家电网公司要求 （4）工器具材料准备正确、数量充足，经试验合格 （5）操作工艺标准清楚，规范 （6）作业危险点分析正确，安全措施到位 （7）各小组进行客观评价，完成评价表	8 课时

续表

序号	项目内容	负责人	实施要求	完成时间
6	任务6：停电更换杆上配电设备	各小组长	(1) 研讨任务，制定工作计划 (2) 各小组成员明确分工，确定岗位工作任务要求 (3) 编写的《××线路停电更换杆上配电设备作业指导书》规范，满足国家电网公司要求 (4) 工器具材料准备正确、数量充足，经试验合格 (5) 操作工艺标准清楚，规范 (6) 作业危险点分析正确，安全措施到位 (7) 各小组进行客观评价，完成评价表	8课时
7	任务评估	教师		

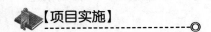

【项目实施】

任务 1　停电登杆检查及清扫绝缘子

【布置任务】

任务书见表4-2。

表 4-2　　　　　　　　　　　　任　务　书

任务名称	110kV××线路停电登杆检查及清扫绝缘子
任务描述	××线路实训场地有一条架设多年的110kV××架空输电线路，由于架设在室外，受自然环境影响，需要立即对这条线路实施停电登杆检修及清扫绝缘子。××年××月××日，按照国家电网公司标准化作业要求，对实训场地该110kV××架空输电线路进行停电登杆检测并清扫绝缘子，由老师提供作业指导书模板，学生接到命令后6h内完成任务
任务要求	(1) 各小组接受工作任务后讨论并制定工作计划 (2) 阅读教材上相关知识部分 (3) 搜集整理生产现场资料，学习架空输配电线路停电检修导则及相关的检修工艺要求及验收规范 (4) 各小组长组织组员到线路实训场地查勘 (5) 各小组长安排组员填写线路第一种工作票，编写《110kV××架空输电线路停电登杆检查并清扫绝缘子作业指导书》并组织人员审核 (6) 标准化作业流程正确，工作质量良好，安全措施周全 (7) 各小组进行客观评价，完成评价表
注意事项	(1) 每位组员应阅读教材上相关知识部分，有不懂之处及时咨询指导老师 (2) 组员之间应相互督促，相互提醒，保证安全 (3) 现场操作，应注意保证人身安全，严禁打闹嬉戏 (4) 发现异常情况，及时与指导老师联系 (5) 安全文明作业
成果评价	自评： 互评： 师评
小组长签字	组员签字

日期：　　年　　月　　日

【相关知识】

1. 工作内容

停电登杆检查，可将地面巡视难以发现的缺陷进行检修及消除，从而达到安全运行的目的。停电登杆检查应与清扫绝缘子同时进行，对一般线路每两年至少进行一次，对重要线路每年至少进行一次，对污秽线路段按其污秽程度及性质可适当增加停电登杆检查清扫的次数。绝缘子、金具的检查项目如下：

(1) 各连接金属销有无脱落、锈蚀，钢帽、钢脚有无偏斜、裂纹、变形或锈蚀现象。

(2) 瓷质（玻璃、瓷棒）绝缘子有无闪络、裂纹、灼伤、破损等痕迹。

(3) 复合绝缘子有无伞裙损伤、端部密封不良等情况。

(4) 金具应无变形、锈蚀、松动、开焊、裂纹，连接处应转动灵活。

(5) 各种金具的销子应齐全、完好。

2. 危险点分析和控制措施

停电登杆检查清扫危险点有高处坠落、物体打击（落物伤人）、触电等，其控制措施有以下几个方面：

(1) 防高处坠落措施。

1) 上杆塔作业前，应先检查杆根、拉线和基础是否牢固。登杆塔前，应先检查安全带、脚扣、脚钉、爬梯、防坠装置等是否完整牢靠。严禁利用绳索、拉线上下杆塔或顺杆下滑。

2) 上横担进行工作前，应检查横担连接是否牢固及腐蚀情况。在杆塔上作业时，应使用有后备绳或速差自锁器的双保险安全带，安全带和保护绳应分挂在杆塔不同部位的牢固构件上，应防止安全带从杆顶脱出或被锋利物损坏。人员在转位时，手扶的构件应牢固，应正确使用双保险安全带，且不得失去安全带的保护。

(2) 防止物体打击措施。

1) 现场工作人员必须正确佩戴好安全帽。

2) 高处作业应使用工具袋，较大的工器具应固定在牢固的构件上，不准随便乱放。上下传递物件应用绳索拴牢传递，严禁上下抛掷。

3) 在高处作业现场，工作人员不得站在作业处的垂直下方，高处落物区不得有无关人员通行或逗留。在行人道口或人口密集区从事高处作业，工作点下方应设围栏或其他保护措施。

(3) 防止触电措施。

1) 认真核对线路名称及标志色标，防止发生误登触电（两平行线路相互靠近，一回停电一回带电）。

2) 设专人监护，监护人不得从事其他工作（两平行线路相互靠近，在无人监护单人作业时会发生误登触电）。

3) 严格执行停电、验电、装设接地线、使用个人保安线制度（分支线路不验电、挂地线会发生反送电）。

3. 工作前准备工作

(1) 作业方式及作业条件。线路停电清扫绝缘子及登杆检查作业应在晴好的天气下进行。风力大于6级，雷、雨、雪、雾等恶劣天气时，严禁上杆作业。

(2) 作业所需工器具及材料。

1) 工器具：接地线、绝缘手套、验电器、绝缘操作杆、安全带、个人工具、个人保安接地线等工具。

2）材料：抹布、洗涤液、水桶、弹簧销、销针（闭口销）等材料。

❀ 【任务实施】

110kV××线路停电登杆检查及清扫绝缘子

一、工作前准备

1. 课前预习相关知识部分。

2. 将班上学生分成 4 人一组，选出小组长。

二、操作步骤

1. 小组长组织班前会议，进行任务分工，落实工作负责人（监护人）、作业人员人选。

2. 小组长安排人员负责，到现场检查实训场地 110kV××架空输电线路的相关情况，并核对线路双重名称及杆塔号，找出作业时的危险点并提出相应的预防措施。

3. 办理线路停电检修工作票并经指导老师许可。

4. 以小组为单位编写作业指导书，经指导老师审核同意后方可开始工作。

5. 小组长安排组员准备所需工器具及材料，并经检查合格。

6. 作业人员核对线路名称、杆塔号、标志色标与停电线路相符后方可登杆验电，验明无电后挂好接地线，监护人在现场监护。

7. 作业人员清扫绝缘子时按照由横担侧向线夹侧进行，首先用湿抹布沾洗涤液进行清扫，然后用干净的干毛巾擦净残留物。

8. 清扫绝缘子时，检查绝缘子瓷裙、瓷釉、钢帽、钢脚、灌注水泥和弹簧销子是否良好，检查防振锤及线夹口处导线断股情况，杆塔上绝缘子清扫干净，并且检查线路设备无缺陷后下杆塔，结束杆上绝缘子检查清扫任务。

9. 作业人员拆除接地线。

10. 做好收尾工作，检查防盗措施是否到位，整理工器具，清理场地。

11. 作业人员完成工作任务后，向工作负责人汇报，工作负责人现场点评各小组成员在完成本次任务中的表现、取得的成绩，指出不足，与小组副组长、学习委员商议，给小组每位成员评出合理的分数。

12. 小组长将工作票、作业指导书、点评记录、小组工作总结及小组成员成绩单交给指导老师。

三、评价标准

根据表 4-3 对任务完成情况做出评价。

表 4-3　　　　　　　　　评　分　标　准

项　目	考核标准	配　分	扣　分	得　分
小组合作	（1）小组计划详细周密 （2）小组成员团结协作、分工恰当、积极参与 （3）能够发现问题并及时解决 （4）学习态度端正、配合默契	20		

续表

项　目	考核标准	配分	扣分	得　分
110kV××线路 停电登杆检查 及清扫绝缘子	（1）工器具、材料准备合格、充足 （2）工作票填写正确规范，能按电力安全工作规程履行工作许可制度 （3）作业指导书编写正确规范 （4）登杆、检查、清扫动作规范熟练、工器具使用正确 （5）工作过程控制好，安全措施到位，工作质量满足要求 （6）实行收工点评，能客观评价工作任务完成情况，肯定成绩，指出不足 （7）能正确履行工作终结制度	45		
资料归档	工作票、作业指导书、点评记录、小组成员成绩单交给指导老师	20		
安全文明	（1）能遵守学习任务完成过程的考核规则及相关的实习管理制度 （2）能爱护工器具，不浪费材料，不人为损坏仪器设备 （3）能保持操作环境整洁，操作秩序良好	15		

👐【巩固与练习】

简答题

1. 简述停电登杆检查清扫的原因与周期？
2. 请问线路停电检查的项目有哪些？

任务 2　停电更换防振锤

🎤【布置任务】

任务书见表 4-4。

表 4-4　　　　　　　　　　　　　任　务　书

任务名称	220kV××架空输电线路停电更换防振锤
任务描述	××线路实训场地有一条架设多年的 220kV××架空输电线路，由于架设在室外，受自然环境影响，该线路 16 号直线杆 A 相的防振锤损坏。按照国家电网公司标准化作业要求，对 220kV××架空输电线路 16 号直线杆 A 相的防振锤进行停电更换，由老师提供作业指导书模板，学生接到命令后 8h 内完成任务
任务要求	（1）各小组接受工作任务后讨论并制定工作计划 （2）阅读教材上相关知识部分 （3）搜集整理生产现场资料，学习架空输配电线路停电检修导则及相关的检修工艺要求及验收规范 （4）各小组长组织组员到线路实训场地查勘 （5）各小组长安排组员填写线路第一种工作票，编写《220kV××架空输电线路停电更换防震锤作业指导书》并组织人员审核 （6）标准化作业流程正确，工作质量良好，安全措施周全 （7）各小组进行客观评价，完成评价表

续表

注意事项	(1) 每位组员应阅读教材上相关知识部分，有不懂之处及时咨询指导老师 (2) 组员之间应相互督促，认真完成本次学习任务 (3) 现场作业，应注意保证人身安全，严禁打闹嬉戏 (4) 发现异常情况，及时与指导老师联系 (5) 安全文明作业	
成果评价	自评：	
	互评：	
	师评：	
小组长签字	组员签字	

日期： 年 月 日

📖【相关知识】

　　架空输电线路经过一段时间运行后，绝缘子和金具因种种原因会出现各种缺陷，为确保输电线路的健康水平，必须安排检修消缺。但因线路绝缘子串和金具有不同的型号和组合形式，各地域线路运行环境不同，检修习惯也不尽相同，检修作业方法较多。

　　1. 危险点分析和控制措施

　　停电更换线路金具危险点有高处坠落、触电伤害、物体打击（落物伤人）等，其控制措施有以下几方面：

　　(1) 防止高处坠落措施。

　　1) 上杆塔作业前，应先检查安全带、脚钉、爬梯、防坠装置等是否完整牢靠，严禁利用绳索下滑。

　　2) 上横担进行工作前，应检查横担连接是否牢固及腐蚀情况。在杆塔上作业时，应使用有后备绳或速差自锁器的双保险安全带，安全带和保护绳应分挂在杆塔不同部位的牢固构件上，应防止安全带从杆顶脱出或被锋利物损坏。人员在转位时，手扶的构件应牢固，应正确使用双保险安全带，不得失去安全带的保护。

　　3) 杆塔上有人时，不准调整或拆除拉线。

　　4) 在相分裂导线上工作时，安全带、绳应挂在同一根子导线上，后备保护绳应挂在整组相导线上。

　　5) 自作业开始至作业结束，安全监护人必须始终在作业现场对作业人员进行不间断的安全监护。

　　6) 作业人员应具备在本档距内独立往返走线能力，且身体现状能够进行本次作业，否则禁止出线作业。

　　(2) 防止触电伤害措施。在同塔架设双回路作业时应注意以下几方面：

　　1) 在带电导线附近所用工器具、材料应用绝缘无极绳索传递。

　　2) 登塔作业人员、绳索、工器具及材料与带电体保持相应的安全距离。

　　3) 设专人监护，监护人不得从事其他工作。

　　4) 严格执行停电、验电、装设接地线、使用个人保安线制度。

　　(3) 防止物体打击（落物伤人）措施。

　　1) 现场工作人员必须正确佩戴好安全帽。

　　2) 高处作业使用工具袋，较大的工器具应固定在牢固的构件，不准随便乱放。上下传递物件应用绳索拴牢传递，严禁上下抛掷。

　　3）在高处作业现场，工作人员不得站在作业处的垂直下方，落物区不得有无关人员通行或逗留。在行人道口或人口密集区从事高处作业，工作点下方应设围栏或其他保护措施。

　　2. 作业前准备工作

　　（1）作业方式及作业条件。停电更换线路金具，应在良好天气下进行，如遇雷电、暴雨、冰雹、大雾、沙尘暴等恶劣天气不得进行作业，风力大于 6 级时，一般不宜进行作业。

　　（2）人员组成。工作负责人 1 名，专职监护人 1 名，塔上作业人员一般 2 名，地面作业人员 2 名，共 6 人（根据工作现场实际情况可适当增减作业人员）。

　　（3）作业工器具、材料配备。

　　1）停电更换线路金具工器具，主要有接地线、验电器、活搬子、手钳、滑车、飞车、白棕绳、人身后备保护、导地线后备保护等。

　　2）主要材料为同型号各种金具。

　　3. 技术及质量关键点控制

　　（1）必须使用与原防振锤、间隔棒相同的产品，未经技术部门同意，不得随意更改。金具型号与导地线匹配。修补金具型号必须与导（地）线规格相配套，必要时应对铝股予以填充。

　　（2）安装距离必须严格按设计要求执行，防振锤安装距离偏差应在 ±30mm 以内，间隔棒应与邻相间隔棒保持一致，其偏差应在 ±500mm 以内。

　　（3）防振锤安装应与地面垂直，分裂间隔棒的结构应与导线垂直。

　　（4）安装导（地）线防振锤、间隔棒时，铝包带应紧密缠绕，其缠绕方向应与外层铝股的绞制方向一致。

　　（5）在导（地）线上的工作，必须使用合格软梯头或软梯，（双分裂导线为水平双线梯头），并要求有完好的闭锁装置。

　　（6）处理安装距离为线夹中心处 1.5m 以内的导、地线防振锤时，可考虑直接作业。

　　（7）防振锤、修补条、间隔棒在安装前必须经外观质量检查合格方能使用。

　　（8）拆除导、地线上的异物时，不得遗留任何杂物。

　　（9）杆塔或导（地）线上、下传递工器具必须使用绳索。

◢◣【任务实施】

220kV××线路停电更换防振锤

一、工作前准备

1. 课前预习相关知识部分。

2. 将班上学生分成 4 人一组，选出小组长。

二、操作步骤

1. 小组长组织班前会议，进行任务分工，落实工作负责人（监护人）、作业人员人选。

2. 小组长安排人员负责，到现场检查实训场地 220kV×× 架空输电线路的相关情况，并核对线路双重名称及杆塔号，找出作业时的危险点并提出相应的预防措施。

3. 办理线路停电检修工作票并经指导老师许可。

4. 以小组为单位编写作业指导书，经指导老师审核同意后方可开始工作。

5. 小组长安排组员准备所需工器具及材料，并经检查合格。

6. 作业人员核对线路名称、杆塔号、标志色标与停电线路相符后方可登杆验电，验电操作人员在监护人的监护下，带传递绳沿脚钉登塔到横担，将安全带系在杆塔的牢固构件上，再将传递绳系在杆塔的适当位置；将验电杆和地线传至塔上，逐相验电并挂牢接地线（声光验电器在使用前必须经检验合格），携带传递绳沿脚钉下塔，报告工作负责人验电确无电压、挂接地线完毕。

7. 在导线上悬挂软梯或将软梯头转移至杆塔上。

8. 作业人员由绝缘子串或软梯转移至导（地）上的作业点。

（1）距线夹中心 10m 以内的作业由绝缘子串移至导（地）线上。

（2）距线夹中心 10m 以外的作业，一般由软梯转移至导（地）线上。

（3）地线上的作业一般应使用软梯头从线夹处移至地线上。

9. 在导（地）线或绝缘子串上牢固地系好安全带，并检查其扣环是否已扣牢。

10. 安装好软梯的闭锁装置。

11. 上、下传递作业用工器具及金具材料。

12. 更换防振锤。

13. 待工作完毕后，将工器具、金具材料转移至地面。

14. 作业人员由绝缘子转移至杆塔上或由软梯移至地面。

15. 拆除导（地）线上的软梯或将软梯头移至地面。

16. 工作负责人检查横担上及作业点有无遗漏的工具、材料，确无问题后下令拆除接地线。

17. 拆接地线的顺序与挂接地线的顺序相反。

18. 接地线拆除后塔上操作人员检查塔上有无遗漏的工具和材料，无问题后带传递绳沿脚钉下塔至地面向工作负责人汇报。

19. 做好收尾工作，检查防盗措施是否到位，整理工器具，清理场地。

20. 作业人员完成工作任务后，向工作负责人汇报，工作负责人现场点评各小组成员在完成本次任务中的表现、取得的成绩，指出不足，与小组副组长、学习委员商议，给小组每位成员评出合理的分数。

21. 小组长将工作票、作业指导书、点评记录、小组工作总结及小组成员成绩单交给指导老师。

三、评价标准

根据表 4-5 对任务完成情况做出评价。

表 4-5

评 分 标 准

项　目	考核标准	配　分	扣　分	得　分
小组合作	（1）小组计划详细周密 （2）小组成员团结协作、分工恰当、积极参与 （3）能够发现问题并及时解决 （4）学习态度端正、配合默契	20		

续表

项　目	考核标准	配　分	扣　分	得　分
220kV××线路停电更换防震锤	（1）工器具、材料准备合格、充足 （2）工作票填写正确规范，能按电力安全工作规程履行工作许可制度 （3）作业指导书编写正确规范 （4）登杆、检查、更换防震锤动作规范熟练、工器具使用正确 （5）工作过程控制好，安全措施到位，工作质量满足要求 （6）实行收工点评，能客观评价工作任务完成情况，肯定成绩，指出不足 （7）能正确履行工作终结制度	45		
资料归档	工作票、作业指导书、点评记录、小组成员成绩单交给指导老师	20		
安全文明	（1）能遵守学习任务完成过程的考核规则及相关的实习管理制度 （2）能爱护工器具，不浪费材料，不人为损坏仪器设备 （3）能保持操作环境整洁，操作秩序良好	15		

【巩固与练习】

简答题

1. 简述线路金具的分类及作用。
2. 简述线路停电更换金具的原因与周期。

任务3　停电更换绝缘子

【布置任务】

任务书见表 4-6。

表 4-6　　　　　　　　　　　　任　务　书

任务名称	停电更换 110kV××架空输电线路悬垂绝缘子串
任务描述	××线路实训场地有一条架设多年的 110kV××架空输电线路，由于架设在室外，受自然环境影响，这条 110kV××架空输电线路 15 号杆塔的陶瓷悬垂绝缘子串出现裂纹、破损现象严重，需进行整串更换。××年××月××日，按照国家电网公司标准化作业要求，对 110kV××架空输电线路 15 号杆塔的陶瓷悬垂绝缘子串进行更换，由老师提供作业指导书模板，学生接到命令后 8h 内完成任务
任务要求	（1）各小组接受工作任务后讨论并制定工作计划 （2）阅读教材上相关知识部分 （3）搜集整理生产现场资料，学习架空输配电线路停电检修导则及相关的检修工艺要求及验收规范 （4）各小组长组织组员到线路实训场地查勘 （5）各小组长安排组员填写线路第一种工作票，编写《110kV××架空输电线路停电更换陶瓷悬垂绝缘子串作业指导书》并组织人员审核 （6）标准化作业流程正确，工作质量良好，安全措施周全 （7）各小组进行客观评价，完成评价表

续表

注意事项	(1) 每位组员应阅读教材上相关知识部分，有不懂之处及时咨询指导老师 (2) 组员之间应相互督促，认真完成本次学习任务 (3) 杆上作业，应注意保证人身安全，做好安全防护措施，严禁打闹嬉戏 (4) 发现异常情况，及时与指导老师联系 (5) 安全文明作业		
成果评价	自评：		
	互评：		
	师评：		
小组长签字		组员签字	

日期：　　年　　月　　日

📖【相关知识】

1. 工作内容

架空输电线路经过一段时间运行后，绝缘子因种种原因会造成各种缺陷，为确保输电线路的健康水平必须安排检修消缺。

绝缘子运到杆位，在安装前应先清除其表面尘垢及附着物，并逐个用绝缘电阻表进行绝缘测定，其绝缘电阻不得小于300MΩ。作业的关键是如何转移导线荷载，使绝缘子串、金具不承受荷载。根据导线荷载的大小，可用下面三种方法：

(1) 用绳索或滑轮组更换绝缘子串。把导线荷重转移到绳索或滑轮组上，然后摘下绝缘子碗头挂板的连接销子，使绝缘子串脱离导线。再另外用一套滑轮将旧绝缘子串递下，同时递上新绝缘子串。这种方法用于LGJ—95及以下导线，垂直档距不超过300m的线路上。用滑轮组也可以更换LGJ—95及以下的耐张绝缘子串。

(2) 用双钩紧线器或手扳葫芦代替滑轮组做牵引工具。运用双钩紧线器或手扳葫芦，配合相应的连板或钢绳套，即可更换各种型号导线的绝缘子金具。

(3) 用换瓶卡具更换单片绝缘子。在大截面导线的线路上，绝缘子所受的拉力较大，如用双钩紧线器更换单片绝缘子会觉得很笨重，劳动强度也大，可采用换瓶卡具。所谓换瓶卡具，即上、下两片夹具分别夹在不良绝缘子相邻的绝缘子钢帽上，均匀收紧两片夹具之间两个丝杠，不良绝缘子承受的拉力转移到夹具上，取下不良绝缘子上、下销子，便可摘下不良绝缘子换上新的。换瓶卡具适用于悬垂绝缘子中，同样适合耐张绝缘子串，但更换绝缘子串端部绝缘子时，需注意卡具配套的问题。

2. 危险点分析和控制措施

更换绝缘子危险点主要有防高处坠落、物体打击、触电伤害等。其控制措施有以下几点：

(1) 防止高处坠落措施。

1) 上杆塔作业前，应先检查杆根、拉线和基础是否牢固。登杆塔前，应先检查安全带、脚扣、脚钉、爬梯、防坠装置等是否完整牢靠。严禁利用绳索、拉线上下杆塔或顺杆下滑。

2) 上横担进行工作前，应检查横担连接是否牢固及腐蚀情况。在杆塔上作业时，应使用有后备绳或速差自锁器的双保险安全带，安全带和保护绳应分挂在杆塔不同部位的牢固构件上，应防止安全带从杆顶脱出或被锋利物损坏。人员在转位时，手扶的构件应牢固，应正确使用双保险安全带，不得失去安全带的保护。

3) 杆塔上有人时，不准调整或拆除拉线。

（2）防止物体打击措施。

1）现场工作人员必须正确佩戴好安全帽。

2）高处作业应使用工具袋，较大的工器具应固定在牢固的构件上，不准随便乱放。上下传递物件应用绳索拴牢传递，严禁上下抛掷。

3）在高处作业现场，工作人员不得站在作业处的垂直下方，落物区不得有无关人员通行或逗留。在行人道口或人口密集区从事高处作业，工作点下方应设围栏或其他保护措施。

（3）防止触电伤害措施。在同塔架设双回路作业时：

1）在带电导线附近所用工器具、材料应用绝缘无极绳索传递。

2）登塔作业人员、绳索，工器具及材料与带电体必须保持足够的安全距离。

3）设专人监护，监护人不得从事其他工作。

4）如有需要，杆塔上人员身穿经检测合格的全套屏蔽服。

3. 作业前准备工作

（1）作业条件及作业方式。更换导、地线作业，应在良好天气下进行，如遇雷、雨、雪、雾不得进行作业，风力大于 6 级时，一般不宜进行作业。

（2）人员组成。工作负责（监护）人 1 名，杆上作业人员一般 2 名，地面作业人员 3 名，共 6 人（根据工作现场实际情况可适当增减作业人员）。

（3）作业工器具、材料配备。

1）工器具：验电器、接地线、双保险安全带、丝杠或手扳葫芦、传递绳、钢丝套、导线保护绳、滑轮、绝缘电阻、卡具。

2）材料：绝缘子、开口销。

※【任务实施】

停电更换 110kV××架空输电线路悬垂绝缘子串

一、工作前准备

1. 课前预习相关知识部分。

2. 将班上学生分成 6 人一组，选出小组长。

二、操作步骤

1. 小组长组织班前会议，进行任务分工，落实工作负责人（监护人）、作业人员人选。

2. 小组长安排人员负责，到现场检查实训场地 110kV××架空输电线路的相关情况，并核对线路双重名称及杆塔号，找出作业时的危险点并提出相应的预防措施。

3. 办理线路停电检修工作票并经指导老师许可。

4. 以小组为单位编写作业指导书，经指导老师审核同意后方可开始工作。

5. 小组长安排组员准备所需工器具及材料，并经检查合格。

6. 作业人员核对线路名称、杆塔号、标志色标与停电线路相符后方可登杆验电，验电操作人员在监护人的监护下，带传递绳沿脚钉登塔到横担，将安全带系在杆塔的牢固构件上，再将传递绳系在杆塔的适当位置；将验电杆和地线传至塔上，逐相验电并挂牢接地线（声光验电器在使用前必须经检验合格），携带传递绳沿脚钉下塔，报告工作负责人验电确无电压、挂接地线完毕。

7. 高处杆塔上作业人员登杆塔，将滑车、钢丝套、无尾绳圈吊上并固定在横担上，安装导线保护绳。

8. 杆塔上 1 人沿绝缘子串下导线，地面人员将丝杠或手扳葫芦传递上，杆塔上两人互相配合将其挂在钢丝套上，并将丝杠或手扳葫芦与导线连接。

9. 导线上人员拆除绝缘子下端弹簧销，开始收紧丝杠或手扳葫芦。

10. 导线上人员用手摆动绝缘子串，确认整串绝缘子不受力，然后拆开绝缘子与单联碗头挂点处弹簧销。

11. 杆上人员将旧绝缘子串绑好，地面电工将新绝缘子串也绑好，然后地面电工用力拉绳，杆上人员将旧绝缘子串与球头挂环脱离，放下旧绝缘子串，吊上新绝缘子传递。

12. 导线、横担上人员互相配合，将新绝缘子串挂好，顺序与拆时相反，并装好弹簧销。

13. 杆塔上人员操作丝杠或手扳葫芦，使绝缘子串受力，并拆除所有工器具，用绳索传递，放至地面。

14. 杆塔上人员检查电气部分有无异物，确认无误后下杆塔。

15. 工作负责人全面检查施工现场，其他人收拾工器具、材料，一切无误后，工作结束。

16. 工作负责人检查横担上及作业点有无遗漏的工具、材料，确无问题后下令拆除接地线。

17. 拆接地线的顺序与挂接地线的顺序相反。

18. 接地线拆除后塔上操作人员检查塔上有无遗漏的工具和材料，无问题后带传递绳沿脚钉下塔至地面向工作负责人汇报。

19. 做好收尾工作，检查防盗措施是否到位，整理工器具，清理场地。

20. 作业人员完成工作任务后，向工作负责人汇报，工作负责人现场点评各小组成员在完成本次任务中的表现、取得的成绩，指出不足，与小组副组长、学习委员商议，给小组每位成员评出合理的分数。

21. 小组长将工作票、作业指导书、点评记录、小组工作总结及小组成员成绩单交给指导老师。

三、评价标准

根据表 4-7 对任务完成情况做出评价。

表 4-7　　　　　评　分　标　准

项　目	考核标准	配　分	扣　分	得　分
小组合作	（1）小组计划详细周密 （2）小组成员团结协作、分工恰当、积极参与 （3）能够发现问题并及时解决 （4）学习态度端正、配合默契	20		
停电更换 110kV ××架空输电线路悬垂绝缘子串	（1）工器具、材料准备合格、充足 （2）工作票填写正确规范，能按电力安全工作规程履行工作许可制度 （3）作业指导书编写正确规范 （4）登杆、检查、更换悬垂绝缘子串动作规范熟练、工器具使用正确 （5）工作过程控制好，安全措施到位，工作质量满足要求 （6）实行收工点评，能客观评价工作任务完成情况，肯定成绩，指出不足 （7）能正确履行工作终结制度	45		

续表

项　目	考核标准	配　分	扣　分	得　分
资料归档	工作票、作业指导书、点评记录、小组成员成绩单交给指导老师	20		
安全文明	（1）能遵守学习任务完成过程的考核规则及相关的实习管理制度 （2）能爱护工器具，不浪费材料，不人为损坏仪器设备 （3）能保持操作环境整洁，操作秩序良好	15		

【巩固与练习】

简答题

1. 停电更换绝缘子的方法有哪些？

2. 绝缘子的分类有哪些？各有什么特点？

任 务 4　停 电 更 换 拉 线

【布置任务】

任务书见表 4-8。

表 4-8　　　　　　　　　　　　　　　　任 务 书

任务名称	停电更换 10kV×× 架空配电线路 11 号杆塔的拉线
任务描述	××线路实训场地有一条架设多年的 10kV×× 架空配电线路，由于架设在室外，受自然环境影响，这条 10kV×× 架空配电线路 11 号杆塔的拉线出现严重锈蚀现象，致使 14 号杆塔发生了倾斜。××年××月××日，按照国家电网公司标准化作业要求，对 10kV×× 架空配电线路 11 号杆塔的拉线进行更换，由老师提供作业指导书模板，学生接到命令后 6h 内完成任务，并检测拉线基础强度、拉线受力情况、11 号杆塔倾斜度等符合运行规程要求
任务要求	（1）各小组接受工作任务后讨论并制定工作计划 （2）阅读教材上相关知识部分 （3）搜集整理生产现场资料，学习架空输配电线路停电检修导则及相关的检修工艺要求及验收规范 （4）各小组长组织组员到线路实训场地查勘 （5）各小组长安排组员填写线路第一种工作票，编写《10kV×× 架空配电线路停电更换拉线作业指导书》并组织人员审核 （6）标准化作业流程正确，工作质量良好，安全措施周全 （7）各小组进行客观评价，完成评价表
注意事项	（1）每位组员应阅读教材上相关知识部分，有不懂之处及时咨询指导老师 （2）组员之间应相互督促，完成本次学习任务 （3）现场操作，应注意保证人身安全，有妥善的安全措施，严禁打闹嬉戏 （4）发现异常情况，及时与指导老师联系 （5）安全文明作业
成果评价	自评：
	互评：
	师评
小组长签字	组员签字

日期：　　　年　　月　　日

四【相关知识】

输电线路运行后，因受自然环境、外力破坏等因素的影响，杆塔拉线会出现锈蚀、散股、断股。根据拉线缺陷可采取更换拉线等措施。

1. 危险点分析和控制措施

停电更换杆塔拉线的危险点有高处坠落、物体打击、倒杆和碰伤等，其控制措施有以下几个方面：

（1）防高处坠落措施。

1）上杆塔作业前，应先检查杆根、拉线和基础是否牢固。登杆塔前，应先检查安全带、脚扣、脚钉、爬梯、防坠装置等是否完整牢靠。严禁利用绳索、拉线上下杆塔或顺杆下滑。

2）上横担进行工作前，应检查横担连接是否牢固及腐蚀情况。在杆塔上作业时，应使用有后备绳或速差自锁器的双保险安全带，安全带和保护绳应分挂在杆塔不同部位的牢固构件上，应防止安全带从杆顶脱出或被锋利物损坏。人员在转位时，手扶的构件应牢固，应正确使用双保险安全带，且不得失去安全带的保护。

（2）防止物体打击措施。

1）现场工作人员必须正确佩戴好安全帽。

2）高处作业应使用工具袋，较大的工器具应固定在牢固的构件上，不准随便乱放。上下传递物件应用绳索拴牢传递，严禁上下抛掷。

3）在高处作业现场，工作人员不得站在作业处的垂直下方，高处落物区不得有无关人员通行或逗留。在行人道口或人口密集区从事高处作业，工作点下方应设围栏或其他保护措施。

（3）防止倒杆和碰伤措施。

1）要设专人指挥，信号明确。

2）临时拉线上、下连接点，应牢固可靠。

3）当临时拉线完全受力后，检查无问题方可拆除旧拉线。

4）当永久拉线完全受力后，检查无问题方可拆除临时拉线。

5）杆塔上有人时，不准调整或拆除拉线。

2. 作业前准备工作

（1）作业条件及作业方式。停电更换杆塔拉线工作时，应在良好天气下进行，如遇雷电、暴雨、冰雹、大雾、沙尘暴等恶劣天气不得进行作业，风力大于6级时，一般不宜进行作业。

（2）人员组成。工作负责（监护）人1名，杆上作业人员1名，地面作业人员2名，共4人（根据工作现场实际情况可适当增减作业人员）。

（3）作业工器具、材料配备。

1）工器具：卡线器、断线钳、双钩紧线器、卸扣、防盗螺帽拆卸工具、绝缘起吊绳及相关规格钢丝绳等。

2）材料：钢绞线、楔形线夹、UT线夹、防盗螺帽等。

【任务实施】

停电更换 10kV××架空配电线路 11 号杆塔的拉线

一、工作前准备
1. 课前预习相关知识部分。
2. 将班上学生分成 6 人一组，选出小组长。

二、操作步骤
1. 小组长组织班前会议，进行任务分工，落实工作负责人（监护人）、作业人员人选。

2. 小组长安排人员负责，到现场检查实训场地 10kV××架空配电线路的相关情况，并核对线路双重名称及杆塔号，找出作业时的危险点并提出相应的预防措施。

3. 办理线路停电检修工作票并经指导老师许可。

4. 以小组为单位编写作业指导书，经指导老师审核同意后方可开始工作。

5. 小组长安排组员准备所需工器具及材料，并经检查合格。

6. 作业人员核对线路名称、杆塔号、标志色标与停电线路相符后方可实施停电、验电、挂设接地线。

7. 杆上作业人员与地面作业人员相互配合。用传递绳将临时拉线吊至杆上，在距拉线挂点下方 200mm 处的电杆身上缠绕两圈后，用卸扣拴牢。

8. 地面作业人员将双钩紧线器的一端挂在拉棒环内，另一端与钢丝绳拴牢。收紧双钩紧线器，使拉线的荷载转移到临时拉线上，旧拉线处呈松弛状态。

9. 地面作业人员检查临时拉线无问题后，拆除旧拉线的 UT 线夹，使旧拉线与拉棒脱离。

10. 杆上作业人员拆除旧拉线楔型线夹，并与地面人员配合将旧线传递至地面。

11. 地面作业人员根据现场情况，做好新拉线楔形线夹（回头长度为 300～500mm，钢绞线与楔子半圆弯曲结合处不得有死角和空隙），杆上作业人员与地面作业人员配合将新拉线吊上杆，杆上作业人员安装好新拉线楔型线夹。

12. 地面作业人员做好 UT 线夹（回头长度为 300～500mm，钢绞线与线夹的舌板半圆弯曲结合处不得有死角和空隙，线夹的凸肚应在尾线侧）并与拉棒连接好，调整 UT 线夹，使临时拉线的荷载转移到新拉线上。UT 线夹螺母露出丝扣长度不小于 1/2 螺杆的螺纹长度为宜，同组拉线使用两个线夹时，其线夹尾端的方向应统一。

13. 检查新拉线无问题后，杆上作业人员和地面作业人员拆除临时拉线，并用传递绳将临时拉线及工器具拴牢传递至地面。

14. 工作结束后，工作负责人确认在杆塔上及其他辅助设备上没有遗留工具、材料等，查明全部工作人员确由杆塔上撤下后，再命令拆除工作地段所挂的接地线，并向工作许可人汇报作业结束，终结工作票。

15. 做好收尾工作，检查防盗措施是否到位，整理工器具，清理场地。

16. 作业人员完成工作任务后，向工作负责人汇报，工作负责人现场点评各小组成员在完成本次任务中的表现、取得的成绩，指出不足，与小组副组长、学习委员商议，给小组每位成员评出合理的分数。

17. 小组长将工作票、作业指导书、点评记录、小组工作总结及小组成员成绩单交给指导老师。

注意事项：

1. 更换后拉线的机械强度不得低于原设计标准，并采取防盗措施。

2. 监护人应严格监护杆塔上作业人员的活动趋向和活动范围，发现不规范的动作行为和违章时应及时提醒、纠正和制止，监护人不得擅自离开岗位。

3. 拉线与拉棒应呈一直线。

4. X 形拉线的交叉点处应留有足够的空隙，避免相互磨碰；拉线应无金钩、散股、松股等现象。

5. 组合拉线的各根拉线受力应一致。

6. 拉线做头时，用木榔头敲击线夹时注意力应集中，手抓稳，落点正确，防止伤手。

7. 展放拉线时应两人配合，顺绞展放，防止弹伤。

8. 起吊材料及拉线时应绑扎牢固并慢慢吊递。

三、评价标准

根据表 4-9 对任务完成情况做出评价。

表 4-9　　　　　　　　　　　　　　评　分　标　准

项　目	考核标准	配　分	扣　分	得　分
小组合作	(1) 小组计划详细周密 (2) 小组成员团结协作、分工恰当、积极参与 (3) 能够发现问题并及时解决 (4) 学习态度端正、配合默契	20		
停电更换 10kV ××架空配电线路 11 号杆的拉线	(1) 工器具、材料准备合格、充足 (2) 工作票填写正确规范，能按电力安全工作规程履行工作许可制度 (3) 作业指导书编写正确规范 (4) 登杆、检查、更换拉线动作规范熟练、工器具使用正确 (5) 工作过程控制好，安全措施到位，工作质量满足要求 (6) 实行收工点评，能客观评价工作任务完成情况，肯定成绩，指出不足 (7) 能正确履行工作终结制度	45		
资料归档	工作票、作业指导书、点评记录、小组成员成绩单交给指导老师	20		
安全文明	(1) 能遵守学习任务完成过程的考核规则及相关的实习管理制度 (2) 能爱护工器具，不浪费材料，不人为损坏仪器设备 (3) 能保持操作环境整洁，操作秩序良好	15		

【巩固与练习】

简答题

1. 简述拉线的分类?

2. 拉线检查的项目有哪些?

任务5 停电更换横担

🎤 【布置任务】

任务书见表 4-10。

表 4-10   任 务 书

任务名称	停电更换横担		
任务描述	××线路实训场地有一条架设多年的 10kV××架空配电线路，由于架设在室外，受自然环境影响，这条 10kV××架空配电线路 9 号杆塔的横担出现严重锈蚀现象，影响到线路的正常运行。××年××月××日，按照国家电网公司标准化作业要求，对 10kV××架空配电线路 9 号杆塔的单横担进行停电更换，由老师提供作业指导书模板，学生接到命令后 6h 内完成任务。		
任务要求	(1) 各小组接受工作任务后讨论并制定工作计划 (2) 阅读教材上相关知识部分 (3) 搜集整理生产现场资料，熟悉架空线路停电检修工艺要求及验收规范 (4) 各小组长组织组员到线路实训场地查勘 (5) 各小组长安排组员开线路第一种工作票，编写《拉线调整作业指导书》并组织人员审核 (6) 标准化作业流程正确，工作质量良好 (7) 各小组进行客观评价，完成评价表		
注意事项	(1) 每位组员应阅读教材上相关知识部分，有不懂之处及时咨询指导老师 (2) 组员之间应相互督促，认真完成本次学习任务 (3) 现场操作，应注意保证人身安全，做好安全防护措施，严禁打闹嬉戏 (4) 发现异常情况，及时与指导老师联系 (5) 安全文明作业		
成果评价	自评：		
	互评：		
	师评		
小组长签字		组员签字	

日期：   年   月   日

📖 【相关知识】

1. 更换直线单横担

（1）上杆到适当位置后，系好安全带（一般系在将更换的横担下方）。

（2）首先把导线从绝缘子上解开，放到临时支撑导线的支杆或通过放线滑车暂时挂在电杆上。

（3）在电杆顶部安装一个起吊单滑车，吊绳通过转向滑车和该起吊滑车后，绑扎在拟拆除的边导线横担上。

（4）利用吊绳慢慢将拆除的直线单横担放落在地面上。

（5）地面人员用传递绳把横担及抱箍用倒背扣绑好并起吊到原横担安装位置，杆上人员配合将抱箍和横担安装好，拧上螺母，调整好横担位置，拧紧螺母。安装好的横担应符合要求。

（6）安装绝缘子及固定导线。将导线固定部位缠上铝包带，缠绕应紧密且漏出绑扎端

30mm，再将导线移至绝缘子上用绑线固定。针式绝缘子的绑扎，直线杆采用顶槽绑扎法，直角杆采用边槽绑扎法，绑扎在线路外角侧的边槽上。

2. 更换直线双横担

（1）上杆到适当位置后，系好安全带。

（2）首先把导线放到地面或通过放线滑车暂时挂在电杆上。

（3）在电杆顶部安装一个起吊单滑车，吊绳通过转向滑车和该起吊滑车后，绑扎在拟拆除的边导线横担上。

（4）利用吊绳慢慢将拆除的边导线横担放落在地面上。

（5）两边导线横担拆除后，再拆除中导线横担。

（6）安装新横担时，先起吊安装边导线横担，再起吊中导线横担，也可以先安装中导线横担，再安装边导线横担。

（7）安装中导线横担时，托担抱箍的孔眼与横担的连接孔可能对不正，这时可在杆顶部绑大绳，在地面拉大绳使连接孔眼对正。

3. 更换耐张杆横担

更换耐张杆横担时应尽量不拆除放至地面，以减少工作量，其施工方法如下：

（1）用双钩紧线器做临时吊杆将横担吊住，然后拆除横担吊杆。

（2）拆除横担抱箍与电杆连接的螺栓，这时用小锤轻轻敲打抱箍，则横担与抱箍（横担与抱箍是连接在一起的）就会慢慢向上滑动。

（3）对于转角杆，为便于横担向上移动，可在外角侧的横担加装临时拉线，以抵消角度合力，拉线随横担向上移动，徐徐放松。

（4）待横担上移 200mm 左右时，在杆顶部安装起吊滑车和吊绳，将新横担和横担抱箍吊上并安装在电杆上。

（5）利用双钩紧线器将两侧导线拉紧，这时可自旧横担上拆下耐张绝缘子串并安装在新横担上。

（6）一起安装完毕后，利用起吊钢绳将旧横担等吊放到地面，并拆除临时拉线。清理现场，汇报工作介绍。

【任务实施】

停电更换 10kV××架空配电线路 9 号直线杆单横担

一、工作前准备

1. 课前预习相关知识部分。

2. 将班上学生分成 4 人一组，选出小组长。

二、操作步骤

1. 小组长组织班前会议，进行任务分工，落实工作负责人（监护人）、作业人员人选。

2. 小组长安排人员负责，到现场检查实训场地 10kV××架空配电线路 9 号直线杆单横担、基础及相关的情况，并核对线路双重名称及杆塔号，找出作业时的危险点并提出相应的预防措施。

3. 以小组为单位开第一种工作票，编写作业指导书，经指导老师审核同意后方可开始工作。

4. 小组长安排组员准备所需工器具及材料，并经检查合格。

5. 作业人员调整拉线并观察杆身倾斜情况，监护人在现场监护。

6. 做好安全措施：

（1）作业人员应着装正确，攀登杆时不能失去安全保护。

（2）在杆塔上作业时，必须使用双保险安全带，戴好安全帽。安全带要系在牢固构件上，防止安全带被锋利物伤害，系安全带后，要检查扣环是否扣好，杆塔上作业转位时，不得失去安全带保护。

（3）验电要使用合格专用验电器。验电时应戴绝缘手套，保持与导线足够的安全距离，并有专人监护。验明确无电压后，立即在工作地段两端及分支线装设地线。装设接地线时应先接接地端，后接导体端，拆地线时的顺序相反。必须使用合格的绝缘棒，人体不得接触导线和接地线。

（4）攀登杆前应检查杆根、脚扣是否牢固可靠。

（5）工作现场装设围栏，挂安全标志牌，设专人监护，防止外人误入伤人。杆塔上作业人员防止掉东西，使用的工具、材料等使用绳索传递，不得乱扔。

（6）按规定做好临时拉线，防止倒杆。

（7）作业前工作负责人必须对邻近、交叉、跨越、平行带电线路及所作业线路名称、起止杆号交代清楚，设专人监护。

（8）验电挂地线。

1）作业人员登杆时应核对线路名称、杆塔号、标志是否与停电线路相符。

2）作业人员分别携带验电器、接地线登上杆塔，系好安全带后，先进行验电，验明是否确无电压，验电应逐相进行，验明确无电压后再逐相挂接地线，任务完成后报告工作负责人，然后下杆塔。

7. 更换直线单横担

（1）将导线固定在电杆上。

（2）拆除旧横担，用绳索吊下。

（3）将新横担吊上杆，安装就位。

（4）将导线复位固定。

（5）放下工器具，杆上作业人员下杆。

8. 拆除接地线

（1）工作负责人检查线路设备上有无遗留的工具及材料，命令拆除接地线。

（2）拆接地线的程序与挂接地线的程序相反。

（3）作业人员拆除接地线下杆塔工作结束。

9. 作业人员做好收尾工作，检查防盗措施是否到位，整理工器具，清理场地。

10. 作业人员完成工作任务后，向工作负责人汇报，工作负责人现场点评各小组成员在完成本次任务中的表现、取得的成绩，指出不足，与小组副组长、学习委员商议，给小组每位成员评出合理的分数。

11. 小组长将作业指导书、点评记录、小组工作总结及小组成员成绩单交给指导老师。

三、评价标准

根据表 4-11 对任务完成情况做出评价。

表 4-11 评 分 标 准

项 目	考核标准	配 分	扣 分	得 分
小组合作	(1) 小组计划详细周密 (2) 小组成员团结协作、分工恰当、积极参与 (3) 能够发现问题并及时解决 (4) 学习态度端正、配合默契	20		
停电更换 10kV ××架空配电线路 9 号直线杆单横担	(1) 各小组接受工作任务后讨论并制定工作计划 (2) 阅读教材上相关知识部分 (3) 搜集整理生产现场资料，学习架空输配电线路停电检修导则及相关的检修工艺要求及验收规范 (4) 各小组长组织组员到线路实训场地查勘 (5) 各小组长安排组员填写线路第一种工作票，编写《停电更换 10kV××架空配电线路 9 号直线杆单横担作业指导书》并组织人员审核 (6) 标准化作业流程正确，工作质量良好，安全措施周全 (7) 各小组进行客观评价，完成评价表	45		
资料归档	工作票、作业指导书、点评记录、小组成员成绩单交给指导老师	20		
安全文明	(1) 能遵守学习任务完成过程的考核规则及相关的实习管理制度 (2) 能爱护工器具，不浪费材料，不人为损坏仪器设备 (3) 能保持操作环境整洁，操作秩序良好	15		

【巩固与练习】

简答题

1. 架空线路运行规程对横担的运行要求是什么？

2. 简述 10kV 线路停电更换直线横担及耐张横担的作业步骤。

任务 6 停电更换杆塔上配电设备

【布置任务】

任务书见表 4-12。

表 4-12 任 务 书

任务名称	停电更换 10kV××架空配电线路 5 号杆塔三相跌落保险
任务描述	××线路实训场地有一条架设多年的 10kV××架空配电线路，由于架设在室外，受自然环境影响，这条 10kV××架空配电线路 5 号杆塔上的跌落保险严重锈蚀，致使无法实现停送电操作。××年××月××日，按照国家电网公司标准化作业要求，对 10kV××架空配电线路 5 号杆塔上的跌落保险进行停电更换，由老师提供作业指导书模板，学生接到命令后 8h 内完成任务

续表

任务要求	(1) 各小组接受工作任务后讨论并制定工作计划 (2) 阅读教材上相关知识部分 (3) 搜集整理生产现场资料，熟悉架空配电线路检修工艺要求及验收规范要求 (4) 各小组长组织组员到线路实训场地查勘 (5) 各小组长安排组员开线路第一种工作票，编写《拉线调整作业指导书》并组织人员审核 (6) 标准化作业流程正确，工作质量良好 (7) 各小组进行客观评价，完成评价表
注意事项	(1) 每位组员应阅读教材上相关知识部分，有不懂之处及时咨询指导老师 (2) 组员之间应相互督促，认真完成本次学习任务 (3) 现场操作，应注意保证人身安全，做好安全防护措施，严禁打闹嬉戏 (4) 发现异常情况，及时与指导老师联系 (5) 安全文明作业
成果评价	自评： 互评： 师评
小组长签字	组员签字

日期：　　年　　月　　日

📖【相关知识】

一、跌落式熔断器

1. 跌落式熔断器的用途

跌落式熔断器主要用于架空配电线路的支线、客户进口处，以及配电变压器一次侧电力电容器等设备作为过载或短路保护。它有一个明显的开断点，以便寻找故障检修设备。

2. 跌落式熔断器的结构与基本原理

架空配电线路用跌落式熔断器主要由绝缘子、上下接触导电系统和熔管三部分构成。

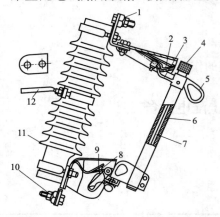

在熔管内装有用桑皮纸或钢纸等制成的消弧管。熔管两端的上动触头和下动触头依靠熔断体系紧，将上动触头推入鸭嘴凸出部分后，磷铜片等制成的上静触头顶着上动触头，故而将熔管牢固地卡在鸭嘴里。当短路电流通过电路使熔体熔断时，将产生电弧，管内衬的钢纸管在电弧作用下产生大量气体，在电流过零时将电弧熄灭。由于熔体熔断，在熔管的上下动触头弹簧片的作用下，熔管迅速跌落，使电路断开，切除故障段线路或者故障设备。常用的跌落式熔断器的结构，如图4-1所示。

图4-1 RW4—10（G）型跌落式熔断器

1—上接线端子；2—上静触头；3—上动触头；
4—管帽（带薄膜）；5—操作环；6—熔管（外层
为酚醛纸管或环氧玻璃套管，内套纤维窗灭弧管）；
7—铜熔丝；8—下动触头；9—下静触头；
10—下接线端子；11—绝缘子；12—固定安装板

3. 高压熔断器的型号

B123—456 中，

B：表示自爆式。

1：代表产品名称，R—熔断器。

2：代表安装场所，用下列字母表示：N—

户内式；W—户外式。

3：代表设计系列序号，用数字表示。

4：代表额定电压，kV。

5：代表补充工作特性，G—改进型；Z—直流专用；GY—高原型。

6：代表额定电流，A。

例如：RW4—10/50 型，即指额定电流 50A、额定电压 10kV、户外 4 型高压熔断器。

二、隔离开关

1. 隔离开关的用途

隔离开关主要安装在高压配电线路的联络点、分段、分支线处及不同单位维护的线路的分界点或 10kV 变电站的入口处，用于无负荷断、合线路。这样既能方便检修、缩小停电范围，又能给工作人员一个可见开断点，保证停电检修工作的人身安全。隔离开关不允许用于切断负荷电流或短路电流。

2. 隔离开关的结构

隔离开关的结构由导电部分、绝缘部分、底座部分组成。

（1）导电部分。由一条弯成直角的铜板构成静触头，其有孔的一端可通过螺钉与母线相连接，称为连接板，另一端较短，合闸时它与动触头相接触。

（2）绝缘部分。为了使动、静触头与金属接地的部分绝缘，采用了瓷质绝缘或硅橡胶绝缘材料浇铸作为绝缘支柱。

（3）底座部分。由钢架组成，每个单相底座上固定两个支柱绝缘子，支柱绝缘子以及传动主轴都固定在底座上。

3. 隔离开关的型号

GW1—2/3—4 中，

G：表示隔离开关。

W：表示户外型。

1：代表设计系列序号，用数字表示。

2：代表额定电压，kV。

3：代表额定电流，A。

4：代表极限通过电流（峰值），kA。

4. 隔离开关的安装方法及注意事项

（1）对隔离开关的基本要求。

1）隔离开关的断口应明显可见，易于鉴别电器是否与电网隔离。绝缘可靠，断开点之间有足够的绝缘距离，断口绝缘耐压水平需高于对地绝缘耐压水平 10%～15%，以保证在任何情况下不发生断口被击穿的现象，确保工作人员的安全。

2）有足够的热稳定性和动稳定性。隔离开关在运行中，受到短路电流热效应和电动力的作用时，其触头不应熔结，尤其不能受电动力的作用而自动断开，引起重大事故。

（2）隔离开关操作注意事项。

1）严禁带负荷拉合隔离开关。

2）一般必须与高压断路器配合使用，且要严格遵守操作顺序。停电时，应先使断路器跳闸，然后再拉开隔离开关；送电时，先合上隔离开关，再闭合断路器。

3）高压隔离开关允许通断一定的小电流。

（3）隔离开关的安装注意事项。户外型的隔离开关露天安装时应水平安装，使带有瓷裙的支持绝缘子确实能起到防雨作用，隔离开关的动、静触头应对准，否则合闸时就会出现旁击现象，且当合闸后使动、静触头接触面压力不均匀，造成接触不良。

高压隔离开关要安装在操作方便的位置，并保证断开时刀片不带电，静触头带电；相间距离不小于 500mm。隔离开关断开后刀片应保证对其他相和接地部分至少保持 200mm 的距离。高压隔离开关安装后要做断合试验，合闸要严实。有操作活动或合闸不严等情况时应即进行调整检修。

三、柱上断路器

1. 柱上断路器的用途与要求

柱上断路器是一种不仅可以在正常情况下开断或关合有载或无载线路及设备，又可在发生短路故障时，自动切断故障或重新合闸，能起到控制和保护两方面的作用。

柱上断路器一般安装在分支线首端、高压用户进线处及用户专线自维线路的分界点处。根据需要可以配置瞬时或延时过电流、重合闸等继电保护装置，以适应配电系统自动化的需要。

随着自动化的可靠性要求越来越高，为了确保柱上断路器的功能可以有效地实现，要求柱上断路器必须有足够的开断能力、尽可能短的动作时间和高度的动作可靠性，并且具有足够的防火、防爆能力。还要求柱上断路器具备体积小、重量轻、价格低、运行操作和维护方便，以及寿命尽可能长等特点。

（1）工作可靠。安装架空配电线路用柱上断路器的目的之一，就是减少故障处理时间，以提高供电可靠性。但如果柱上断路器的质量存在问题，在线路设备发生故障时就不能正常工作，线路事故将有可能得不到控制，导致事故范围扩大，造成大面积停电。因此，柱上断路器的正常运行是配电线路可靠供电的重要因素，它的工作必须可靠。

（2）动作时间快。因继电保护上、下级配合的需要，柱上断路器通常作为下一级断路器，开断故障电流动作时间一定要快，否则就有可能造成架空配电线路越级跳闸，扩大故障范围，影响供电的可靠性。

（3）有足够的开断能力。架空配电线路的短路电流，通常是线路额定电流的几倍，甚至几十倍，持续时间一般可达数秒。因此，柱上断路器必须能承受较大的瞬时功率，具有足够的开断或合上故障电流的能力。

2. 断路器的型号

123—4/5—6 中，

1：表示灭弧介质，D—多油，Z—真空，L—六氟化硫。

2：使用环境，N—户内，W—户外。

3：代表产品系列序号，用数字表示。

4：代表额定电压，kV。

5：代表额定电流，A。

6：代表开断电流，kA，无此参数时代表负荷开关。

例如：ZW32-12/630-20 代表户外真空断路器，额定电压 12kV，额定电流 630A，开断电流 20kA。

四、避雷器

1. 避雷器的用途

雷电过电压和内部过电压对运行中配电线路及设备所造成的危害，单纯依靠提高设备绝缘水平来承受这两种过电压，不但在经济上是不合理的，而且在技术上往往也难以达到。采用的办法是使用专门限制过电压的电气设备，将过电压限制在一个合理的水平上，然后按此选用相应的设备绝缘水平，使电力系统的过电压与绝缘合理配合。

避雷器实质是一种放电器，并联连接在被保护设备附近。避雷器可击穿电压要比被保护设备的低，当过电压波沿线路入侵并超过避雷器的放电电压时，避雷器首先放电把入侵波导入大地，限制了作用于设备上的过电压数值，从而保护了设备绝缘免遭击穿破坏。当侵入波消失后，避雷器应能自行恢复绝缘能力，以免造成工频接地短路事故。因此，改善避雷器的保护特性，可以提高被保护设备的运行安全可靠性，也可以降低设备的绝缘水平，从而降低造价。避雷器应符合下列基本要求：

（1）能长期承受系统的持续运行电压，并可短时承受可能经常出现的暂时过电压。

（2）在过电压作用下，其保护水平满足绝缘水平的要求。

（3）能承受过电压作用下产生的热量。

（4）过电压过去之后能迅速恢复正常工作状态。

2. 避雷器的分类与型号

（1）避雷器的分类。按工作元件的材料分为阀式避雷器、金属氧化物避雷器。金属氧化物避雷器按照结构分为无间隙金属氧化物避雷器、有串联间隙金属氧化物避雷器、有并联间隙金属氧化物避雷器。

（2）避雷器的型号。

123—4 中，

1）表示间隙材料：F—阀式，Y—金属氧化物。

2）适用范围：S—变配电站，Z—变配电站，W—户外。

3）代表产品系列序号，用数字表示。

4）代表额定电压，kV。

（3）避雷器的电气性能。

1）保护性。限制过电压，保护电气设备绝缘不至于受到过电压而损坏。

2）灭弧性。过电压引起避雷器内部火花间隙击穿，而火花间隙能够迅速熄灭电弧而不中断电力系统正常供电。

3）通流能力。避雷器动作过程中，可能耐受通过它的各种电流而不致损坏。

3. 避雷器的安装

避雷器的安装要求如下：

（1）避雷器应尽量靠近被保护设备，一般不宜大于 5m。

（2）避雷器上下引线不应过紧或过松，截面不应小于：铜线 $16mm^2$（$3\sim10kV$）或 $4mm^2$（$380/220V$），铝线 $25mm^2$（$3\sim10kV$）或 $6mm^2$（$380/220V$）。

（3）避雷器的引线与导线连接要牢固、紧密，接头长度不应小于 $100mm$（$3\sim10kV$）或 $50mm$（$380/220V$），$3\sim10kV$ 避雷器引线要用两块垫片压在连接螺栓的中间，且要压紧，在接线时不要用力过猛。

（4）避雷器必须垂直安装，倾斜角不应大于 15°，排列要整齐。避雷器底座对地面距离不应小于 2.5m。

（5）3～10kV 避雷器瓷套与抱箍之间要加衬垫，以免损伤瓷套。

（6）避雷器与接地装置相连接的接地引下线应短而直，不要迂回弯曲。

五、变压器

1. 配电变压器的分类与型号

（1）配电变压器的分类。配电变压器通常是指电压为 35kV 或 10kV 及以下，容量为 2500kVA 以下直接向终端用户供电的电力变压器。配电变压器可以按相数、绕组数、冷却方式等特征分类。按相数分为单相变压器和三相变压器，按绕组数分为双绕组变压器和自耦变压器，按冷却方式分为干式变压器和油浸变压器，按照调压方式分为有载调压变压器和无载调压变压器。

（2）配电变压器的型号。

123—4/5 中，

1：基本代号，以一组汉语拼音字母表示，对于配电变压器，每个字母依次分别代表相数、绕组外绝缘介质、冷却方式、绕组材料和调压方式。

相数：D—单相，S—三相。

绕组外绝缘介质：C—绕组成型浇注固体绝缘，G—非包封绕组空气绝缘，省略时代表油浸式。

冷却方式：F—风冷，省略时代表油循环或自冷。

绕组材料：L—铝绕组，省略时代表铜绕组。

调压方式：Z—有载自动调压，省略时代表无载调压。

2：代表密封式波纹油箱，省略时代表普通变压器。

3：代表产品设计序号，用数字表示。

4：代表额定容量，以数字表示，单位为 kVA，新系列变压器额定容量按 R10 系列组合，常用的容量有 10、20、30、50、80、100、160、200、250、315、400、500、630、800、1000kVA 等。

5：高压绕组电压等级，以数字表示，单位 kV，通常为 10kV。

例如 S11-M-250/10，代表三相、设计序列号为 11、密封式、容量为 250kVA 的 10kV 油浸铜芯双绕组变压器。

SG10—500/10，代表三相、非包封绕组空气绝缘、设计序列号为 10、容量为 500kVA 的 10kV 干式铜芯双绕组变压器。

2. 变压器的安装方式

变压器的安装方式主要有柱上变压器安装、落地式变压器安装、室内变压器安装和箱式变压器安装。

柱上变压器安装是将变压器安装在由线路电杆组成的变压器台架（变台）上，它可分为单杆式变台和双杆式变台。柱上变压器具有施工安装、运行维护简单方便的优点，因此在配电网中最为常见，变压器容量一般应控制在 400kVA 及以下。

变压器台架应尽量避开车辆、行人较多的场所，便于变压器的运行与检修，在下列电杆不宜装设变台：转角、分支电杆，装有线路开关的电杆，装有高压进户线或高压电缆的电杆；交叉路口的电杆；低压接户线较多的电杆。

1）单杆变台。

将变压器安装于由一根线路电杆组装成的变台，适用于容量在 30kVA 及以下的变压器。通常在离地面 2.5～3m 的高度处，装设 100mm×100mm 双木横担或角铁横担作为变压器的台架，在距台架 1.7～1.8m 处装设横担，以便装设高压绝缘子、跌落式熔断器及避雷器。

2）双杆变台。

将变压器安装于由线路的两根电杆组装成的变台，适用于容量在 30kVA 以上的变压器。它通常在距离高压杆 2～3m 的地方再另立一根电杆，组成 H 型变台，在离地 2.5～3m 高处用两根槽钢搭成安放变压器的架子，杆上还装有横担，以便安装户外高压跌落式熔断器、高压避雷器和高低压引线。

3. 柱上变压器安装的一般要求

1）变压器台架应牢固可靠，台架距地面高度不小于 2.5m，坡度不大于 1‰，变压器固定于变台上。

2）变压器的高低压引下线及母线可采用多股绝缘线，高压引线铜芯不得小于 16mm²，铝芯不得小于 25mm²，高低压套管应加装绝缘防护罩。高压引下线，高压母线以及跌落式熔断器等之间的相间距离不得小于 300mm，高低压引下线间的距离不得小于 150mm。

3）变压器高低压侧应分别装设高压避雷器和低压避雷器，高压避雷器应尽量靠近变压器。

4）变压器外壳、低压侧中性点、避雷器（有装设时）的接地端必须连在一起，通过接地引下线接地，接地电阻符合要求。容量 100kVA 及以上配电变压器的接地电阻不大于 4Ω，容量 100kVA 以下配电变压器的接地电阻不大于 10Ω。

5）配电变压器台架应设置变压器名称及运行编号的标志以及安全警示标志。

【任务实施】

停电更换 10kV××架空配电线路 5 号杆塔三相跌落保险

一、工作前准备

1. 课前预习相关知识部分。

2. 将班上学生分成 6 人一组，选出小组长。

二、操作步骤

1. 作业前准备工作安排

（1）现场勘查，查阅图纸资料。

（2）工作前按规定向调度提出停电申请，并得到许可。

（3）准备好检修用的工器具及材料，见表 4-13、表 4-14。

（4）填写第一种工作票。

表 4-13 　　　　　　　　　　　更换跌落式熔断器工器具表

序　号	名　　称	型　　号	单　位	数　量	备　注
1	安全帽		顶	1	
2	绝缘手套		副	1	

序　号	名　称	型　号	单　位	数　量	备　注
3	绝缘鞋		双	若干	
4	脚扣		副	1	
5	安全带、安全绳		条	1	
6	个人保安线		根	1	
7	白棕绳		根	1	
8	个人工具		套	若干	
9	验电器	10kV专用	个	1	
10	接地线		组	1	

表 4-14　　　　　　　　　　　　更换跌落式熔断器材料表

序　号	名　称	型　号	单　位	数　量	备　注
1	跌落保险及附件		具	1	
2	固定螺栓	M8	个	若干	

2. 安全措施

（1）作业人员应着装正确，登杆时应正确使用防坠装置，不能失去保护。

（2）在杆塔上作业时，必须使用双保险安全带，戴好安全帽。安全带要系在牢固构件上，防止安全带被锋利物伤害，系安全带后，要检查扣环是否扣好，杆塔上作业转位时，不得失去安全带保护。

（3）验电要使用合格专用验电器。验电时应戴绝缘手套，保持与导线足够的安全距离，并有专人监护。验明确无电压后，立即在工作地段两端及分支线装设地线；装设接地线时应先接接地端，后接导体端，拆地线时的顺序相反；必须使用合格的绝缘棒，人体不得接触导线和接地线。

（4）攀登杆前应检查杆根、脚扣是否牢固可靠。

（5）工作现场装设围栏，挂安全标志牌，设专人监护，防止外人误入伤人；杆塔上作业人员防止掉东西，使用的工具、材料等使用绳索传递，不得乱扔。

（6）上杆作业前电缆头应充分放电。

3. 操作步骤

（1）验电挂地线。

1）作业人员登杆时应核对线路名称、杆塔号、标志是否与停电线路相符。

2）作业人员分别携带验电器、接地线登上杆塔，系好安全带后，先进行验电，验明是否确无电压，验电应逐相进行，验明确无电压后再逐相挂接地线，任务完成后报告工作负责人，然后下杆塔。

（2）更换跌落式熔断器。

1）拆除跌落保险两侧桩头引线。

2）拆除跌落保险，用绳索将开关吊下。

3）用绳索将新跌落保险吊上杆，并安装就位。

4）安装好跌落保险两侧桩头引线。

5）放下工器具，杆上作业人员下杆。

（3）拆除接地线。

1）工作负责人检查线路设备上有无遗留的工具及材料，命令拆除接地线。

2）拆接地线的程序与挂接地线的程序相反。

3）作业人员拆除接地线下杆塔工作结束。

4. 10kV 跌落式熔断器操作的注意事项

（1）跌落式熔断器的安装。

1）安装时应将熔体拉紧（使熔体大约受到 24.5N 左右的拉力），否则容易引起触头发热。

2）熔断器安装在横担（构架）上应牢固可靠，不能有任何的晃动或摇晃现象。

3）熔管应有向下 25°±2°的倾角，以便熔体熔断时熔管能依靠自身重量迅速跌落。

4）熔断器应安装在离地面垂直距离不小于 4m 的横担（构架）上，若安装在配电变压器上方，应与配电变压器的最外轮廓边界保持 0.5m 以上的水平距离，以防万一熔管掉落引发其他事故。

5）熔管的长度应调整适中，要求合闸后鸭嘴舌头能扣住触头长度的三分之二以上，以免在运行中发生自行跌落的误动作，熔管也不可顶死鸭嘴，以防止熔体熔断后熔管不能及时跌落。

6）所使用的熔体必须是正规厂家的标准产品，并具有一定的机械强度，一般要求熔体最少能承受 147N 以上的拉力。

7）10kV 跌落式熔断器安装在户外，要求相间距离大于 70cm。

（2）跌落式熔断器的操作。

一般情况下不允许带负荷操作跌落式熔断器，只允许其操作空载设备（线路）。但在农网 10kV 配电线路分支线和额定容量小于 200kVA 的配电变压器允许按下列要求带负荷操作。

1）操作时由两人进行（一人监护，一人操作），但必须戴经试验合格的绝缘手套，穿绝缘靴、戴护目镜，使用电压等级相匹配的合格绝缘棒操作，在雷电或者大雨的气候下禁止操作。

2）在拉闸操作时，一般规定为先拉断中间相，再拉背风的边相，最后拉断迎风的边相。合闸的时候先合迎风边相，再合背风边相。

3）操作熔管是一项频繁的项目，易造成触头烧伤引起接触不良，使触头过热，弹簧退火，促使触头接触更为不良，形成恶性循环。所以，拉、合熔管时要用力适度，合好后，要仔细检查鸭嘴舌头能紧紧扣住舌头长度 2/3 以上，可用拉闸杆钩住上鸭嘴向下压几下，再轻轻试拉，检查是否合好。合闸时未能到位或未合牢靠，熔断器上静触头压力不足，极易造成触头烧伤或者熔管自行跌落。

（3）跌落式熔断器的运行维护管理。

1）为使熔断器能更可靠、安全的运行，除按规程要求严格地选择正规厂家生产的合格产品及配件（包括熔件等）外，在运行维护管理中应特别注意以下事项：

a. 熔断器具额定电流与熔体及负荷电流值是否匹配合适，若配合不当必须进行调整。

b. 熔断器的每次操作须仔细认真，不可粗心大意，特别是合闸操作，必须使动、静触头接触良好。

c. 熔管内必须使用标准熔体，禁止用铜丝、铝丝代替熔体，更不准用铜丝、铝丝及铁丝将触头绑扎住使用。

d. 对新安装或更换的熔断器，要严格验收工序，必须满足规程质量要求，熔管安装角度达到 25°左右的倾下角。

e. 熔体熔断后应更换新的同规格熔体，不可将熔断后的熔体连接起来再装入熔管继续使用。

f. 应定期对熔断器进行巡视，每月不少于一次夜间巡视，查看有无放电火花和接触不良现象，有放电，会伴有嘶嘶的响声，要尽早安排处理。

2）线路在停电检修时应对熔断器做如下内容的检查：

a. 静、动触头接触是否吻合，紧密完好，有否烧伤痕迹。

b. 熔断器转动部位是否灵活，是否锈蚀、转动不灵等异常，零部件是否损坏、弹簧是否锈蚀。

c. 熔体本身是否受到损伤，经长期通电后有无发热伸长过多变得松弛无力。

d. 熔管经多次动作管内产气用消弧管是否烧伤及日晒雨淋后是否损伤变形、长度是否缩短。

e. 清扫绝缘子并检查有无损伤、裂纹或放电痕迹，拆开上、下引线后，用 2500V 绝缘电阻器测试绝缘电阻应大于 300MΩ。

f. 检查熔断器上下连接引线有无松动、放电、过热现象。

对上述项目检查出的缺陷一定要认真检修处理。

5. 工作终结

（1）作业人员做好收尾工作，检查防盗措施是否到位，整理工器具，清理场地。

（2）作业人员完成工作任务后，向工作负责人汇报，工作负责人现场点评各小组成员在完成本次任务中的表现、取得的成绩，指出不足，与小组副组长、学习委员商议，给小组每位成员评出合理的分数。

（3）小组长将作业指导书、点评记录、小组工作总结及小组成员成绩单交给指导老师。

三、评价标准

根据表 4-15 对任务完成情况做出评价。

表 4-15　　　　　　　　　　　　评　分　标　准

项　目	考核标准	配　分	扣　分	得　分
小组合作	（1）小组计划详细周密 （2）小组成员团结协作、分工恰当、积极参与 （3）能够发现问题并及时解决 （4）学习态度端正、配合默契	20		
停电更换 10kV ××架空配电线路 5 号杆塔三相跌落保险	（1）工器具、材料准备合格、充足 （2）工作票填写正确规范，能按电力安全工作规程履行工作许可制度 （3）作业指导书编写正确规范 （4）登杆、检查、更换跌落熔断器动作规范熟练、工器具使用正确 （5）工作过程控制好，安全措施到位，工作质量满足要求 （6）实行收工点评，能客观评价工作任务完成情况，肯定成绩，指出不足 （7）能正确履行工作终结制度	45		

续表

项　目	考核标准	配　分	扣　分	得　分
资料归档	工作票、作业指导书、点评记录、小组成员成绩单交给指导老师	20		
安全文明	(1) 能遵守学习任务完成过程的考核规则及相关的实习管理制度 (2) 能爱护工器具，不浪费材料，不人为损坏仪器设备 (3) 能保持操作环境整洁，操作秩序良好	15		

📖【拓展知识】

配 电 线 路 抢 修

配电线路发生故障后，抢修工作流程是协调和约束各有关单位快速反应和快速进行抢修工作的重要依据。一个好的抢修工作流程将会大幅度提高抢修工作效率。因此，在实际工作中，要依据本单位的具体情况合理制定工作流程。

一、抢修工作流程和流程图

1. 抢修工作流程

抢修工作一般包含以下几个重要环节：

(1) 收集故障信息。主要通过调度和外界报告来收集。

(2) 设备管辖单位配电抢修指挥中心（或生产调度、抢修负责人等）接到故障信息后，组织运行人员查出故障点。

(3) 运行人员将故障情况和所需材料告知配电抢修中心（或生产调度、抢修负责人等）。

(4) 配电抢修中心（或生产调度、抢修负责人等）根据故障情况，安排足够的抢修人员，准备工器具、材料和车辆进行抢修工作。

(5) 抢修工作负责人与调度联系并办理相应的许可手续。到达现场后，进行合理分工并设置现场安全措施。

(6) 抢修人员进行抢修工作。

(7) 抢修结束，清理现场，人员撤离。

(8) 抢修工作负责人汇报工作终结。

2. 抢修工作流程图

抢修工作流程见图 4-2。

二、制定停电抢修的施工方案

配电线路发生事故后，根据抢修工作的流程图，应立即组织有关人员前往事故现场勘察并制度停电抢修的施工方案。

1. 停电抢修方案制度的程序

(1) 接到停电抢修工作任务后，首先派人到现场勘察。

(2) 根据现场勘察情况，确定停电抢修的工作范围、内容及抢修施工所需的人员、工器具、材料和车辆。

(3) 制定抢修施工方案。

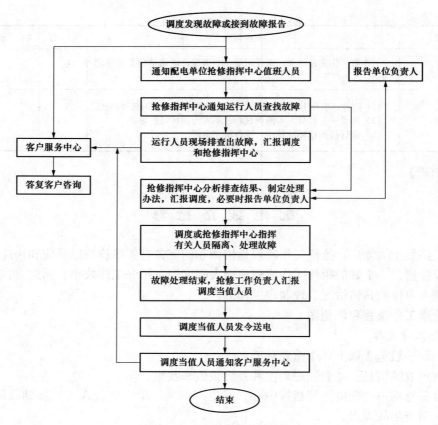

图 4-2　抢修工作流程图

2. 停电抢修施工方案的内容

（1）抢修工作的组织措施。

1）人员的组织。根据抢修工作的内容确定所需各类人员的数量并进行合理分工。

2）根据事故的情况和人员分工，准备抢修工作所需工器具、材料和车辆。

3）根据天气情况和现场施工情况，准备保暖或防暑设施。

（2）抢修工作安全措施。

1）核对线路名称和杆号，应与抢修线路一致。

2）检查杆根、拉线和登高工器具。

3）严格执行验电、挂接地线措施。验电前，应检测验电器和绝缘手套。挂接地线过程中，严禁人身触及接地线。

4）所有安全工器具应具有有效试验合格证。

5）工作班成员进入工作现场应戴安全帽，按规定着装，登高作业时应系好安全带。

6）杆上使用的材料、工具应用绳索传递。杆上人员应防止掉东西，拆下的金具禁止抛扔，在工作现场要设遮栏并挂"止步、高压危险"警示牌。

7）高处作业时不得失去监护。

8）使用吊车时，吊车起吊过程中，严禁吊臂下方有人逗留。吊车司机应严格听从工作负责人的指挥，与杆上工作人员协调配合。

9）作业时应注意感应电伤害，必要时应使用个人保安线。

（3）抢修工作的主要技术措施。

1）对歪斜和单侧受力的电杆，应做好临时拉线后方可进行登杆作业。

2）放松导线时，严禁采取突然剪断导线的方法松线。

3）导线连接时，应使用同规格、同截面、同绞向的导线。

4）对受短路电流冲击过的接续金具进行检查，确定无异常后方可继续使用。

5）对断线点前后绝缘子及扎线进行检查，确保处于良好状态。

6）对更换的配电变压器，应核对铭牌和分接头位置。

7）更换断路器或隔离开关后，断路器或隔离开关的分合状态应与原来的一致，相序应与事故前一致。

8）导线引接线应保持与原来相序一致，若为绝缘导线，绝缘层剥离处应进行绝缘补强处理。

【巩固与练习】

简答题

1. 简述 10kV 线路停电更换柱上断路器的作业步骤。

2. 简述 10kV 线路停电更换配电变压器的作业步骤。

项目五

架空输配电线路带电作业

【项目导航】

当你作为新员工进入某供电公司高压线路带电作业班组工作时，你是否对线路带电作业有深入的了解？从目前看，我国的电网结构还比较薄弱，500kV 线路大多是单回线，停电检修十分困难，一旦因个别设备缺陷而进行停电检修，即使时间很短，也会给电网和国民经济带来较大的直接和间接经济损失。另外，对于直接为用户服务的配电系统，由于它具有网络庞杂、覆盖面大的特点，目前大多为辐射式供电。不少城网老旧设备较多，检修维护工作量大，许多地区满足不了可靠性的基本要求，所以有必要大力开展带电作业工作以提高配电网的经济效益和供电可靠性。

【项目目标】

知识目标

1. 掌握高压线路带电作业的工作原理和作业方式。
2. 掌握带电作业安全防护措施。
3. 熟悉带电作业工器具的使用和保管。

能力目标

1. 能按国家电网公司要求编制带电作业的标准化作业指导书。
2. 能根据带电作业不同的项目准备工器具及相关的材料。
3. 能进行带电作业危险点分析并制定预防措施。

素质目标

1. 能主动学习，在完成任务过程中发现问题，能把握问题本质，具有分析问题及解决问题的能力。
2. 具有安全意识，善于沟通，能围绕主题讨论、准确表达观点。学会查找有用资料，书面表达规范清晰。

【项目要求】

本项目要求学生完成四个学习任务。通过四个学习任务的完成，使学生掌握输配电线路带电作业的工作原理及作业方式，熟悉高压线路带电作业的安全技术要求，了解带电作业在提高电网运行可靠性和经济性方面的重要性，掌握高压线路带电作业技术的专业能力。

【项目计划】

项目计划参见表 5-1。

表 5-1   **项 目 计 划**

序号	项目内容	负责人	实施要求	完成时间
1	任务1：输配电线路带电作业原理的分析	各小组长	(1) 研讨任务，制定工作计划 (2) 各小组成员明确分工，按工作计划完成任务要求 (3) 学会搜集整理生产现场资料，领会国家电网公司标准化作业的要求 (4) 以小组为单位完成的分析报告内容正确，分析过程符合逻辑规律，文字表达简单明了，图、表、计算数据齐全，格式、字体大小统一规范 (5) 各小组进行客观评价，完成评价表	8课时
2	任务2：输配电线路带电作业工器具的认识	各小组长	(1) 研讨任务，制定工作计划 (2) 各小组成员明确分工，按工作计划完成任务要求 (3) 各小组根据高压线路带电检修的项目要求正确选配工器具 (4) 以小组为单位列出的××线路××带电作业项目工器具表格式规范，能全面反映出所需工器具的名称、规格型号、数量、单位、生产厂家、出厂年月、试验项目及时间等各项指标 (5) 各小组进行客观评价，完成评价表	4课时
3	任务3：绝缘手套作业法断、接引线	各小组长	(1) 研讨任务，制定工作计划 (2) 各小组成员明确分工，按工作计划完成任务要求 (3) 熟悉作业流程，知晓危险点，能做好安全防护措施 (4) 会编写作业指导书 (5) 小组成员相互配合，能按照按作业指导书的要求正确使用工器具，完成操作任务 (6) 各小组进行客观评价，完成评价表	8课时
4	任务4：输电线路带电更换保护金具	各小组长	(1) 研讨任务，制定工作计划 (2) 各小组成员明确分工，按工作计划完成任务要求 (3) 熟悉作业流程，知晓危险点，能做好安全防护措施 (4) 会编写作业指导书 (5) 小组成员相互配合，能按照按作业指导书的要求正确使用工器具，完成操作任务 (6) 各小组进行客观评价，完成评价表	8课时
5	任务评估	教师		

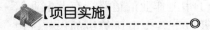【项目实施】

任务 1　输配电线路带电作业原理的分析

【布置任务】

任务书见表 5-2。

表 5-2   **任 务 书**

任务名称	输配电线路带电作业原理的分析	
任务描述	2013 年 4 月 23 日，××省电力公司培训中心承接了省高压线路带电作业现场竞赛任务，在××培训中心线路实训场地举行比赛，全省各地州市共有 14 支带电作业队伍参加本次竞赛，比赛全程摄像。指导老师组织学生观看这次带电作业竞赛视频，现场解答学生提出的疑问，并要求全班同学 5 人一组，对输配电线路带电作业原理进行分析，提交分析报告	
任务要求	(1) 各小组接受工作任务后讨论并制定工作计划 (2) 阅读教材上相关知识部分 (3) 搜集整理有关输配电线路带电作业的现场资料 (4) 各小组长组织组员到线路实训场地查勘 (5) 组长安排人员执笔，撰写分析报告 (6) 组长召集组员一起审核本组撰写的分析报告 (7) 各小组进行客观评价，完成评价表	
注意事项	(1) 每位组员应阅读教材上相关知识部分，有不懂之处及时咨询指导老师 (2) 组员之间应相互督促，完成本次学习任务 (3) 现场作业，应注意保证人身安全，严禁打闹嬉戏 (4) 发现异常情况，及时与指导老师联系 (5) 安全文明作业	
成果评价	自评：	
	互评：	
	师评：	
小组长签字		组员签字

日期：   年   月   日

【相关知识】

一、带电作业的发展历史

目前，世界上已有 80 多个国家开展了带电作业的研究，其中中国、美国、俄罗斯、日本、加拿大、英国、德国、瑞士、比利时及澳大利亚等 40 多个国家已广泛应用带电作业技术。

带电作业技术的发展，首先是从配电线路开始的，然后发展到输电线路，再向变电站延伸的。带电作业的电压等级的发展也是由低到高，先在配电线路，然后到高压输电线路，再发展到超高压输电线路、特高压输电线路。由交流到直流，逐渐发展并成熟起来的。

我国的带电作业是由东北鞍山电业局在 1954 年首先在供电设备检修中应用。当时鞍山电业局的工人和技术人员在领导的支持下于 1956 年完成了 3.3kV 线路直线杆单回线的更换电杆、横担、针式绝缘子等简单的带电作业项目，又于 1965 年正式进行了更换 22～66kV 线路直线杆的电杆、横担、绝缘子的不停电检修工作，开辟了带电作业的道路。东北电业管理局组织科技力量进行试验研究，到 1957 年已可在 220kV 及以下各个电压等级的送变配电设备上进行带电作业。

1958 年，原鞍山供电局负责了全国第一期带电作业的培训班，将带电作业开始推向全国。此时 220kV 超高压线路不停电更换绝缘子的全套工具已研制成功，沈阳试验研究所已开始了人体直接接触导线检修的试验研究，解决了高压电场的屏蔽问题，等电位带电作业开始在我国推广。

1966 年在鞍山举办的"全国带电作业现场观摩表演大会"，标志着全国带电作业发展到了普及阶段。

1977 年，原水电部将带电作业纳入安全工作规程，进一步肯定了带电作业的安全性。同年，我国带电作业开始与国际交流，参加了国际电工委员会带电作业工作组的活动。

1984 年 5 月成立了中国带电作业标准化委员会。

1979 年，我国开始建设 500kV 电压等级的输变电工程，有关单位相应开展了 500kV 电压的带电作业研究工作。目前，500kV 超高压紧凑型输电线路、750kV 超高压输电线路的带电作业试验研究已经完成，具备了在线路上进行实际操作的工具、进入等电位方式、防护措施和安全措施的各项准备工作的基本条件。随着我国 1000kV 特高压输电线路的投入运行，针对 1000kV 特高压输电线路的带电作业试验研究工作也已基本完成。

我国的带电作业与发达的经济大国相比，无论是作业方法的多样性、作业项目的操作难度、普及的广泛程度，还是带电作业完成的工作量及经济效果，都处在领先地位。特别是我国的带电作业工具，结构巧妙、轻便、通用等特点比较突出。但也存在工具制造的工艺水平较差、标准化水平低、人员培训不够严格等不足。所以相对来说，我国的带电作业事故也较多。自 1980 年以来，全国已着手扭转这种局面，首先从基础工作入手，各地陆续组织编制了《带电作业安全工作规程》、《带电作业技术管理制度》和《带电作业操作指导》指令性规程。这标志着带电作业管理水平正向着正规化、标准化和现代化迈进。

二、带电作业的发展趋势

1. 发展的方向

从世界范围来看，带电作业除继续开展常规带电作业项目外，有向两个方向发展的趋势，一是随着特高压线路、紧凑型线路、超高压同杆多回线路、超高压直流线路的发展，对特高压、超高压线路带电作业提出了新的课题，要求研究相应的安全作业方式，配套工器具及人身安全防护用具；二是随着生产、生活用电设施的日益普及，对供电可靠性要求越来越高，在配电网中开展带电作业不仅可提高供电可靠性，大大减少用户停电范围和时间，而且将具有明显的经济效益。所以，配电网的带电作业在世界各国得到了广泛的开展。随着用户对供电质量要求的不断提高，带电作业正面临一个新的发展时期，带电作业还需要在更广泛的领域中推广应用，并向更高的水平和阶段推进。

2. 作业方式及工器具的发展

（1）直升机应用于带电作业已成为发展趋势，主要应用于巡线及带电水冲洗等。其中，用直升机进行带电水冲洗具有效率高、速度快，冲洗效果好的特点。

（2）带电作业机械手。由美国研制的带电作业机械手采用自动控制、立体对应方式操作，该机械手是采用光导纤维在操作者和机械手之间形成安全电气隔离，由于是遥控，特别适用于送电线路的带电作业。机械手控制部分通过计算机存储移动程序，然后用遥控方式重复，机械手通过摄像机向操作者反馈定位信息，该机械手主要用于高电场下的重复性工作。随着带电作业机械手的开发，6、10kV 线路机械手带电作业已进入使用阶段，采用机械手进行带电作业时，由操作人员在地面或高空控制台中遥控，机械手的伸缩臂为 2~3m，关节具有 4 个自由度，根据作业内容及要求的不同，在机械手的前端装配上各种作业工具，即可自动进行配电线路带电作业，下一步将引入视觉辅助功能（如距离识别、形状识别）等尖端技术、实现自动控制作业。

（3）新型的检测仪表及安全防护用具，通过将电子、红外、光纤、计算机等技术应用于带电检测仪器和仪表，使带电检测更准确、更便利。通过采用新型绝缘材料制成的安全防护用品，不仅电气绝缘性高，机械强度好，而且更便于人员的操作。电场屏蔽用具的各项技术性能也将上一个新台阶。

3. 带电作业的优势

带电作业又称不停电作业，指在一定的条件下，在特定的电气设备上，带运行电压的情况下进行的一种特殊作业。如：带电水冲洗绝缘子、带电更换绝缘子、带电修补导线、地线等。它与停电作业相比较，具有以下几方面的优点：

（1）提高供电可靠性，保证不间断供电。供电可靠性是电力系统的一项重要指标，可是停电检修方法却满足不了各用电部门的要求。移动杆塔或横担，哪怕是更换一片绝缘子，也必须停电，因而很多的工矿企业不得不因线路停电检修而停止生产，从而造成巨大的损失，给生产带来了极大的不便。而带电作业，尤其是等电位作业，为及时处理线路设备的缺陷，对用户不间断供电提供了行之有效的保证，也提高了用户的经济效益和社会效益。

（2）可加强检修计划性，及时安排检修工作。由于停电检修给用户用电带来不便，且停电时间受限制，所以停电检修是一种集中的、不均衡的、突击进行的工作。而且每次停电检修的工作量大，集中劳动力多，易造成检修混乱、检修质量不易保证。另外，如果在计划停电检修的日期，遇有特殊情况而不能停电时，检修人员就会窝工，实行带电作业，上述的问题都能得到解决。所以，采用带电作业，由于不受停电时间的限制，不必向用户约定停电时间，当发现了设备缺陷以后，只要气象条件允许，就可以及时地根据设备缺陷的程度，列入年、季、日检修计划。这样，不仅加强了检修工作的计划性，充分发挥检修的力量，而且还保证了检修质量。

（3）可节省检修时间。通常停电处理一个故障需要较长时间，如果包括停、送电联系的时间，最少得 4h。电压等级越高，停电带来的损失就越大。例如 500kV 线路停电 4h 时，则少送电 400 万 kW·h。而带电作业是具有高度组织性的半机械化作业，只要平时有针对性地进行一些检修训练及配备相应的工器具，操作人员具有熟练的技术，即可迅速完成每次的检修任务。例如，更换 220kV 直线绝缘子串，包括准备工作时间在内，一般只要 30～35min；更换耐张绝缘子串也不超过 1h，与停电检修相比，既减轻了劳动强度，又大大节省了检修时间。

（4）可简化设备，减少建设投资。带电作业可在运行设备上进行，可保证不间断供电，因而可不考虑备用设备，这样不仅可以节约基建投资，也避免了因停电造成的倒闸操作和不合理的电网运行方式。

带电作业具有"一特三高"的特点。一特指带电作业具有特殊性，即在一定的空间作业，又是在一定的电场中作业，必要时人体还要处于运行电压下工作，要求作业人员具有很高的技能。三高分别指：

1）条件要求高，带电作业必须在气象条件好、工作环境适宜、工具设备齐全可靠，技术条件符合要求的前提条件下方可进行。

2）安全要求高，安全是带电作业的生命，要保证安全，必须遵循操作程序化、制度化、标准化和安全化。

3）工作效率高，进行带电作业的人员必须经特殊培训，人员技术水平要求高、组织措施得力，可大大节省检修时间。

综上，带电作业对保证电网的安全、经济运行，提高供电企业的经济效益，提高电力的综合经济效益等作用都很大，且电压等级越高，意义越大。

三、带电作业的基本原理及作业方法

1. 带电作业原理

电对人体的作用有两种：一种是人体直接接触带电体时，由于电流通过人体造成伤害，另一种是人体进入带电体附近，虽未触及带电体，却处于强电磁场中，若不采取适当措施，也会危及作业人员人身安全。

（1）人体对电流的耐受力。

人体站在地面上，如果直接接触高于地电位的带电导线，就会形成一闭合电路，有一定电流流经人体，这种现象即称"触电"。触电时电流大小为

$$I_r = \frac{U}{R_r} \tag{5-1}$$

式中　U——带电导线对地电压，V；

　　　R_r——人体的等值电阻，Ω；

　　　I_r——流经人体的电流，A。

人体电阻是由皮肤电阻和体内组织电阻组成。全部体内组织的电阻约为1000Ω。皮肤电阻很大，并且主要决定于表皮角质的电阻。当角质层完好无损时，人体电阻达10～100kΩ；当整个皮肤被损坏时，人体电阻就只有600～800Ω。因此一般认为人体电阻为1500Ω左右。

电流对人体的伤害形式主要有两种，分别是电伤和电击。电伤是由电弧的电热效应所造成的人体外部的局部伤害，主要表现为电弧灼伤、电烙印和皮肤金属化三种形式；电击是指电流流过人体内部，造成人体内部组织如心脏、肺部及神经系统的破坏，以致危及生命。根据国内外多次试验证明，流过人体交流电在0.5mA以下，直流电不超过5mA时，人体不会感到电流的存在。目前，一般以1mA交流电作为人体对电流的感知水平，并把它作为人体耐受电流的安全极限。实际上，由于性别、电流的频率以及流入人体时电流密度不同，感知水平也不完全相同。但是，在带电作业时，我们只要把人体在各种操作方式下流过人体的电流严格控制在1mA以下，人体就不会有危险，也不会有任何不适之感。

（2）电场对人体的作用。在高电场中，尽管人体没有直接接触带电体，也没有用绝缘工具直接触带电体，但人体仍然会产生一定程度不适的感觉，如针刺感、风吹感等，此时电场强度均为240kV/m，如果电场强度达到500～700kV/m时，人体就会有麻木、刺痛的感觉，达到难以忍受的程度，严重时发生沿面放电或空气间隙击穿，造成人体弧光放电。

试验研究证明，人体站在绝缘装置上，只要电场强度低于240kV/m，人体就不会感知电场存在。即低于人体知觉场强（240kV/m）以下的工频电场，不会引起不良的感觉，对人体的生理也无不影响。当然，从安全角度出发，加强带电作业人员的电场防护措施，是不能忽视的事情。

带电作业中绝缘工具可以限制流经人体的电流。除此之外，带电作业人员人体和带电体之间充满空气，在强电场的作用下，会沿绝缘工具表面闪络放电或经空气间隙直接击穿放电。它们和泄漏电流相比，危害程度要严重得多。在带电作业中，必须严格控制空气间隙和爬距的长度。

2. 带电作业方法

根据上述原理，目前带电作业的操作方法，按操作人员与被检修设备的位置关系，可分为间接作业和直接作业；按人体作业时自身电位的高低分类，可分为等电位作业法、中间电位作业法及地电位作业法。按采用的绝缘工具特征分类，可分为绝缘杆紧、支、拉、吊法，绝缘软梯法，绝缘平台法，水冲洗，绝缘斗臂车作业法和沿绝缘子进入强电场等法。

（1）间接作业法。间接作业法是指作业人员不直接接触带电设备，而是相隔一定距离，用各种绝缘工器具对带电设备进行的检修作业。

根据欧姆定律可知，要在很高的电压下使流过人体的电流小于 1mA，唯一的办法就是在电路中增加一段很高的绝缘电阻来弥补人体电阻的不足，即用绝缘电阻在 $10^{10}\,\Omega$ 以上的工具串联于电路中。这样，流过人体电流很容易限制在 1mA 以下。所以，间接作业法是一种行之有效的带电作业方法。

由于间接作业法的作业人员可以在带电设备四周进行操作，并可以做到人体的空间尺寸不占据设备原有的净空尺寸。因此，无论设备净空尺寸是大还是小，这种方法都能够适应，但它特别适用于 35kV 及以下的电压等级的线路。总言之，间接作业人员无需占据带电设备固有净空，使其应用范围不会受到电压等级和净空的限制，任何等电位作业都离不开间接作业的协助，这是间接作业的突出优点。

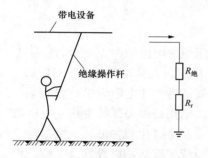

图 5-1　地电位作业及其等效电路图

1）地电位作业法。地电位作业是指人体站在接地物体（杆塔、横担或地面）上，并与带电设备保持一定的安全距离，利用绝缘工具对带电设备进行检修的作业方法。此时通过人体的电流回路：带电设备→绝缘工具→人→地的泄漏电流回路，如图 5-1 所示。

在此交流回路中电流、电压和阻抗之间的关系为

$$I = \frac{U}{Z} \tag{5-2}$$

式中　U——交流电压，V；

　　　I——交流电流，A；

　　　Z——交流回路阻抗，Ω。

阻抗 Z 包括电阻 R 和电抗 X，而电抗又是感抗 X_L 与容抗 X_C 的差值，其阻抗三角形如图 5-2 所示，有

$$Z = \sqrt{(R^2 + X^2)} = \sqrt{R^2 + (X_L - X_C)^2} \tag{5-3}$$

由式（5-1）可见，地电位作业时，沿绝缘工具流经人体的泄漏电流与设备的最高电压成正比，与绝缘工具、人体串联回路的阻抗成反比，如果忽略串联回路的电抗，人体与绝缘工具的电阻相比是相当小的，因此流经人体的泄漏电流主要取决于绝缘工具的绝缘电阻。

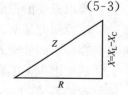

图 5-2　阻抗三角形

绝缘工具越长，绝缘电阻越大。因此，保证绝缘工具的有效长度及人身与带电设备的安全距离，可使流过人体的泄漏电流及电容电流极其微小，以致人体毫无感觉。

需要注意的是，绝缘工具的表面电阻并不随工具增长而成比例地增加，而与绝缘工具的

表面状况有关。当其表面脏污，特别是含有盐分的污物，在潮湿的条件下使用时，绝致电阻将降低很多，很容易造成沿表面放电。因此在制作绝缘工具时，表面要做良好的绝缘处理；使用绝缘工具前，必须用毛巾擦干净，以提高绝缘工具的表面绝缘电阻，防止沿面放电。

2) 中间电位作业。中间电位作业属于地电位作业的范围。其特点是作业人员站在绝缘梯（台）上，手持绝缘工具对带电导体进行的作业。简单地说，就是地→绝缘梯（台）→人→绝缘工具→带电设备，将绝缘工具的长度 l 变成 l_1+l_2 以及将空气间隙 L_1 变成 l_3+l_4 的组合，如图 5-3 所示。在这种作业方式中，作业人员处于带电设备与绝缘梯（台）之间，人体对带电设备及地分别存在一个电容，如图 5-4 所示。由于该电容的耦合作用，人体具有一个比地电位高而比带电设备电位低的电位，因此在作业过程中必须严格遵守中间电位作业的有关规定。

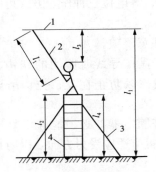

图 5-3　中间电位作业示意图

1—带电设备；2—绝缘操作杆；
3—拉绳；4—绝缘梯

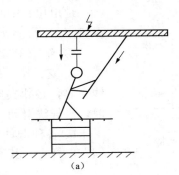 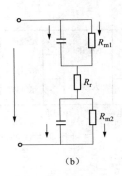

图 5-4　中间电位作业

（a）示意图；（b）等效电路

R_{m1}—绝缘操作杆等效电阻；R_{m2}—绝缘梯台等效电阻

需要注意的是，进行中间电位作业时，作业人员应穿屏蔽服，且只能用绝缘工具进行操作；工作人员所站的绝缘梯（台）和使用的绝缘工具的绝缘性能应试验合格；另外，作业人员对带电设备及地的组合间隙应能满足同等电压等级间隙的 1.2 倍，最小组合间隙见表 5-3。地电位作业人员不得用手直接向中间电位人员传递工具。

表 5-3　　　　　　　　　　　　最 小 组 合 间 隙

电压等级（kV）	35	66	110	220	330	500
最小组合间隙（m）	0.7	0.8	1.2	2.1	3.1	4.0

3) 间接作业法使用的绝缘工具。

绝缘工具在间接作业法中占有极其重要的地位，绝缘工具的好坏，直接影响到作业人员的安全，所以在选择和配备绝缘工具时，必须慎重考虑。间接作业法所用的绝缘工具，主要有绝缘操作杆、直线杆、吊线杆、拉线杆等。在进行各种操作时，还要配合适当的附属工具。将带电设备挪离原来位置的操作法，归纳起来，可用升、降、支、拉、紧、吊、张、缩八个字来表示。

a. 升。适用于 10～35kV 针式绝缘子或瓷横担的线路作业。作业时，用绝缘工具将顶相导线或三相导线同时升高，使其脱离绝缘子，以便于更换绝缘子、横担或电杆。

b. 降。适用于 35kV 及以上输电线路的直线杆塔。用绝缘滑车将导线悬挂后降低，使其完全脱离绝缘子串，以便于清扫绝缘子串或更换绝缘子、横担和电杆。

c. 吊。适用于 35kV 及以上输电线路的直线悬式绝缘子。作业时用吊线杆吊住导线不降低，以便用于取瓶器更换单片或整串绝缘子。

d. 拉。用绝缘绳或滑车组向外拉住导线、引线或跳线等，以增大相间距离或加大作业人员的安全距离。

e. 紧。收紧。35kV 以上线路中更换绝缘子时，用绝缘拉板或绝缘滑车组将导线收紧以承受导线张力，使绝缘子串松弛，以便更换整串绝缘子或其中一片绝缘子。

绝缘工具是直接接触带电设备进行操作的工具，它除了必须具备绝缘性能高的要求外，还必须具备足够的机械强度。因为要利用这些工具按照一定的方式将带电设备挪移，使待修设备脱离电源进行检修，不但要受电场力的作用，也要承受操作时机械力的作用。

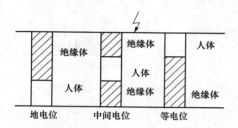

图 5-5　三种作业方式的区别及特点

地电位、中间电位、等电位三种作业方式可区别及特点如图 5-5 所示。

4）绝缘工具使用注意事项。

a. 支、拉、吊线杆操作导线时所用的铁钩、固线夹等，必须夹牢导线，以防止在支、拉、吊导线时，沿导线滑动。

b. 各种卡具和电杆固定器，必须能够牢靠地紧固在电杆上，其安装位置应适应受力方向，以防止受力后歪扭。

c. 利用支、拉线杆支开导线时，要握紧支、拉线杆，慢慢松出或拉回，勿使导线摆动过大，以防止支、拉不住。

d. 根据检修性质和设备结构情况，应在电杆的中部或适当位置打上临时拉线，以防止电杆摆动过大。

e. 支、拉、吊线杆在各种工作状态下（主要是支、拉、吊开导线后的静止状态）与杆塔的夹角应适应受力方向。

（2）直接作业法。直接作业法是指作业人员直接与带电设备接触而进行各种作业。

根据欧姆定律可知，如果要使通过人体的电流不超过 1mA，若人体电阻按 1000Ω 来计算，人体在电路中所承受的电压只有 1V 左右，即人体上各点几乎没有高差，根据这个原理，产生了直接作业法。

进行直接作业法时，操作人员穿上屏蔽服（均压服），利用绝缘工具（一般是绝缘软梯或绝缘斗臂车）或直接沿 220kV 及以上线路的耐张绝缘子串进入带电设备，进行检修作业。它的优点是极大简化作业工具和操作程序，能够完成许多细致、复杂的检修工作，取得理想的工作效果和效率；缺点是人体必须占据带电设备固有净空，使得带电设备的净空尺寸变小，应用范围因而受到限制。直接作业法可分为等电位作业、分相作业和全绝缘作业。

分相作业。即将中性点不直接接地的 35kV 及以下电力系统的电气设备的一项人为接地，另两相升高 $\sqrt{3}$ 倍相电压运行，作业人员对接地相进行检修的作业。

全绝缘作业，即对作业相的邻近带电设备或接地部分进行妥善的绝缘遮盖或将作业人员自身进行全绝缘，然后对带电体进行检修的作业，配电网中常用到这种作业。

等电位作业指人体身着全套屏蔽服借助绝缘工具、硬梯或绝缘台等绝缘工具与大地绝缘后进入高压电场，直接接触带电设备进行的作业。即：接地体→绝缘梯（台）→人→绝缘工具→带电设备。

1）等电位作业的原理。和地电位作业法原理一样，只是将人体和带电设备之间的绝缘换到人体与地之间的绝缘，同样保证人体内不流过 1mA 的交流电流。等电位作业是在人体与带电设备电位相等的情况下进行的作业，理论上来讲，通过人体的电流等于零，所以等电位作业是安全的。小鸟能够站在高压导线上而不会触电，就是这个道理。

等电位作业与间接作业的不同之处，在于人体在等电位作业时往往要占据部分净空尺寸，这样，设备的净空尺寸将会变小，特别是人体的基本尺寸与 66kV 以下设备的净空尺寸比起来显得过大，等电位人员在作业中误触接地体的概率就会增加，所以，等电位作业在35kV 及以下设备上不宜采用。当然，如果采取了防止人体误触接地体的有效措施后，等电位法在 35kV 以及下部分设备上也是可以利用的。

作业人员在等电位前对导线和地线都存在着电容，等电位后，人体对大地和对其他相导线间也存在着电容。所以等电位作业人员无论是刚接触高压导线瞬间或接触之后，都有电容电流流过人体。因此，在高压设备上等电位作业时必须采取分流人体电容电流的有效措施。同时，作业人员接近和接触高压导线时，因受到高压电场的作用，会产生不舒服的感觉。所以在接触高压电场作业，特别是等电位作业时，还必须采取屏蔽高压电场的有效措施。等电位作业人员穿上屏蔽服就能有效地分流人体电容电流并起到屏蔽高压电场的作用。屏蔽服的另一个作用是可以代替等电位作业时，人体在刚接触高压设备瞬间转移电位和刚脱离高压设备瞬间脱离电位用的电位转移线，使在作业时人体（或金属工具）转移电位的程序变得简单。原则上等电位作业人员穿上屏蔽服进行等电位作业是安全的，但应注意，作业人员在进（退）电场过程中组合间隙的距离必须满足安全规程的规定。

当人体与带电设备等电位后，假如两手（或两足）同时接触带电导线，且两手间的距离为 1.0m，那么作用在人体上的电位差即该段导线上的电压降。假如导线为 LGJ—150 型，该段电阻为 0.000 21Ω，当符合电流为 200A 时，那么该电位差为 0.042V，设人体电阻为100Ω，那么通过人体的电流为 42μA，远小于人的感知电流 1000μA，人体无任何不适感。如果作业人员是穿屏蔽服作业，因屏蔽服有旁路电流的作用，流过人体的电流将更小。

在等电位作业中，最重要的是进入或脱离等电位过程中的安全防护。我们知道，在带电导线周围的空间中存在着电场，一般来说，距离带电导线的距离越近，空间场强越高。当把一个导电体置于电场中，在靠近高压带电体的一面将感应出与带电体极性相反的电荷，当作业人员沿绝缘体进入带电设备时，由于绝缘本身的绝缘电阻足够大，通过人体的泄露电流将很小，但随着人与带电设备的逐步靠近，感应作用越来越强烈，人体与导线之间的局部电场越来越高。当人体与带电设备的距离减小到场强足以使空气发生游离时，带电设备与人体之间将发生放电。当人手接近带电导线时，就会看见电弧发生并产生啪啪的放电声，这是正负电荷中和过程中电能转化成声、光、热能的缘故。当人体完全接触带电设备后，中和过程完成，人体与带电设备达到统一电位，在实现等电位的过程中，将发生较大的暂态电容放电电流，其等值电路如图 5-6 所示。

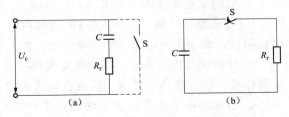

图 5-6　等电位过程的等值电路
（a）进入等电位过程的电路图；（b）实现等电位后的电路图

图 5-6 中，U_c 为人体与带电设备之间的电位差，这一电位差作用在人体与带电设备所形成的电容 C 上，在等电位的过渡过程中，形成一个放电回路，放电瞬间相当于开关 S 接通瞬间，此时限制电流的只有人体电阻 R_r，冲击电流初始值 I_{ch} 可由欧姆定律求得，即

$$I_{ch} = U_c / R_r \tag{5-4}$$

对于 110kV 或更高等级的输电线路，冲击电流初始值一般约为十几至数十安培。由此可见，冲击电流的初始值较大，因此作业人员必须身穿全套屏蔽服，通过导电手套或等电位转移线（棒）去接触导线。如果直接徒手接触导线，则会对人体产生强烈的刺激，有可能导致电气烧伤或引发二次事故。当然，由于冲击电流是一种脉冲放电电流，持续时间短，衰减快，通过屏蔽服可起到良好的旁路效果，使直接流入人体的冲击电流非常小，而且屏蔽服的持续通流容量较大，暂态冲击电流也不会对屏蔽服造成任何损坏。一般来说，采用导电手套接触带电导线，由于身穿屏蔽服的人体相距带电导线较近，相当于电容器的两个极板较近，感应电荷增多，因此其冲击电流也较大。如果作业人员用电位转移线（棒）搭接，人体可以对导线保持较大的距离，使感应电荷减小，中间电流也减小，从而避免等电位瞬间冲击电流对人体的影响。

在作业人员脱离高电位时，即人与带电设备分开并有一空气间隙时，相当于出现了电容器的两个极板，静电感应现象同时出现，电容器再次被充电，当这一间隙小到使场强高到足以使空气发生游离时，带电设备与人体之间又将发生放电，就会出现电弧并发出"啪啪"的放电声。所以每次移动作业位置时，若人体没有与带电体保持同电位的话，都要出现充电和放电的过程，当等电位作业人员靠近导线时，如果动作迟缓并与导线保持在空气间隙易被击穿的临界距离，那么空气绝缘时而击穿、时而恢复，就会发生电容 C 与系统之间的能量反复交换，这些能量部分转化为热能，有可能使导电手套的部分金属丝烧断，因此，进入等电位和脱离等电位都应动作迅速。

等电位过渡的时间是非常短的，当人手与导线握紧之后，大约经过零点几微秒，冲击电流就衰减到最大值的 1% 以下，等电位进入稳态阶段。当人体与带电体等电位以后，就好像鸟停在单根导线上一样。即使人体有两点与该带电导线接触，由于两点间的电压降很小。流过人体的电流是微安级的水平，人体无任何不适感。从以上作业原理的分析来看，等电位作业是安全的。但在等电位作业过程中，应注意：①作业人员借助某一绝缘工具（软梯、吊篮等）进入高电位时，该绝缘工具应性能良好且保持与相应电压等级相适应的有效绝缘长度，使通过人体的泄露电流控制在微安级的水平；②其组合间隙的长度必须满足相关规程及标准的规定，使放电概率控制在 10^{-5} 以下；③在进入或脱离等电位时，要防止暂态冲击电流对人体的影响。因此，在等电位作业中作业人员必须穿戴全套屏蔽服用具，实施安全防护。

2）等电位作业的基本形式。等电位作业的操作方法有以下几种基本形式：

a. 沿耐张绝缘子串进入电场等电位作业。

b. 立式绝缘硬梯（包括人字梯、独脚梯）等电位作业。此作业方法由于受到作业梯高度的限制，多用于变电设备的带电作业。如断路器短接、解接引下线等作业。

c. 挂硬梯等作业方法。即将绝缘硬梯垂直悬挂在母线、横担或构架上进行等电位作业。这种作业方法大多用于变电一次设备接搭头的带电作业。

d. 软梯等电位作业。此方法简单方便，允许作业高度相对于其他作业方式来说高些，而且软梯易于携带，是常用的一种等电位工具，经常用来处理防振锤、修补导线（当导线损伤严重或不符合规程要求时则不能挂软梯）等作业。

e. 杆塔上水平梯等电位作业。这种方法是将绝缘硬梯水平组装在杆塔上进行杆塔附近的等电位作业，如压接跳线、调整弧垂等作业。

f. 绝缘斗臂车等电位作业。绝缘斗臂车是在汽车活动臂上端装有良好绝缘性能的绝缘臂和绝缘斗的一种专用带电作业汽车。作业人员站在绝缘斗内，由液压升降、传动装置将臂展开，将作业人员送到作业高度进行作业。

3）等电位作业人员沿耐张绝缘子串进入电场作业的规定。

沿耐张绝缘子串进入电场的作业属于等电位作业的一种特殊方法。其具体操作过程为：作业人员身穿全套屏蔽服在 220kV 及以上电压等级的耐张双串或多串绝缘子上，按照人体移动每次短接不超过三片的方式，从横担侧进入导线侧的强电场，在绝缘子串上用卡具更换任何位置上的单片不良绝缘子。此作业方式从原理上说属于等电位作业，但因为绝缘子串上每片绝缘子的电位不同，作业人员沿绝缘子串移动时，人体的电位是变化的。同时这种作业方式利用绝缘子串作为等电位对地绝缘的工具，所以它是等电位作业的一种特殊方式。值得一提的是由于作业人员在绝缘子串上移动或作业，必然要短接一部分绝缘子并占去一定的空间，这样将带来两个问题：一是被作业人员短接的绝缘子两端的电容电流必然流经人体。据实测，在短接三片绝缘子的情况下，其电容电流最大可达 13.6μA；其次是作业人员在绝缘子串上，既短接了部分良好绝缘子，减少了整个良好绝缘子的片数，又占据了一部分空间，使导体到接地体的净空距离 l 变为 l_1+l_2 的组合间隙（如图 5-7 所示），尽管短接三片绝缘子的电容电流大于 $10\mu A$，但作业人员穿了合格的屏蔽服，其电阻远远小于人体的电阻，因为屏蔽服的分流，所以不会对人体产生任何的影响。

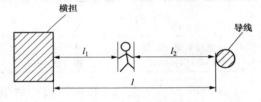

图 5-7　组合间隙示意图

沿绝缘子串进入强电场作业，在与导线接触前，不管所在位置如何，作业人员的电位均低于带电设备而高于地电位。在这个意义上讲，可将其划归中间电位作业。但其作业方法不是通过绝缘工具，而是用手、脚直接进行的，而且作业者始终保持与所在绝缘子上的电位相等，一旦进入导线，其电位则完全与带电设备相等。从这个意义上来讲，它又是等电位作业。

a. 适用范围。沿耐张绝缘子串进入强电场，仅适用于电压等级在 220kV 及以上电压等级的耐张绝缘子串，不适宜在 110kV 及以下电压等级的绝缘子串上进行。因为 110kV 及以下电压等级的绝缘子串片数少，长度短，如 XP-7×8 的 110kV 耐张绝缘子串串，全长仅1.168m，扣除人体 0.6m 宽度后，其组合间隙只有 0.568m，根本满足不了 3 倍操作过电压的要求，如果用加挂保护间隙来保护人身安全，其间隙距离将整定得更小，必将过多地降低设备绝缘水平，增加设备跳闸率，对系统安全运行不利。至于 35kV 的耐张绝缘子串就更短了，扣除人体宽度，几乎无组合间隙距离，有可能在额定电压下击穿闪络。

b. 作业条件及要求。

（a）等电位作业人员等电位后对相邻相导线最小距离不得小于表 5-4 的规定。

表 5-4　　　　　　　　　　　　　人体与带电体的最小安全距离

电压等级（kV）	10 及以下	35	60	110	220	330	500
安全距离（m）	0.4	0.6	0.7	1.0	1.8	2.6	3.6

(b) 沿耐张绝缘子串进入电场时其组合间隙不得小于表 5-3 的规定。扣除人体短接和零值绝缘子片数后，以及检测和更换绝缘子或在绝缘子串上作业时，其良好绝缘子片数也不得少于表 5-5 的规定。

表 5-5 　　　　　　　　　　　　良好绝缘子最少片数

电压等级（kV）	35	110	220	330	500
最少良好绝缘子片数	2	5	9	16	23

(c) 等电位作业人员转移电位前，应得到工作负责人的许可，并系好安全带。转移电位时，人体裸露部分与带电设备最小距离不得小于表 5-6 最小作业安全距离。

表 5-6 　　　　　　　　　　　　最 小 作 业 安 全 距 离

电压等级（kV）	≤10	35	110	220	330	500
最小安全作业距离（m）	0.7	1.0	2.0	3.0	4.0	5.0

(d) 带电作业所用的绝缘承力工具（包括绝缘绳索）和绝缘操作杆的最短有效绝缘长度不得小于表 5-7 的规定。

表 5-7 　　　　　　　　　　　　绝缘工具最小有效绝缘长度

电压等级（kV）		10	35	110	220	330	500 或 500（DC）
绝缘杆最短有效长度（m）	操作杆	0.7	0.9	1.3	2.1	3.1	4.0
	支、拉（吊）杆	0.4	0.6	1.0	1.8	2.8	3.7

(e) 沿 220kV 及以上电压等级的耐张绝缘子串进入电场时，只能跨二短三（跨过两片绝缘子，而短接三个绝缘子），而且不得大幅度挥手和大摆动。

(f) 等电位人员在 500kV 直线串下作业时，只能坐在下导线上，而且头部只允许短接一片绝缘子。等电位作业人员和塔上作业人员不得同时在同一串绝缘子上作业。

(g) 带电作业人员必须采取屏蔽措施，穿全套屏蔽服（包括衣、裤、手套、袜、鞋和帽），500kV 线路登塔电工还要穿静电防护服，且各部均应连接可靠。

(h) 用绝缘绳索传送大件金属物品（包括工具、材料等）时，杆塔或地面上作业人员应将金属物品接地后再接触，以防电击。

(i) 绝缘架空地线应视为带电体，作业人员与绝缘架空地线之间的距离不应小于 0.4m。如需在绝缘架空地线上作业，必须用有绝缘手柄的接地软铜线先行接地或用等电位方式进行。

(3) 对带电作业工器具的要求。

1) 工器具的机械强度和电气性能必须经试验合格。

2) 送入电场的工器具和绝缘承力工具必须组装牢固，经检查合格才能送入电场和脱离绝缘子串。

3) 更换单片绝缘子组装闭式卡具时，如遇绝缘子钢帽椭圆度过大，卡具两半圆无法就位时，不得使用。

4) 收紧绝缘子串（如用液压紧线器），应定期更换液压油和油封，保持性能良好；作业前应在地面上多次试操作，确认行程返回正常才能使用。

此外，等电位作业人员在进入电场和作业过程中，必须自始至终系有保险绳。

【任务实施】

输配电线路带电作业原理的分析

一、工作前准备

1. 课前预习相关知识部分，结合岗位工作任务要求（地面电工、杆上电工、工作负责人、监护人），弄清楚作业过程中的危险点及预防控制措施。

2. 复习电工基础知识及电力安全工作规程（线路部分）的"带电作业"部分。

二、操作步骤

1. 小组长组织组员集体讨论输配电线路带电作业原理及相关的知识，安排小组学习委员记录各组员的发言。

2. 以小组为单位再次组织观看带电作业视频，对作业项目、作业流程、工器具的使用、安全防护措施以及人员组织进行仔细观察并记录。

3. 小组长安排人员编写分析报告，其他人员搜集资料，给分析报告补充素材。

4. 小组长组织人员审核分析报告，根据审核意见修改分析报告。

5. 小组长对整组工作情况点评，小组学习委员记录。

6. 小组长将分析报告、小组点评记录、小组各组员评分记录单位交指导老师。

三、评价标准

根据表 5-8 对任务完成情况做出评价。

表 5-8　　　　　　　　　　　　　评 分 标 准

项　目	考核标准	配　分	扣　分	得　分
小组合作	(1) 小组计划详细周密 (2) 小组成员团结协作、分工恰当、积极参与 (3) 能够发现问题并及时解决 (4) 学习态度端正、配合默契	20		
过程控制	(1) 小组长任务分工明确，各组员积极配合 (2) 任务完成过程中每个时间节点控制较好，执行力强 (3) 各小组组员积极参与，学习兴趣浓厚 (4) 按时、按量、按质完成任务	35		
分析报告	(1) 收集资料丰富，搜索方法先进，对资料进行分类整理 (2) 报告内容全面、理论与案例清楚，分析方法正确，报告条理清晰、格式规范、语句通顺，文字表达简单明了，图、表、计算数据齐全，格式、字体大小统一规范	30		
安全文明	(1) 能遵守实训场地的规章制度 (2) 能爱护实习设施设备，不人为损坏仪器设备和元器件 (3) 保持学习环境整洁，秩序良好	15		

【巩固与练习】

一、选择题

1. 架空导线对大地、人穿绝缘鞋站在地面上时人对大地，都相当于一个（　　）元件。

（A）电容；　　　　（B）电阻；　　　　（C）电感；　　　　（D）电压。

2.（　　）属于自恢复绝缘介质。

(A) 硅橡胶；　　　　　　　　　　　　(B) 环氧玻璃纤维材料；

(C) 蚕丝绳索；　　　　　　　　　　　(D) 空气。

3. 电力系统中将由雷电引起的过电压称为（　　）。

(A) 内部过电压；　　(B) 工频过电压；　　(C) 大气过电压；　　(D) 谐振过电压。

4. 同样实验条件下，在下列间隙中，以（　　）间隙的操作冲击50%放电电压为最低。

(A) 棒—板；　　　　(B) 棒—棒；　　　　(C) 板—板；　　　　(D) 环—环。

5. 确定交流220、500kV电压等级输电线路带电作业安全距离时，起控制作用的是（　　）。

(A) 操作过电压；　　(B) 大气过电压；　　(C) 工频过电压；　　(D) 分布电压。

6. 在带电作业中，通常将危险率限制到（　　）以下，以此为依据选择带电作业安全间隙。

(A) 10^{-5}；　　　(B) 10^{-6}；　　　(C) 10^{-4}；　　　(D) 1.15×10^{-3}。

二、简答题

1. 什么叫绝缘击穿？

2. 什么是组合间隙？

3. 什么是最小作业距离？

任务 2　输配电线路带电作业工器具的认识

🎙 【布置任务】

任务书见表5-9。

表 5-9　　　　　　　　　　　　　　　　任　务　书

任务名称	输配电线路带电作业工器具的认识
任务描述	××省电力公司培训中心新建了一个高压线路带电作业工器具保管室，购置了200多件带电作业工器具，需按照学习小组分任务，将带电作业工器具分门别类地摆放在工具架上，并贴好相对应的标签，在标签上标注工器具的名称、型号规格，在接到任务后4h内完成
任务要求	(1) 各小组接受工作任务后讨论并制定工作计划 (2) 阅读教材上相关知识部分 (3) 搜索带电作业工器具的图片，标注名称、规格型号并整理成册 (4) 各小组长组织组员到工器具库房了解工器具摆放要求及注意事项 (5) 组长安排人员将新进的工器具分类，再分区分类整齐摆放 (6) 在摆放好工器具的架子上贴上写好标签，写好名称和规格型号，统计数量 (7) 各小组进行客观评价，完成评价表
注意事项	(1) 每位组员应阅读教材上相关知识部分，有不懂之处及时咨询指导老师 (2) 组员之间应相互督促，完成本次学习任务 (3) 现场作业，应注意保证人身安全，严禁打闹嬉戏 (4) 发现异常情况，及时与指导老师联系 (5) 安全文明作业

续表

成果评价	自评：		
	互评：		
	师评：		
小组长签字		组员签字	

日期： 年 月 日

📖 【相关知识】

一、常见绝缘材料的分类

绝缘材料又称电介质，可以认为它几乎是不导电的。绝缘材料的好坏，直接关系到带电作业的安全，因此制作带电作业工具的绝缘材料必须是电气性能优良、机械强度高、重量轻、吸水性低、耐老化、易于加工的。

我国目前带电作业使用的绝缘材料大致有下列几种：

（1）绝缘板材：包括硬板和软板。其种类有层压制品，如 3240 环氧酚醛玻璃布板和工程塑料中的聚氯乙烯板、聚乙烯板。

（2）绝缘管材：包括硬管和软管。种类有层压制品，如 3640 环氧酚醛玻璃布管、带或丝的卷制品。

（3）塑料薄膜：如聚丙烯、聚乙烯、聚氯乙烯、聚酯等塑料薄膜。

（4）橡胶：天然橡胶、人造橡胶、硅橡胶。

（5）绝缘绳：天然蚕丝、人工化纤丝编织的如尼龙绳、锦纶绳和蚕丝绳（分生蚕丝绳和熟蚕丝绳两种），其中包括绞制、编织圆形绳及带状编织绳。

（6）绝缘油、绝缘漆、绝缘黏合剂等。

由于绝缘材料在不同温度下的绝缘性能会有很大差异，所以国际电工委员会（简称 IEC）按电气设备正常运行所允许的最高工作温度（即耐热等级）把绝缘材料分为 Y、A、Z、B、F、H、C 7 个耐热等级。其允许工作最高温度分别为 90、105、120、130、155、180℃及 180℃以上。上述绝缘材料等级符号中的 Y、E、F 和 H 还可以用 DAB、BC 和 CB 来表示。

从绝缘材料的属性上分，又分为绝缘层压制品、新型绝缘材料、塑料、绝缘黏结剂和涂料、绝缘绳索等。其中绝缘层压制品包括各种层压板、管、棒及其他各种层压件，由于这类材料具有良好的电气绝缘性能、机械及物理化学性能，因而广泛用于电机电器和带电作业中，特别是 3240 型环氧酚醛玻璃布板、3640 型环氧酚醛玻璃布管和 3840 型环氧酚醛玻璃布棒在带电作业中应用最为广泛。

带电作业中常用的塑料有聚氯乙烯、聚乙烯、聚丙烯、尼龙 1010、聚碳酸酯、有机玻璃、聚四氟乙烯等。

绝缘绳索在我国带电作业中应用十分广泛。带电作业工具向绳索化方向发展可以说是我国带电作业的一大特色。目前绝缘绳已被广泛用于承担机械荷重、运载工具、攀登工具、吊拉绳、连接套以及保安绳等。

新型绝缘材料、新工艺在带电作业中的应用，对促进带电作业工具的轻型化、防潮化和减轻作业人员的劳动强度具有重要意义。目前已有泡沫填充绝缘管、防潮绝缘绳、防潮防水绝缘毯等材料。具体标准参见 GB 13398—2008、GB/T 13035—2008 和 DL/T 803—2002。

二、常用金属材料

带电作业使用金属材料的好坏，直接关系到带电作业的安全，因此制作带电作业工具的金属材料必须是机械强度高、重量轻优质材料。

目前我国带电作业使用的金属材料大致有下列几种：

（1）铝合金：航天使用的铝合金材料，一般为板材、加工各种卡具等。

（2）钛合金：航天使用的钛合金材料，强度比铝合金材料更高、重量更轻。但价格较高，适用于加工特高压线路的各种卡具。

（3）高强度合金钢：高强度合金钢，用于强度较高的工具部件。

三、输电带电作业工器具的辨识和使用

1. 进入电场的常用工具

（1）绝缘平梯。绝缘平梯是以杆塔为依托，一端挂在导线上，另一端于梯的中部用绝缘绳悬吊在塔上适当位置的绝缘水平硬梯。

绝缘平梯一般由绝缘管或绝缘管和绝缘板制成，有一端装设金属挂钩和不装设金属挂钩两种。梯长达 6～7m，大多做成多节组合，临时组装使用，有结构简单、携带方便、重量轻、容易操作等特点。多用于 110～220kV 线路的耐张杆塔等电位作业工作中。绝缘平梯如图 5-8 所示。

图 5-8　绝缘平梯

（2）绝缘挂梯。绝缘挂梯不同于绝缘直立梯，主要是以导线或设备的构架为依托，梯长一般不超过 9m，使用绝缘管材或板材制作，如图 5-9 所示。使用时将其挂在靠横担侧组装的滑杆上，利用此梯顶端安装的挂钩和滑轮，沿滑杆滑至导线侧，以便进入电场进行作业。绝缘挂梯的最大特点是摘挂方便，灵活性及工效较高，适合在变电站内的低层母线上使用和 500kV 直线绝缘子的更换。

（3）绝缘软梯。绝缘软梯主要用于输电线路的等电位作业中，如进行带电修补导线，检修防振锤，断、接引线等。除此之外，也可用于避雷线的检修工作中，但要考虑对导线的组合间隙问题。

绝缘软梯的结构由软梯架（金属或硬质绝缘材料制成）、绝缘绳索（蚕丝绳或锦纶绳）和绝缘管连接而成，软梯架上端架有滑轮，可使软梯在导线或避雷线上自由滑动，软梯架与软梯（由绝缘绳和绝缘管制成）之间可自由拆装，如图 5-10 所示。

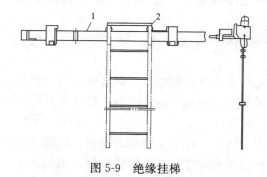

图 5-9　绝缘挂梯

1—滑杆；2—梯架

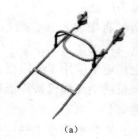

（a）

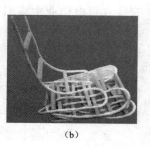

（b）

图 5-10　绝缘软梯

（a）软梯架；（b）软梯

绝缘软梯典型使用范围有 3 种：

1）将软梯挂在导线上，等电位作业人员攀登进入电场进行作业。

2）将软梯挂在横担侧的滑杆上，等电位作业人员攀登随梯架滑动进入电场进行作业。

3）将软梯挂在横担上，等电位作业人员蹲在软梯适当位置，由横担上地电位作业人员用绝缘绳将其拉至导线侧进入电场进行作业。

绝缘软梯适应性强，携带方便，作业高度不受限制，绝缘绳和绝缘管容易更换且造价不高。但是，绝缘软梯在攀登时比较费劲，这是它的主要缺点之一。因此，有些单位研制出了带有自动升降及行走装置的绝缘软梯。

（4）蜈蚣梯。蜈蚣梯一般应用于 220～500kV 电压等级的输电线路带电作业中，其结构比较简单。由绝缘板和绝缘管制成、形状似蜈蚣，故名蜈蚣梯。目前在我国带电作业中广泛使用的蜈蚣梯大致可分为分段组装式和单梯式。分段组装式多用于 220kV 线路直线杆塔上的等电位检修工作。而单梯式由于梯身较短（2m 左右），需借助于绝缘滑车组使用，故多用于 220kV 线路的耐张跳线串进出电位和 500kV 线路的进出电位工作中。

（5）吊篮。吊篮（小坐椅）如图 5-11 所示。等电位作业人员坐在吊篮内，由固定在右横担上的绝缘滑车将其放在导线处或将其脱离导线退出电场，大大减轻了等电位作业人员的劳动强度。

吊篮一般由铝合金做骨架，在靠背和坐垫外表包一层屏蔽布，吊篮用帆布制成，帆布里衬以圆钢为材料。

图 5-11　吊篮

等电位作业对乘吊篮进入的一般要求如下：

1）吊篮适用于 220～500kV 的塔高、线距大的直线塔的等电位作业。

2）吊篮四周必须用四根吊拉绳稳固悬吊。固定吊拉绳的长度应准确计算或实际丈量，等电位作业人员进入电场后头部不超过导线侧第一片绝缘子。

3）吊篮的升降速度必须用绝缘滑车组严格控制，做到均匀、慢速，不得过快。进入电场时的组合间隙必须满足规程要求。

（6）其他。

1）绝缘吊梯。绝缘吊梯在我国带电作业中使用较少，一般用在 220～500kV 线路的进、出电位工作中，其功能与蜈蚣梯相同，其结构简单，由绝缘管和绝缘板制成，梯长 1.6m 左右，需借助于绝缘滑车组来完成载人功能。该梯的最大特点是携带方便、重量轻、操作灵活。进出电梯人员必须坐在上面，因而就减少了人体在电场中的活动范围，增大了净空距离，满足了各类杆塔对组合间隙的要求。

2）绝缘三角梯。与绝缘平梯的功能相似，绝缘三角梯也主要应用于 110～220kV 线路的带电作业等电位工作中，其结构同样是使用绝缘管材和绝缘板材制作而成，但其与绝缘平梯相比，抗弯性能、稳固性优于绝缘平梯，因而在输电线路带电作业中得到了广泛应用。

3）绝缘转臂梯。绝缘转臂梯是以杆（塔）身为依托的水平梯子，多用于 110～220kV 线路的等电位作业中，如更换绝缘子、检修引流线、调整张弛度等。其具体功能与绝缘平梯、绝缘三角梯相似，结构也与绝缘平梯类似，使用绝缘管材和板材制作。不同于绝缘平梯之处是在绝缘转臂梯的一端装有与杆（塔）连接的固定器，且带有转向功能，可使梯身灵活转动 180°。

4）绝缘升降梯。绝缘升降梯为绝缘直立梯中最常用的一种梯子，由于高度可以调节且运输方便，优于固定式绝缘直立梯使用。绝缘升降梯多用于带电作业的等电位工作（高度一般不能超过 12m）和中间电位工作，变电站内的工作最为常见。该梯通常使用绝缘蜂窝板、绝缘管（椭圆管及矩形管）制作，分为三段进行搭接或插入式连接。升降部分大都采用滑车组或蜗轮—滑车结构，绝缘升降梯的最大特点是以地面为支撑点，再用 1 层或 2 层拉线（绝缘绳）来固定，因此不会给导线或设备增加附加荷重，一般在较小截面的导线或有断股缺陷的导线上工作时使用。

5）绝缘人字梯。人字梯也是以地面为支承的绝缘硬梯，是使用绝缘管材或绝缘板材制作的，使用范围与绝缘升降梯相同，多用于变电站内设备上或电压等级较低的配电线路上的等电位或中间电位工作中。绝缘人字梯的最大特点是稳固性较好，且不受周围场地的限制，缺点是高度一般只有 4～5m。

6）绝缘独脚爬梯。绝缘独脚爬梯也是绝缘直立梯的一种，通常由 3 节组成，一般为 15m 左右，使用绝缘管材制作，与绝缘升降梯相似，以地面为支撑点，并用绝缘拉线（绝缘绳）固定，不同之处是绝缘独脚爬梯不能升降。用途与绝缘升降梯相同。

2. 个人安全防护装备

（1）屏蔽服，如图 5-12 所示，屏蔽服（又称均压服）是电场防护的重要工具之一。我国第一次等电位作业使用金属管作为屏蔽电场的工具，后来发展为利用裸铜线在普通工作服上按一定网距缝制的简易屏蔽服。

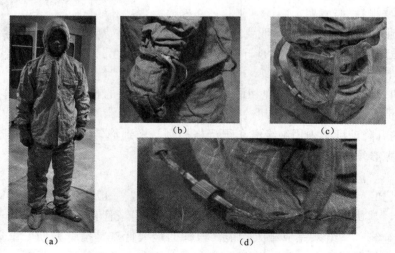

图 5-12 屏蔽服

（a）整套屏蔽服；（b）屏蔽手套、衣服与裤子用金属线相连；（c）屏蔽鞋与裤子用金属线相连；（d）金属线连接接头

屏蔽服的作用就是进行电场屏蔽和旁路分流，多用于等电位或强电场中的间接作业工作中。带电作业所用屏蔽服按制作工艺可分为金属织物型和金属电镀型，按纺织工艺可分为针织型和织布型两种，按织物的防火性能可分为防火型和不防火型，按织物材质可分为天然纤维（蚕丝、棉纱）型和人造纤维型，按使用金属丝的材料又可分为铜丝、铜带、不锈钢丝及导电纤维，按屏蔽服的综合导流性能可分为屏蔽型和导流型。总之，屏蔽服的种类和各项性

能指标都是非常重要的，使用时应视其作业内容加以区别、选择。由于现行产品太多，下面仅介绍几种常用类型的屏蔽服供大家参考。

1）织布型屏蔽服。

a. 柞蚕—紫铜丝（ϕ0.05mm 紫铜丝）屏蔽服，该屏蔽服为第一代织布型产品，色泽草绿，织型有平纹和斜纹两种，衣型有单、夹、棉三种。鞋为导电胶鞋，手套有缝制五指分瓣型和针织型两种，此类屏蔽服的屏蔽效果良好（穿透率不大于 1.5%），有较好的加筋线网络，具有 15A 以上的载流量。但其表面电阻较高（大于 10Ω），紫铜丝的抗折性、化学稳定性及洗涤性能较差，金属丝易断，氧化后电阻变大，穿着时会产生不适感（如针刺及局部麻电）。

b. JY-Ⅰ、Ⅱ、Ⅲ、Ⅳ型屏蔽服是为 500kV 带电作业研制的第二代织布型屏蔽服，是柞蚕丝—不锈钢（ϕ0.03mm 蒙代尔钢丝）的织物，色泽深灰，织型仍分平纹、斜纹两种。衣型保留单、夹、棉三种，手套一律为缝制的五指分瓣型，导电鞋分为布鞋（均压布制）及导电胶鞋两种。此类屏蔽服的直流电阻较低，载流量中等，屏蔽效果好，衣物手感柔软，抗折性、化学稳定性及洗涤性均高于第一代屏蔽服。

c. 500-1 型屏蔽服是为 500kV 带电作业专门设计制作的屏蔽服，为经防火处理的蚕丝及扁铜带（ϕ0.05mm 紫铜丝压扁而成）的织物，色泽浅红，该服装具有较好的抗折性，屏蔽效果也较好，直流电阻也较低，但手感偏硬。它分夏服和冬服两种，夏服的通风性较好（网状结构）。屏蔽帽为太阳帽，导电鞋为皮质胶底鞋，鞋帮衬里为屏蔽绸。

2）电镀型屏蔽服。电镀型屏蔽服是采用非金属电镀工艺，在棉布或丝绸的表面镀一层导电物质（铜或银），然后加工制作成服装。此类屏蔽服有较好的屏蔽效果，直流电阻偏大，载流量较低，抗折性好，服装比较柔软，但导电物质容易在使用中脱落并污染绝缘绳索，同时造价也较高。

3）防火型导流服。防火型导流服是为防止或减轻人身在等电位作业中不慎接地引起的电弧烧伤而设计的屏蔽服，在 35kV 及以下小电流接地系统中作为人身后备保护用。因此，它对载流量及防火性都有较高的要求。目前，我们把载流量超过 30A 的屏蔽服称为导流服。

防火型导流服使用阻燃性较好的纤维制作，混纺使用的导电金属丝也多为耐火性强的合金丝，且设计的导流截面较大。因此具有良好的防火导流能力。

无论哪种类型的屏蔽服，按照现行国标，均在 A、B、C 三种型号之内。国标规定，屏蔽效率较高而载流较小的服装为 A 型屏蔽服，适用于在 500kV 电压等级的设备上工作；屏蔽效率适中，载流量较大的服装为 B 型屏蔽服，适用于在 35kV 及以下电压等级的设备上工作；屏蔽效率较高，载流量较大的服装，称为 C 型屏蔽服，通用于在各电压等级的设备中工作。同时，国标规定 A、B、C 型屏蔽服的屏蔽效率必须大于 30dB。A 型屏蔽服的布样熔断电流不小于 5A，B、C 型应不小于 30A。

屏蔽服的基本原理是法拉第笼原理：在封闭导体内部，电场强度为零。屏蔽服是法拉第笼原理的具体应用，但是屏蔽服实际为一金属网状结构，不可能是全封闭导体，会有部分电场穿透屏蔽内部，因此，存在着屏蔽效率的问题。屏蔽服具有如下主要作用：

1）屏蔽电场。屏蔽服对电场有减弱作用。我国国家标准规定，Ⅰ、Ⅱ型屏蔽服屏蔽效率不得小于 30dB。

2）均压作用。如果作业人员不穿屏蔽服，由于人体有电阻，人体接触导体点与未接触点电位就会不一样，有电位差，使作业人员产生电击感。穿上屏蔽服后，人体各个部分的电位相同，起到均压的作用。因此，衣、裤、帽鞋在作业时必须可靠地连成一体。

3）分流作用。人体接触和脱离不同电位物体的瞬间会有暂态的充放电过程；等电位作业时，电位转移过程中放电过程产生高频暂态电流；等电位以后，人体对地有电容，会有稳态的充电电流。这些电流都以屏蔽服为旁路来分流，使真正流过人体的电流很小，消除了不良感觉和伤害。

4）替代等电位线。在 500kV 以下的等电位作业中，屏蔽服实际还替代了以往所使用的等电位线。穿着屏蔽服接触带电体的过程就是等电位线接触带电体的过程。

成套屏蔽服包括上衣、裤子、帽子、手套、袜子、鞋子及相应的连接线和连接头。一般来说，屏蔽服应有良好的屏蔽性能、较低的电阻，适当的载流容量、一定的阻燃性及较好的服用性能。整套屏蔽服间应有可靠的电气连接。屏蔽服还应具有耐磨、耐汗蚀、耐洗涤、耐电火花的性能。另外帽子的保护盖舌和外伸边沿必须确保人体外露部位不产生不舒适感，并应确保在最高使用电压的情况下，人体外露部分的表面场强不大于 240kV/m。

带电作业用屏蔽服装及其试验标准请参照 GB 6568.1—2000《带电作业屏蔽服装》和 GB 6568.2—2000《带电作业屏蔽服装试验方法》。

（2）静电防护服。静电防护服是将一条导线或是栅格放入棉、涤纶或者混纺面料中，通过加入导电纤维或者使用后整理过的面料来中和静电。衣料电阻不得大于 300Ω。

整套交流高压静电防护服包括上衣、裤、帽、手套和鞋。从织物的防静电工艺处理方法来划分，可分为等电位纤维布工作服、抗静电纤维布工作服。

静电防护服的作用是有效的保护线路和变电站巡视人员及地电位作业人员免受交流高压电场的影响。

全套成衣的屏蔽效果要求服装内体表的场强不得超过 15kV/m。

（3）防静电鞋和导电鞋。防静电鞋主要用于防止因人体带有静电而引起燃烧、爆炸的场所；同时，它也能避免偶然发生的 250V 以下电气设备对人体的电击伤害。

由导电材料制成鞋底的导电鞋可将屏蔽服上或人体上残留电荷泄漏到接地体。主要用于防止因人体带有静电而引起火灾、爆炸的场所。它的电气性能指标根据 GB 4385—1995 规定进行测量，防静电胶底鞋的电阻必须在 $0.5 \times 10^3 \Omega$ 以内，屏蔽鞋如图 5-13 所示。

（4）护目镜和防护面罩。护目镜是由防碎镜片和有机材料镜框制成的，用以防护闪络时的紫外线伤害，如图 5-14 所示。防护面罩用来保护整个面部。护照可以无色或有色，用于闪络时防护紫外线，如图 5-15 所示。

图 5-13　屏蔽鞋

图 5-14　护目镜

图 5-15　防护面罩

3. 基本操作工器具

(1) 牵引装置。

1) 紧线器。如图 5-16 所示，紧线器是在导线上或钢绞线上设置锚固点的专用工具，常用于架空电力线路调整弧垂和拉紧导线或避雷线以及安装拉线等工作中。紧线器的品种很多，目前，各单位经常使用的有三角形紧线器、楔形紧线器及平衡式（翼形）紧线器等紧线。同时紧线器又有型号及种类之分，按导线及钢绞线的不同，有导线紧线器和钢绞线紧线器，导线紧线器的压舌必须镶有铝套垫或直接选用铝合金紧线器，钢绞线紧线器则没有此要求。根据导线或钢绞线的型号不同，紧线器的握着强度必须与导线或钢绞线外径规范相匹配，也就是说紧线器的型号必须与导线或钢绞线的型号相适应。

2) 棘轮收紧器。棘轮式收紧器必须与导线或钢绞线紧线器配合使用，用于收紧导线或钢绞线的工作中。如图 5-17 所示，为 SJS 型棘轮式收紧器，目前我们常用的有额定负荷为 10kN 和 20kN 两种型号。

图 5-16　紧线器

图 5-17　SJS 型棘轮收紧器

3) 丝杠紧线器。这是一种最常用的牵引机具，丝杠可分为单行程（终端）、双行程（串接）和双行程套筒丝杠三种，如图 5-18 所示。丝杠紧线的扳把长不超过 400mm 时，单人操作收紧力大约为 1500~2000kg。单行程丝杠适用于端部使用，其丝杠座能调整受力方向，不易产生弯曲力。优点是不侵占带电作业有效净空尺寸，丝杠行程一般为 300~500mm；双行程收紧速度较快，但比较费力，其结构和停电作业用的相同，大多数用于换单个绝缘子的工作，丝杠的收紧长度一般为 200~300mm；双行程套筒丝杠外形和丝杠型千斤顶相似，但收紧速度快 1 倍，这种丝杠重量轻，体积小，丝杠行程 400mm，允许工作荷重 2t，质量不超过 1kg。

还有一种间接更换单个直线绝缘子的工具如图 5-18（d）所示，其中两根丝杠的扳手采用了一套联动的伞轮棘轮机构，丝杠的收紧与放松都可用同一操作杆操纵。

(2) 提升装置。

1) 绝缘滑车组。绝缘滑车组由绝缘绳和绝缘滑车组合而成，如图 5-19 所示。绝缘滑车

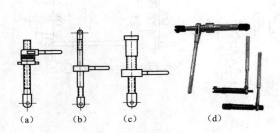

(a)　　　　(b)　　　　(c)　　　　　　(d)

图 5-18　紧线丝杠

(a) 单行程；(b) 双行程；(c) 双行程套筒；(d) 省力丝杆

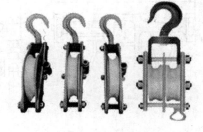

图 5-19　绝缘滑车组

组的选用要依据承受荷载的大小及应用的目的来确定。滑车中滑轮的个数一般有单轮、双轮、三轮、四轮四种，滑车组中滑车的个数也有单滑车和双滑车之分。由于绝缘滑车组属于承力工具。故滑车中的吊钩、吊环、中轴等金属部件必须使用不低于 45 号钢机械性能的材料制作，护板、隔板、拉板、加强板及绝缘钩等需使用抗拉强度大于 $500 \times 9.8 \times 10^4$Pa 的绝缘板制作，滑轮应选用抗弯强度大于 $700 \times 9.8 \times 10^4$Pa 的绝缘材料制作。

2）机动绞磨。与手推绞磨一样，机动绞磨也是一种牵引机具，但不同点是动力来自汽油机（或柴油机）。机动绞磨的品种很多，且同一品种的型号也很多。如图 5-20 所示为南京产 SJJ-3 型机动绞磨，额定荷载为 30kN，在线路施工及检修中常用于起吊组立杆塔、牵引放线、更换杆塔等项起重和牵引工作。机动绞磨的特点是牵引负荷大，牵引速度可以调节，操作简便，节省人力。

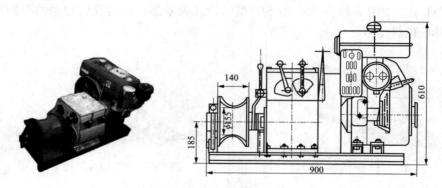

图 5-20　SJJ-3 型机动绞磨

（3）提线金属工具。

1）翼形卡具。翼形卡具是卡在导线耐张线夹及后部金具上的双臂式卡具。其中 HDL-35/110 型铝合金卡具最为常见，主要用于直接或间接带电更换 35～110kV 线路上的单串耐张绝缘子。由于其重量轻、强度高、安装简便等优点，因而得到广泛使用。此类卡具分前后两卡组合使用，如图 5-21 所示，前卡卡在正装或倒装式螺栓线夹上，后卡卡在挂点金具上，两卡之间通过绝缘拉板或拉杆相连，卡具下装有托瓶架，后卡上还装有丝杆，用来收紧导线。

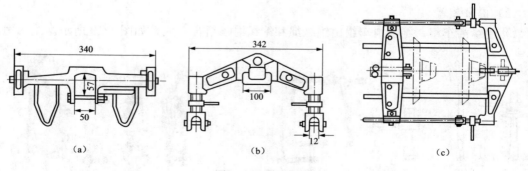

图 5-21　翼形卡具
（a）前卡；（b）后卡；（c）翼形卡具

2）半圆卡具。半圆卡具是卡在绝缘子上的双臂式卡具。依据绝缘子型号的不同，此种卡具的型号也不同。同样，依据制作材料的不同，此种卡具又有品种上的差异，如有锻钢制作的，有铸钢制作的，还有铝合金和钛合金制作的。半圆卡具的最大特点是安装方便，可使用绝缘操作杆进行安装。因此，多用于 220kV 线路上间接带电更换耐张绝缘子串及悬垂绝缘子串中的单片或几片绝缘子。如图 5-22 所示为 KDL-220 型铝合金半圆卡具。

图 5-22　KDL-220 型铝合金半圆卡具

3）闭式卡具。与半圆卡具相同，闭式卡具也是卡在悬垂绝缘子上的双臂式卡具，但在结构及操作方法上则大不相同，如图 5-23 所示。闭式卡具采用螺栓封门操作时需要作业人员手动直接操作。因此，常用在 220～500kV 输电线路带电更换耐张绝缘子串的单片或几片绝缘子时的等电位作业及中间电位作业中。闭式卡具依据绝缘子型号的不同，也有型号之分。

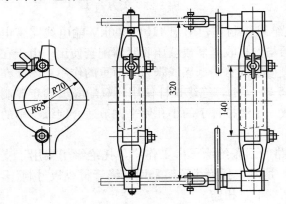

图 5-23　闭式卡具

4）直线卡具。直线卡具是用来进行带电直接或间接更换 110～500kV 线路直线杆塔上的悬垂绝缘子串的专用工具，且以双臂式卡具为多。它的最大特点是卡具大都卡在横担上，然后通过丝杠与绝缘拉板（杆）相连，才能收紧导线，摘取绝缘子串。需要注意的是使用此种卡具，必须加导线保护以防导线脱落；另外，导线端一般不装卡具，如图 5-24 所示。近年来，随着 500kV 超高压输电线路的日益增多，用于带电更换直线杆塔悬垂绝缘子串的工具也各具特色，其中应用较广泛的是西北群峰机械厂生产的横担卡（上卡）与联板卡（下卡）组合式双臂卡具，两卡通过硅胶棒式拉杆相连，具有防雨功能。

此种卡具的上卡不能通用于任何塔形，使用时需特别注意。

此外，对于 500kV 线路直线兼转角塔带电更换悬垂绝缘子串的问题，各地都进行了广泛的研制，其中由长沙电业局设计生产的专用卡具比较简单，上卡装于绝缘子挂点金具上，下卡装在导线挂点金具上，且配有丝杠。

5）大刀卡具。所谓大刀卡具，是在耐张杆塔双串绝缘子的二联板上设置锚固点，前后两卡具通过绝缘拉板（杆）连接，然后利用装在后卡上的丝杠收紧导线，更换 110～220kV 线路的耐张双串绝缘子中的一串的带电作业专用工具。因此，也称之为联板卡具。大刀卡具的品种较多，大都为铝合金材料制作，也有部分卡具使用 45 号钢板制作，如图 5-25 所示，依据各地区输电线路结构的不同，大刀卡具的规格尺寸及外形也略有差异，但其使用原理是共同的，就是必须用在耐张双串绝缘子的结构上。也就是说必须借助于二联板方能使用。此外，另一共同点为大刀卡具的前后两卡只用一根绝缘拉板（杆）连接，且置于绝缘子串的外侧，收紧导线时双串绝缘子的另一侧绝缘子串仍受导线张力作用。

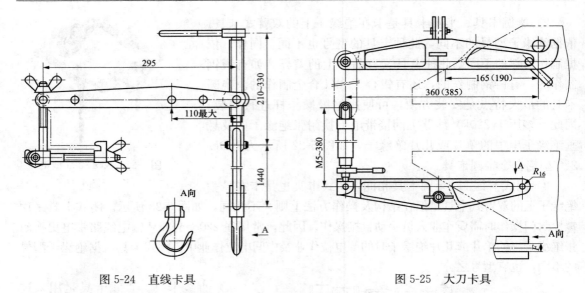

图 5-24　直线卡具　　　　　　　　　　　　　　　图 5-25　大刀卡具

（4）绝缘承力拉杆（板）。采用绝缘板或绝缘棒制作，用于 110～500kV 输电线路带电更换绝缘子串的工作中。绝缘拉板（杆）必须与丝杠收紧器或液压收紧器配套使用。由于在收紧导线的过程中绝缘拉板（杆）要承受垂直荷重或水平（导线张力）荷重的作用，因此在使用中要定期进行拉力试验。如图 5-26 和图 5-27 所示，绝缘拉杆使用环氧酚醛玻璃布棒制成，且在其外套一层硅橡胶，起到防雨的功效。绝缘拉杆上的小孔用来调节适合绝缘子串的有效长度。

（5）托绝缘子架。在更换 35～500kV 线路的耐张绝缘子串工作中，托绝缘子架用于支承拆卸后和安装前的松弛绝缘子串，如图 5-28 所示，托绝缘子架采用绝缘管材或板材制作，在使用时需安装在耐张绝缘子串的下方并与两端卡具相连。

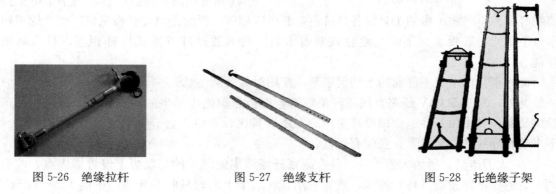

图 5-26　绝缘拉杆　　　　　　　图 5-27　绝缘支杆　　　　　　　图 5-28　托绝缘子架

（6）其他。

1）双线飞车。双线飞车是一种双分裂排列导线用的二线飞车，常用于 220～330kV 双分裂水平排列架空输电线路上检修导线、间隔棒等项工作中，即可用于带电作业中，又可在停电时使用。该飞车采用链条传动、前轮驱动、手动刹车的方式，有较好的爬坡能力，其有结构简单、轻巧、安装方便、骑行省力等特点。前后两轮都有刹车装置，可以折叠存放和运输，一般使用铝合金材料制作，如图 5-29 所示。

2）绝缘大剪。绝缘大剪是用来在间接作业中剪断导线的断线工具，剪身要采用绝缘板材制板，一端连接有金属剪头，另一端装有绝缘传动手柄，可以操纵剪头的张合。一般是压臂式大剪，采用杠杆原理，有两套加力结构，可以切断 LGJ-185 以下型号的导线，如图 5-30 所示。

3）取销钳。取销钳通常用于间接带电作业时在整串绝缘子中拿取某一片绝缘子，取销钳的杆身为绝缘管制作，钳头为金属材料制作，如图 5-31 所示，绝缘杆的长短依据作业电压等级来确定。

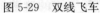
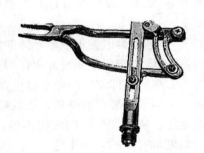

图 5-29 双线飞车　　　　　图 5-30 绝缘大剪　　　　　图 5-31 取销钳

4）绝缘绳。带电作业常用的绝缘绳有蚕丝绳（分生蚕丝绳和熟蚕丝绳）和尼龙绳（分尼龙丝绳和尼龙线绳）等，在带电作业中绝缘绳用作牵引、提升物体、临时拉线、制作软梯和滑车绳等。绝缘绳不但有较高的机械强度而且还应具有耐磨性，如图 5-32 所示。

5）防坠落装置。如图 5-33 所示，防坠落装置安装在导轨上，可以预防作业人员从高处跌落。一般有自锁式和差速式两种。如图 5-34 为差速式防坠器。

图 5-32 绝缘绳　　　　　图 5-33 防坠落装置　　　　　图 5-34 差速式防坠器

四、配电带电作业工器具的辨识和使用

1. 遮蔽用工具

（1）导线遮蔽罩：又称导线的绝缘软管用于对裸导体进行绝缘遮蔽的套管式护罩。一般为直管式、带接头的直管式、下边缘延裙式、带接头的下边缘延裙式、自锁式等 5 种类型，也可以专门设计以满足特殊用途的需要的其他类型。

（2）耐张装置遮蔽罩：用于对耐张绝缘子、线夹、拉板金具等进行绝缘遮蔽的护罩。

（3）针式绝缘子遮蔽罩：用于对针式绝缘子进行绝缘遮蔽的护罩，该遮蔽罩同样适用于棒式支持绝缘子。

（4）棒形绝缘子遮蔽罩：用于对绝缘横担进行绝缘遮蔽的护罩。

（5）横担遮蔽罩：用于对铁、木横担进行绝缘遮蔽的护罩。

（6）电杆遮蔽罩：用于对电杆或其头部进行绝缘遮蔽的护罩。

（7）套管遮蔽罩：用于对开关设备的套管进行绝缘遮蔽的护罩。

（8）跌落式熔断器遮蔽罩：用于对跌落式熔断器（包括其接线端子）进行绝缘遮蔽的护罩。

（9）隔板：又称挡板用于隔离带电部件、限制带电作业人员活动范围的硬质绝缘平板护罩。

（10）绝缘布：又称绝缘毯用于包缠各类带电或不带电导体部件的软形绝缘护罩。

（11）特殊遮蔽罩：用于某些特殊绝缘遮蔽用途而设计制作的护罩。

在配电线路上进行带电作业时，安全距离即空气间隙小是主要的制约因素，在人体和带电体或带电体与地电位物体间安装一层绝缘遮蔽罩或隔板，可以弥补空气间隙的不足。因为遮蔽罩或隔板与空气组合形成组合绝缘，延伸了气体的放电路径，因此可提高放电电压值。虽然放电电压可以提高，但提高的幅度是有限的。应注意：

1）作业前应选择相应电压等级的遮蔽罩。目前常见的遮蔽罩按电气性能分为0、1、2、3四级，4级的产品很不齐备，适用于不同的电压等级，见表5-10。

用于10kV电压等级的绝缘隔板厚度不应小于3mm，用于35kV电压等级不应小于4mm。暂未见20kV电压等级遮蔽罩厚度的具体数据（DL/T 803—2002《带电作业用绝缘毯》中规定了3级橡胶类材料绝缘毯的最大厚度为4.0mm，但没有规定最小厚度）。

表5-10　　适用于不同电压等级的遮蔽罩

级　　别	交流电压（V）
0	380
1	3000
2	10 000（6000）
3	20 000
4	35 000

2）遮蔽罩或挡板不起主绝缘作用，但允许"擦过接触"，主要还是限制人体活动范围。

3）遮蔽罩或挡板应与个人绝缘防护用具并用。

绝缘遮蔽罩本身有它自身的保护有效区，即在模拟使用状态下，施加一定的试验电压时，即不产生闪络，也不发生击穿的那部分外表面。在带电作业时，如作业人员接触与带电体直接接触的遮蔽罩的边沿部分是有可能发生沿面闪络的，所以不可以接触遮蔽罩的非保护有效区，即使是"擦过接触"。遮蔽罩的保护有效区应有明晰的标志。

作业中各遮蔽罩起的主要作用可能有所区别，例如设置在导线上的导线遮蔽罩，起到弥补带电作业时空气间隙不足的作用；而在运行线路的杆塔上工作，如安装10kV分支横担（分支横担安装的部位一般是在运行线路横担下方0.8m处）时最小安全作业距离可能小于0.7m，安装分支横担前在上横担下方0.4m左右设置绝缘隔板起到限制人体活动范围的作用。

2. 个人防护工具

进行直接接触20kV及以下电压等级带电设备的作业时，应穿着合格的绝缘防护用具；

使用的安全带、安全帽应有良好的绝缘性能，必要时戴护目镜。作业中禁止摘下绝缘防护用具。个人绝缘防护用具包括绝缘安全帽、绝缘服或披肩或袖套、绝缘裤、绝缘靴、绝缘手套等，如图 5-35 所示。

（1）绝缘安全帽。采用高强度塑料或玻璃钢等绝缘材料制作。具有较轻的质量、较好的抗机械冲击特性、较强的电气性能，并有阻燃特性。

（2）绝缘手套。用合成橡胶或天然橡胶制成，其形状为分指式。绝缘手套被认为是保证配电线路带电作业安全的最后一道保障，在作业过程中必须使用绝缘手套。

（3）绝缘靴。用合成橡胶或天然橡胶制成。目前，有关标准最高使用的电压为 15kV，一般绝缘靴是作业人员在地面操作电气开关或配电开关柜内带电作业时穿着，且应站在绝缘垫上。

（4）绝缘服、披肩。一般采用多层材料制作。其外表层为憎水性强、防潮性能好、沿面闪络电压高、泄漏电流小的材料，内衬为憎水性强、柔软性好、层向击穿电压高、服用性能好的材料制作。

（5）袖套。采用橡胶或其他绝缘柔性材料制成，分为直筒式和曲肘式两种式样。

（6）防机械刺穿手套。防机械刺穿手套有连指式和分指式两种式样，其表面应能防止机械磨损、化学腐蚀，抗机械刺穿并具有一定的抗氧化能力和阻燃特性。采用加衬的合成橡胶材料制成。

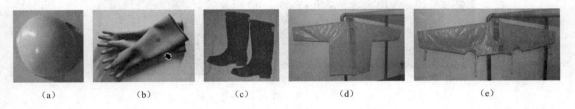

图 5-35　个人绝缘防护用具

(a) 绝缘安全帽；(b) 绝缘手套；(c) 绝缘靴；(d) 绝缘服；(e) 披肩

个人绝缘防护用具按电气性能分为 0、1、2、3、4 级（3 级的产品很不齐备），见表 5-11，分别适用于不同的电压等级。

目前，除绝缘手套有 3 级的产品外，其他如绝缘服最高级别为 2 级，且 2 级的产品包含 2 种标称电压，购买时应充分注意。绝缘安全帽和绝缘靴在有关标准中产品不分级别。

表 5-11　适用于不同电压等级的个人绝缘防护用具

级　别	交流电压（V）
0	380
1	3 000
2	10 000（6 000）
3	20 000

3. 操作用绝缘工具

带电作业常用绝缘手工工具来支撑、移动带电体或切断导线，包括绝缘柄的螺丝刀、扳手、刀具和镊子等。其绝缘材料应具有足够的电气绝缘强度、良好的阻燃性能以及足够的机械强度。绝缘手工工具按照其绝缘部分的组成结构分两类，一种是采用在金属手柄上包覆绝缘层的手工工具，另一种是直接采用环氧树脂玻璃纤维增强型绝缘棒作为手柄的绝缘工具。但其手柄长度都较短，一般小于 40cm，在作业中不能保证有足够的绝缘有效长度，只适用于 1kV 以下。在 10kV 及以上电压等级的配电线路带电作业中虽然也要求使用绝缘手工工具，其保护作用相对较低，所以使用时必须戴清洁干燥合格的绝缘手套。

4. 高架绝缘斗臂车

如图 5-36 所示，高架绝缘斗臂车是一种特殊的带电作业工具，既是配电线路带电作业人员进入带电作业区域的承载工具，又是带电作业时相对地之间的纵向主绝缘设备。高架绝缘斗臂车是应用了绝缘材料制作的绝缘斗、工作臂、液压系统、控制系统的使整车能满足一定绝缘性能要求的高空作业车。

图 5-36　高架绝缘斗臂车

（1）高架绝缘斗臂车的分类。高架绝缘斗臂车工作臂主要有折叠臂式、直接伸缩绝缘臂式、折叠伸缩混合式等 3 种类型。

我国的高架绝缘斗臂车通常在配电线路 10、35 和 66kV 的线路上使用，由于线路位置、配套底盘、使用效率、产品价格等多种因素的限制，输电线路的带电作业（除上海、北京外）极少使用高架绝缘斗臂车。有些厂家的高架绝缘斗臂车按使用的额定电压划分，而有些厂家的则按配电（66kV 及以下）、输电（110kV 及以上）来划分。用于 10kV、20kV 配电线路带电作业用的绝缘斗臂车高度通常为 16～20m。

高架绝缘斗臂车从支腿形式可分"A"形腿和"H"形腿。"H"形腿不损伤路面，而且可分级伸缩，更便于在狭小场地作业。

（2）高架绝缘斗臂车的基本结构。高架绝缘斗臂车主要有油压发生装置、支腿装置、工作臂回转升降及伸缩装置绝缘斗装置、安全装置。

1）油压发生装置。油压发生装置由取力器（PTO）、传动轴及油泵等部分组成。取力器是将发动机的动力通过变速箱传至油泵使之发生液压动力的装置。

2）支腿装置。支腿由副大梁的水平支腿内外框、垂直支腿、油缸组成。在垂直支腿油缸上装有双向液压锁，用于液压软管破损时，防止油缸自动回缩。作业时必须撑起支腿，保证上部工作稳定安全。

3）工作臂回转、升降及伸缩装置。高架绝缘斗臂车的工作臂采用玻璃纤维增强型环氧树脂材料制成，绕制成圆柱形或矩形截面结构，具有重量轻、机械强度高、绝缘性能好、憎水性强等优点。

工作臂回转装置由液压马达、回转减速器、中心回转体、回转支承及转台等组成。油泵产生的液压动力带动液压马达转动，驱动回转减速机。回转减速机将液压马达的回转力经减速传递至小齿轮，使啮合在小齿轮上的回转承及转台旋转。

工作臂的升降装置由油缸、平衡阀等组成。油缸靠液压动力做伸缩动作，使工作臂进行升降。平衡阀在液压软管破裂时，起到防止工作臂自然下降的作用。

工作臂伸缩装置只用于直接伸缩绝缘臂式绝缘斗臂车，由伸缩油缸、平衡阀、钢丝绳等组成。

4）绝缘斗装置。绝缘斗装置是由绝缘斗、绝缘斗摆动装置及绝缘斗平衡装置等组成。

a. 绝缘斗又称工作斗，分为单层斗、双层斗，可承载200kg左右，绝缘斗内工作人员不得超过2人，禁止超人、超载。绝缘斗具有高电气绝缘强度，双层斗的外层斗一般采用环氧玻璃钢制作，内层斗采用聚四氟乙烯材料制作。绝缘斗与绝缘臂一起组成相对地之间的纵向绝缘，使整车的泄漏电流小于$500\mu A$。

b. 绝缘斗摆动装置是由液压马达和蜗轮、蜗杆等构成。可在水平方向左右摆动。

c. 绝缘斗平衡装置有拉杆式平衡和油缸式平衡等形式。拉杆式平衡机构由拉杆、绝缘斗支架、花斗螺母等组成，油缸式平衡机构由绝缘斗平衡油缸、下部平衡油缸及连接软管等组成。

d. 绝缘斗的调平有手动和自动两种，可以通过该项操作取出内衬，进行清洁或排除积水。

5）安全装置。安全装置包括安全阀、上下臂升降安全装置、垂直支腿伸缩安全装置、安全带绳索挂钩、紧急停止操作杆、应急泵装置、互锁装置、作业范围限制装置以及水平仪等。

a. 安全阀，又称溢流阀。避免液压回路产生异常的升压，保护液压系统。

b. 上下臂升降安全装置。下臂升降安全装置（双向平衡阀）防止软管破损时，工作臂自然下降。上臂升降安全装置（平衡阀）防止软管破损时，工作臂自然下降。

c. 垂直支腿伸缩安全装置（双向液压阀）。防止软管破损时，垂直支腿自然下降。

d. 安全带绳索挂钩（安全绳索挂钩），用于系挂安全带。

e. 紧急停止操作杆。紧急时，可以停止工作臂的动作。

f. 应急泵装置。主泵不能工作时，用于紧急降落。

g. 互锁装置。支腿未正确着地时，上部不能动作；工作臂未完全收回时，支腿不能动作。

h. 作业范围限制装置，限制工作臂在允许的作业范围内动作。

i. 水平仪，使整车调整处于水平状态示意，防止歪斜倾覆。

（3）高架绝缘斗臂车的维护和保养。由于高架绝缘斗臂车是配电线路带电作业直接作业法中保障人身安全的主绝缘保护设备和承载设备，所以各个部件应具有良好的机械和电气绝缘性能。高架绝缘斗臂车必须有专人管理、维护和保养，实施日常、每周、定期检查，并做好相关记录。其中日常检查是每次工作前对高架绝缘斗臂车进行外观检查以及试操作（对斗臂车的机械、电气、绝缘等部分通过试操作的方式进行检查）；每周检查在车库或服务中心进行；定期检查的最大周期为 1 年，检查记录应保存 3 年。

绝缘斗、绝缘臂架等绝缘物件必须保持清洁、干燥，并应防止硬金属碰撞等原因造成机械损伤。禁止使用高压水冲洗电气及绝缘部分。检查各机构的连接螺栓是否有松动情况，并及时紧固。保持油箱液面高度，发现液面偏低应及时按规定要求加油。及时消除由于油管老化或密封件老化而引起的渗漏油现象。使用中应经常注意各液压机件的工作状况，发现异常现象应及时找出原因并消除。

高架绝缘斗臂车应存放在干燥通风的车库内，其绝缘部分应有防潮措施。

对斗臂车的修理、重新装配或更改应严格遵照制造厂商的建议或产品说明书。进行这类工作应该由经过培训具有修理资格的工作人员或在生产厂商派员进行指导之下完成。涉及绝缘部件、平衡系统或影响稳定性液压系统或电气系统的完整性，则应做验收试验。

（4）高架绝缘斗臂车的使用。高架绝缘斗臂车操作人员必须由高度责任心、事业心和身体健康的同志担任。应经过专项培训，熟悉高架绝缘斗臂车操作规程和相关注意事项，经上级部门考试合格批准后，方可上岗。

高架绝缘斗臂车应在相应电压等级的配电线路进行带电作业。严禁作为非带电作业工作的其他用途使用。

在雷电、风力大于 5 级、大暴雨雪的恶劣天气应暂停使用。雨天必须进行带电作业，应需经主管生产的领导（总工程师）批准后，方可进行操作。工作前必须擦干绝缘臂及绝缘斗，涂上憎水涂料、插上大雨伞或挡雨装置后方可进行带电作业。作业后，应清除绝缘斗内积水，并对绝缘臂、绝缘斗、绝缘小吊绳等进行烘干除湿。在黑暗及能见度低的大雾天气，必须增加照明确保作业场地的照明，特别是高架绝缘斗臂车的操作装置部位，为防止误操作，应确保照明。

到达现场，绝缘斗臂车的停放位置应选择适当，挂好手刹车，变速杆处于空挡位置。然后启动发动机后，踩下离合器，将取力器操作手柄推至"合"的位置，此时应无异常声响。最后接通电源开关。天气寒冷时，在此状态下运转 5min。所谓停放位置选择适当，应满足作业范围和支腿支撑稳定可靠。

1）作业对象应在高架绝缘斗臂车的作业范围内，且在接触带电导体时，（伸缩式）绝缘臂的伸出长度应满足有效绝缘长度的要求，见表 5-12。

表 5-12　　　　　　　　　　绝缘斗臂车绝缘臂的最小有效绝缘长度

电压等级（kV）	10	20	35、63（66）
长度（m）	1.0	1.2（1.5）	1.5

注　20kV 电压等级的 1.2m 为参考值，目前还没有相关标准或规程，为切实保证作业安全可参照 35kV 电压等级的数据，即括号中的数据 1.5m。

2）支腿支撑应稳定可靠。禁止设置在地沟盖板上，并有防倾覆措施，松软地面应在支腿下垫枕木或垫块。支腿垫板叠起来使用时，不可超过两块，厚度在 20cm 以内，要保证支腿垫放垫板后的稳定性。为了防止两块垫板的金属部分接触而打滑，垫板要正面朝上，且错位 45°。

在有坡度的地面停放时，地面坡度不应大于 7°，且车头应向下坡方向停放。挂好手刹车后，在所有车轮的下坡一侧垫好车轮三角垫。收、放支腿的顺序应正确（"H"形支腿车辆的支腿顺序：操作控制杆使车辆的水平支腿尽量伸出后，先伸出前面两支垂直支腿，使其接触地面并受力，然后伸出后面两支垂直支腿并受力，可以逐级调节前、后支腿，要使每个支腿都能均衡支出或收回，不可单个或一侧的支腿先支出或收回，造成车辆过于倾斜和支腿油缸损坏。若为"A"形支腿，应先伸前支腿，再伸后支腿。伸、缩垂直支腿时，收回时则按相反的顺序操作，保证车辆轮胎的有效制动）。支腿支撑好后，车辆在前后左右方向都要保持基本处于水平，车辆的倾斜角度不能超过 3°。车辆没有水平设置，在倾斜 3°以下的状态下进行作业时，工作臂回转范围必须限制在面向车辆后方（上坡一侧）左右各 45°以内使用。支腿操作完毕后，各操作杆应置于中间位置，并关好操作箱盖。

5. 绝缘平台

绝缘平台是将绝缘台捆绑固定在电杆上供工作人员进行带电操作的一种工作平台，如图 5-37 所示。它可以围绕电杆进行旋转，也可进行小范围上下移动。仅限于 10kV 等级以下使用。

图 5-37　绝缘平台

五、带电作业工器具的试验

带电作业工器具的试验包括电气试验与机械试验两种，任何一种带电作业工具都必须进行定期的电气试验和机械试验，来检验其是否达到规定的电气性能指标和机械强度。即使是刚出厂的产品，也应及时进行上述两种试验，方可做出合格与否的结论。因为这些工具在制作、运输和保管各个环节中，都可能遗留下观察不到的缺陷，只有在试验中才会暴露出来。所以，带电作业的工具试验是检验工具合格与否的唯一可靠的手段。这一点，应该引起每个从事带电作业人员的高度重视。

1. 带电作业工具的机械试验

带电作业工具的机械试验分静负荷试验和动负荷试验两种。有些带电作业工具，如绝缘拉板（杆）、吊线杆等，只做静负荷试验；而有些可能受到冲击荷重作用的工具，如操作杆、收紧器等除做静负荷试验外，还应做动负荷试验。

（1）静负荷试验。静负荷试验是使用专用加载工具（或机具），以缓慢的速度给被试品施加荷重，并维持一定加载时间，以检验被试品变形情况为目的的试验项目。

试验施加的荷重为被试品允许使用荷重的 2.5 倍，持续时间为 5min，卸载后试品各部件无永久变形即为合格。

使用荷重可按以下原则确定：

1）紧、拉、吊、支工具（包括牵引器、固定器），凡厂家生产的产品可把铭牌标注的允许工作荷重作为使用荷重；也可按实际使用情况来计算最大使用荷重。

2）载人工具（包括各种单人使用的梯子、吊篮、飞车等），以及人体随身携带工具的重量作为使用荷重。

3）托、吊、钩绝缘子工具，以一串绝缘子的重量为使用荷重。

在进行静负荷试验时，加载方式为：将工具组装成工作状态，模拟现场受力情况施加试验荷重。

（2）动负荷试验。动负荷试验是检验被试品在经受冲击时，机构操作是否灵活可靠的试验项目。因此，其所施负荷量不可太大。一般规定用1.5倍的使用荷重加在安装成工作状态的被试品上，操作被试品的可动部件（例如丝杠柄、液压收紧器的扳把及卸载阀等），操作三次，无受卡、失灵及其他异常现象为合格。

由于操作杆经常用来拔取开口销、弹簧销或拧动螺丝，因此也要做抗冲击和抗扭试验，冲击矩可取500N·cm，扭矩可取250N·cm。

目前，我国的带电作业工具机械试验还是一个比较薄弱的环节，无论是静负荷试验，还是动负荷试验，在试验方法、试验条件、试验设备等一些技术性的问题上还有待于进一步的研究、完善。例如有关静负荷试验的安全系数问题，统一规定为2.5倍是不细致的，其中载人工具的安全系数应当有所区别，且应高于其他使用荷重很大的承力工具。还有试验周期的问题，机械试验本身就是一种有损检测，也就是说施加的试验荷重可能对工具产生累积性损伤。如果试验次数过多，势必影响工具的使用寿命。因此，这一问题也有待于进一步研究、解决。再有，试验设备的问题，目前大多数单位没有试验设备，所以，许多机械试验不能正常进行，尤其是动负荷试验，因缺乏具体的试验手段和要求，基本上不能实现。

2. 带电作业工具的电气试验

带电作业用绝缘工器具，在出厂前就应进行出厂试验，而且试验项目和达到的指标必须满足国标要求。由于产品长期积压、出厂运输及有些厂家在出厂试验时只进行随机抽样试验等原因，产品到达用户手中时，还必须进行验收试验，试验标准应参照国标规定。

除了以上两项试验外，带电作业工具经过一段时间的使用和储存后，无论在电气性能方面还是在机械性能方面，可能会出现一定程度的损伤或劣化。所以，我们还应进行定期试验，也即预防性试验和检查性试验。

绝缘工具电气试验应定期进行，预防性试验每年一次，检查性试验每年一次，两种试验间隔半年，试验内容为工频耐压试验、操作冲击试验。

（1）工频耐压试验。

1）耐压标准。绝缘工具定期试验的试验电压一般按式（5-5）计算得出

$$U = U_g K_0 K_1 / K_2 \tag{5-5}$$

式中　K_1——绝缘裕度系数（出厂取1.1，预防性试验取1.0）；

　　　K_2——海拔修正系数（取1000m为0.91）；

　　　K_0——最大过电压倍数（取2.18）；

　　　U_g——额定相电压，kV。

上述试验电压最好在工具的有效长度上整段施压，220kV及以下电压等级绝缘工具加压时间为1min。330kV及以上电压等级绝缘工具加压时间为5min。试验结果以无发热、不放电为合格。

如果在试验设备受到限制而不能整段施压时，允许进行分段试验，但最多不能超过四

段。分段试验电压可按式（5-6）计算得出

$$U' = 1.2UL'/L \tag{5-6}$$

式中　U'——分段试验电压，kV；

　　　U——整段试验电压，kV；

　　　L——整段试验长度，m；

　　　L'——分段试验长度，m；

　　1.2——分段试验调整系数。

若 1.2 以 K 表示则上式改写为

$$U' = KUL'/L \tag{5-7}$$

大量试验证明，K 不是一个固定值，它随试验分段数而变化，即分段越多，K 值越大，故 330kV 及以上电压等级的绝缘工具必须进行整段施压试验。

2）试验方法。

a. 绝缘杆工频耐压试验。试验时绝缘操作杆，支、拉、吊杆等绝缘杆的金属头（或金属接头）部分应挂在施压的高压端（一般用长度不小于 42.5m，直径为 20mm 的金属棒做高压端来模拟导线，并悬挂在空中），接地线接在握手部分与有效绝缘长度的分界线处（指操作杆）或原接地端（指支、拉、吊杆而言），然后按式（5-5）计算得出的电压值 U 进行施压（指整段耐压试验）。如进行分段试验，施压值按式（5-6）计算出的 U' 值选取。

b. 绝缘硬梯的工频耐压试验。绝缘硬梯包括直立梯、人字梯、水平梯和挂梯，试验时同样以一根直径为 20mm，长 2.5m 的金属棒做施压的高压端，并水平悬挂来模拟导线。然后将绝缘硬梯的一端（一般指金属头的那端）挂在高压端上，接地线接在最短有效绝缘长度处（先用锡箔包绕其表面，然后再用裸铜线缠绕接地）。施压同样按式（5-5）或式（5-6）计算值选取。

c. 绝缘绳索、绝缘软梯的工频耐压试验。为了检验整副绝缘软梯或整根绝缘绳索的全部耐压水平，试验时，按图 5-38 所示的方法，在两根直径为 20mm，长度适当的金属棒上缠绕悬挂绝缘软梯或绝缘绳索，其中一根金属棒为高压端，通过绝缘子水平悬挂于空中。另一根金属棒同时悬挂于空中，并接地。两根金属棒之间的距离等于最高使用电压下的最短有效绝缘长度。

d. 绝缘遮盖物的工频耐压试验。绝缘遮盖物包括各种绝缘软板、硬板、薄膜等。在进行耐压试验时，如图 5-39 所示的方法，将绝缘遮盖物水平放置在绝缘支承台上，同时在被

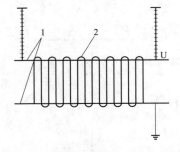

图 5-38　绝缘绳索的工频耐压试验

1—金属棒；2—绝缘绳

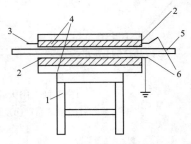

图 5-39　绝缘遮盖物的工频耐压试验

1—支承台；2—泡沫塑料；3—电源；

4—连接片；5—试品；6—锡箔

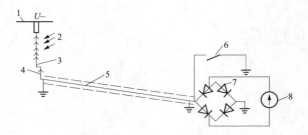

图 5-40　水冲洗工具工频耐压试验

1—加压金属杆；2—淋水方向；3—雨天操作杆；

4—流量用防雨罩；5—测量屏蔽线；6—接地开关；

7—二极管；8—直流微安表

试品的两侧用铝箔作电极，上下均用泡沫塑料和连接片压紧，以保证其接触良好。然后将上面极板接电源，下面极板接地。此外，试验时被试品应按使用电压要求留足边缘宽度。

e. 水冲洗工具工频耐压试验。水冲洗工具工频耐压试验组装时，应与地平面成 $30°\sim45°$ 角倾斜放置。如图 5-40 所示，模拟导线为一根 $\phi20mm$，长 2.5m 的金属棒，且通过绝缘子串悬吊于空中，水枪喷嘴对模拟导线的距离以该水枪应用的电压等级而定，冲洗杆握手处和导水管距喷嘴1.8m 处分别通过微安表接地，用来测量泄漏电流，微安表上并联一接地开关，在加压和切换刻度旋钮时，接地开关应始终处于合闸状态，只有在读数时才可拉开接地开关，以防止高压作用在微安表上。此外模拟导线升压后，水枪对准模拟导线喷射（水电阻率 10 000Ω·m）1min 后才能拉闸读表。

考虑到水冲洗工具的组合绝缘（水＋绝缘杆＋导水管）问题，试验电压应按规程要求计算选取。

f. 雨天作业工具的工频耐压试验。在进行雨天作业工具的工频耐压试验时，被试品的安放位置应与其工作状态一致，施压端仍用一根 $\phi20mm$，长 2.5m 的金属棒作模拟导线。施压前在试品上应喷淋均匀的滴状雨，雨滴的作用区域应超过试品外形尺寸范围。降水量为3mm/min。水电阻率不得超过 10Ω·m，淋雨方向与地面成 45°角。操作杆等被试品与地面呈 45°角，与淋雨方面成 90°角；直立梯等被试品与地面成 90°角，与淋雨方向呈 45°角；水平梯等被试品应与地面平行放置，与雨水呈 45°角，被试品雨淋 10min 后开始施压。

雨天作业工具在耐压试验中，与水冲洗工具一样要测量泄漏电流，但测量引线要使用屏蔽线，并在测量引线端加防雨罩，且引线端部绝缘部分还应涂上凡士林等防水剂，同时，被试品低压端要离地，如图 5-41 所示。

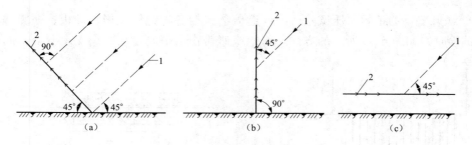

图 5-41　雨天作业工具的工频耐压试验

（a）操作杆等被试品；（b）直立梯等被试品；（c）水平梯等被试品

1—雨水方向；2—雨罩

3）试验条件。绝缘工具的绝缘强度包括外部绝缘和内部绝缘两部分，而影响外绝缘的主要因素有气压、温度、湿度、雨水、污秽以及邻近物体的邻近效应。因此，试验时的大气状态与标准大气状态不同时，要将放电电压修正到标准大气状态下。相对湿度在 80% 以上时，会引起放电电压的变化，故在淋雨试验中，只进行相对空气密度的修正，不修正湿度。

（2）操作冲击耐压试验。由于绝缘工具的设计制作应满足系统过电压水平。所以，为了保证带电作业的安全，绝缘工具还应进行操作冲击耐压试验，根据规程要求，操作冲击试验一般针对于 330～500kV 电压等级的绝缘工具。

操作冲击试验电压可按式（5-8）计算得出即

$$U_{\mathrm{T}} = \frac{U_{\mathrm{H}}\sqrt{2}}{\sqrt{3}} K_0 \frac{K}{K_1} \tag{5-8}$$

式中　K_0——最大过电压倍数（取 2.18）；

　　　K——电压升高系数（取 1.1）；

　　　K_1——海拔修正系数（取 1000W，为 0.91）；

　　　U_{H}——系统额定电压（有效值），kV。

波形：250±50/2500±100（μs）。

极性：正极性。

耐压次数：冲击 15 次无放电为合格。

操作冲击耐压试验只能在有效绝缘长度内全段施压，按工具现场使用情况，在接触带电体一侧加电源，握手部分或接地部分接地线。

六、带电作业工器具的保管

带电作业工器具，特别是绝缘工器具的性能优劣是性命攸关的大事。因此，带电作业工具的使用与保管，应严格按照规程规定，采取有效的措施进行保护。

1. 带电作业工器具专用库房

带电作业工具应存放在清洁、干燥、通风的专用工具库房内。库房四周及屋顶应装有红外线干燥灯或其他恒温恒湿设备，以保持室内干燥，库房内应装有通风装置及除尘装置，以保持空气新鲜、无灰尘。此外库房内还应配备小型烘干柜，用来烘干经常使用的或出库时间较长的（例如外出工作连续几天未入库的）绝缘工器具。

带电作业专用库房除具备以上条件外，还应做到与室外保持恒温的效果，以防止绝缘工器具在冷热突变的环境下结霜，使工具变潮。库房内存放各类工器具要有固定位置，绝缘工具应有序地摆放或悬挂在离地的高低层支架上（按工器具用途及电压等级排序，且应标有名签），以利通风；金属工器具应整齐地放置在专用的工具柜内（按工器具用途分类、按电压等级排序，并应标有名签）。

库房要设专人管理，要将所有的工器具登记入册并上账，各类工器具要有完整的出厂说明书、试验卡片或试验报告书。工器具出入库必须进行登记，入库人员必须换拖鞋，库房管理人员要注意保持室内清洁卫生，定期对工器具进行烘干或进行外表检查及保养，如发现问题，应及时上报专责人员。此外，库房管理人员还要负责每年两次的电气试验及一年一次的机械试验。新工具入库，要做好验收试验工作，报废或淘汰工器具要清理出库房，不得与可用工器具混放。

2. 带电作业工器具的使用、运输原则

带电作业工器具出库装车前必须用专用清洁帆布袋包装，长途运输应具备专用工具箱，以防运输途中工器具受潮、污的侵蚀，同时也防止由于颠簸、挤压使工器具受损。

现场使用工器具时，在工作现场地面应放防潮苫布，所有工器具均应摆放在防潮苫布上，严禁与地面直接接触，每个使用和传递工具的人员，无论在塔上，还是地面均需戴干净的手套，不得赤手接触绝缘工器具，传递人员传递工具时要防止与杆塔磕碰。

连续外出工作时，还应佩带烘干设备，每日返回驻地后，要对所带绝缘工器具进行一段时间的烘干，已备次日使用。

【任务实施】

输配电线路带电作业工器具的认识

一、工作前准备

1. 课前预习相关知识部分，了解地面电工、杆上电工、工作负责人、监护人的工作内容及要求，弄清楚作业过程中的危险点及预防控制措施。

2. 进一步巩固学习电力安全工作规程（线路部分）的"带电作业"部分。

二、操作步骤

1. 小组长组织组员到带电作业库房了解情况。

2. 按购置单据清点工器具的数量，确认无误后将工器具分类。

3. 将分类工器具逐一整齐摆放在工具架上。

4. 在工器具对应位置贴好标注清楚名称、规格型号的标签。

5. 小组长认真核对清楚，确认无误后找好照片，组织组员进行收工点评。

6. 小组长将小组点评记录、小组各组员评分记录单位交指导老师。

三、评价标准

根据表 5-13 对任务完成情况做出评价。

表 5-13　　　　　　　　评 分 标 准

项　目	考核标准	配　分	扣　分	得　分
小组合作	（1）小组计划详细周密 （2）小组成员团结协作、分工恰当、积极参与 （3）能够发现问题并及时解决 （4）学习态度端正、配合默契	20		
过程控制	（1）小组长任务分工明确，各组员积极配合 （2）任务完成过程中每个时间节点控制较好，执行力强 （3）各小组组员积极参与，学习兴趣浓厚 （4）按时、按量、按质完成任务	35		
带电作业工器具的认识	（1）工器具分类摆放整齐 （2）工器具标签张贴位置与实物正确对应 （3）工器具标签填写内容正确，字迹工整	30		
安全文明	（1）能遵守实训场地的规章制度 （2）能爱护实习设施设备，不人为损坏仪器设备和元器件 （3）保持库房环境整洁，秩序良好	15		

【巩固与练习】

简答题

1. 带电作业工器具与停电作业工器具有什么不一样？

2. 带电作业工器具在电气性能、机械性能、物理化学性能和经济性能方面有什么要求？
3. 带电作业工器具应如何保管？

任务 3　绝缘手套作业法断、接引线

🎙 【布置任务】

任务书见表 5-14。

表 5-14　　　　　　　　　　　　　　　任 务 书

任务名称	绝缘手套作业法断、接引线	
任务描述	××省电力公司培训中心有一条正在运行的 10kV 配电线路，在线路巡视时发现 11 号杆塔上变压器引线接头发红，有严重缺损。按照国家电网公司标准化作业要求对此条线路实施带电检修，建议采用绝缘手套作业法断、接引线，在接到任务后 4h 内完成	
任务要求	(1) 各小组接受工作任务后讨论并制定工作计划 (2) 阅读教材上相关知识部分 (3) 搜索配电网带电作业有关的技术资料 (4) 现场查勘仔细，危险点分析全面，安全措施科学合理 (5) 工作票办理手续齐全 (6) 作业指导书编制规范、内容正确详细 (7) 作业方式合理，作业方法正确，作业步骤清晰，检修质量好 (8) 小组成员配合默额，各小组进行客观评价，完成评价表	
注意事项	(1) 每位组员应阅读教材上相关知识部分，有不懂之处及时咨询指导老师 (2) 组员之间应相互督促，完成本次学习任务 (3) 现场操作，应注意保证人身安全，严禁打闹嬉戏 (4) 发现异常情况，及时与指导老师联系 (5) 安全文明作业	
成果评价	自评：	
	互评：	
	师评：	
小组长签字		组员签字

日期：　　　年　　　月　　　日

📖 【相关知识】

绝缘手套作业法断、接引线由于作业简单，安全系数较高，在常规配电网带电作业中占很大比例，以下仅介绍一些常规做法，由于各地配电线路选型的不同，导线排列方式、线间距离、导线连接方式区别很大，工器具也形式多样，所以做法不尽相同。各地可根据实际情况因地制宜，有针对性地借鉴以下方法，切忌生搬硬套。

一、作业内容

任务以典型的"直线支接、跳线线夹连接"为例讲解绝缘手套作业法断、接引线。与绝缘杆作业法不同，不同引线连接方式（缠绕、跳线线夹、穿刺线夹、并沟线夹、安普线夹等）对绝缘手套作业法的影响不大，特别是对绝缘导线的处理，绝缘手套作业法更为便利。

图 5-42　10kV 双回路直线
支接断、接引线现场作业图

二、作业方法

绝缘手套作业法通常使用绝缘斗臂车作为主绝缘平台，如图 5-42 所示，某些场合也可采用绝缘梯、绝缘平台，工作人员穿着全套防护用具进行作业。

三、作业前准备

1. 作业条件

作业应在满足《国家电网公司电力安全工作规程（线路部分）》和相关标准规定的良好天气下进行，遇雷电（听见雷声、看见闪电）、雪雹、雨雾和空气相对湿度超过 80%、风力大于 5 级（10m/s）时，不宜进行本作业。作业前现场勘察确定满足绝缘斗臂车绝缘手套作业法作业环境条件，主要指停用重合闸、绝缘斗臂车作业条件等，确认线路的终端开关［断路器（开关）或隔离开关］确已断开，接入线路侧的变压器、电压互感器确已退出运行，断引线前作业点后段无负载，接引线前作业点后段无短路、接地。

2. 人员组成

作业人员应由具备配电网带电作业资格的工作人员所组成，本项目一般需 4 名。其中工作负责人（监护人）1 名、斗内电工 2 名、地面电工 1 名。工作班成员明确工作内容、工作流程、安全措施、工作的危险点，并履行确认手续。

3. 工器具及材料准备

绝缘手套作业法断、接引线所需主要工器具及材料见表 5-15。

表 5-15　　　　　　　绝缘手套作业法断、接引线所需主要工器具及材料

序号	名　　称		型号/规格	单位	数量	备　　注
1	绝缘工具	绝缘绳		条	若干	
2		绝缘操作杆		根	若干	安装鹰爪钳等，视工作需要
3		绝缘斗臂车		辆	1	
4		绝缘遮蔽工具		块	若干	绝缘毯、绝缘挡板、绝缘导线罩等，视工作需要
5	防护用具	安全防护用具		套	2	绝缘袖套、防护服、绝缘靴、绝缘手套等，视工作需要
6	其他工具	钳形电流表	mA 级	只	1	测量导线电流，判断支线后段无负载，视工作需要
7		绝缘电阻表	500V	只	1	检查绝缘：测量相间、对地绝缘，判断支线后段无相间短路、接地，视工作需要
8		防潮布		块	1	
9		压机		台	1	电动液压机，视工作需要
10		破皮器		把	1	剥离绝缘导线绝缘层，视工作需要
11		剪刀		把	1	绝缘断线剪或棘轮剪刀，视工作需要
12		钢丝刷		把	1	清除导线氧化层，视工作需要
13	所需材料	跳线线夹		副	3	连接引线
14		自粘带		圈	若干	恢复导线绝缘，视工作需要

4．作业流程图

绝缘手套作业法断、接引线作业流程如图 5-43 所示。

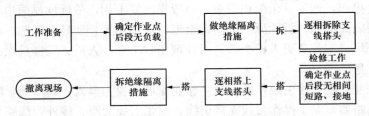

图 5-43　绝缘手套作业法断、接引线作业流程图

四、危险点分析及控制措施

危险点分析及控制措施见表 5-16。

表 5-16　　　　　　　　　　　危险点分析及控制措施

序号	防范类型	危险点	控制措施	备注
1	防触电类	人身触电	作业过程中，不论线路是否停电，都应始终认为线有电	
2			必须停用重合闸	
3			保持对地最小距离为 0.4m，对相邻相导线的最小距离为 0.6m，绝缘绳索类工具有效绝缘长度不小于 0.4m，绝缘操作杆有效绝缘长度不小于 0.7m	
4			必须在天气良好条件下进行	
5		感应触电	引线未全部断开时，已断开的导线应视为有电，严禁在无措施下直接触及	
6	防高处坠落类	不规范使用登高工具	设专职监护人	
7			作业前，绝缘斗臂车应进行空斗操作，确认液压传动、升降、伸缩、回转系统工作正常、操作灵活，制动装置可靠	
8			安全带应系在牢固的构件上，扣牢扣环	
9			斗内电工应系好安全带，戴好安全帽	

五、作业步骤及工艺标准和质量要求

（1）工作负责人召开现场开工会，布置安措，必要时提问；选择合适位置停放绝缘斗臂车，接地；斗内电工正确穿戴安全防护用具，进入绝缘斗，系好安全带。

（2）检查作业点后段无负载，可以采取人员现场确认或仪表测定两种检查确认形式。

（3）斗内电工操作绝缘斗臂车进入工作位置，视情况对导线、电杆、横担等做绝缘隔离措施，安装原则"由近至远、从大到小、从低到高"。

（4）斗内电工解开一相引线连接（握住跳线线夹，拆除连接螺栓，单手或预先用操作杆夹住引线），迅速脱离（拆除过程中必须保证待拆引线与主线不脱开，做好准备脱开时动作迅速，防止人体串入电路），拆开的引线线头固定牢靠，严禁接地；一相作业完毕，按前重复操作，拆开其余两相搭头。一般先拆两边相，最后拆中相。

（5）支线搭头拆毕，进行相关检修工作，检修人员与带电部位保持最小 0.7m 的安全距离。

（6）确定作业点后段无相间短路、接地，检查工作可以采取人员现场确认或仪表测定两种检查确认形式。

（7）斗内电工解开一相线头（单手握住跳线线夹或预先用操作杆夹住引线），恢复支线连接（迅速接触，必须保证作业过程中引线与主线不脱开，防止人体串入电路）。一相作业完毕，按前重复操作，恢复其余两相搭头，一般先恢复中相，最后恢复两边相。

（8）拆绝缘隔离措施，拆除原则"由远至近、从小到大、从高到低"。

（9）撤离现场，工作负责人检查后，召开现场收工会，人员、工器具撤离现场。

六、其他应用

绝缘手套作业法断、接引线作业，从其作业原理可视为串入一断路器，断、接引线的过程可视为操作断路器，除了操作直线支接引线、耐张引线的断、接外，线路元件"跌落式熔断器、柱上隔离开关、柱上负荷开关、避雷器等"的常规带电安装更换，只要断、接引线前确定线路、设备无异常均可采用此方法作业。其作业方式基本同断、接直线支接引线，预先必须选择好便于作业的连接点，不一定要在待更换元件作业点，可以预先选择前段的连接点进行断、接作业。

本项作业中开关类设备必须处于分闸位置。

作业中必须选择合适的绝缘隔离方式、绝缘隔离工具，确保作业中可能发生间隙不足的部位均隔离到位，安装原则"由近至远、从大到小、从低到高"。

作业中拆开的引线必须选择同相合适的部位固定牢靠，一般不宜固定在横担等接地部位。

恢复引线连接要求同上，拆除绝缘隔离措施的原则"由远至近、从小到大、从高到低"。

某些作业点后段空载电流（电容电流）较大的场合，应用此方式断、接引线已不满足安全要求的情况下，可以利用安装旁路灭弧开关设备达到断、接引线的作业目的，虽然还属于绝缘手套作业法断、接引线，但其作业原理已是旁路法作业范畴，在此不再重复。

【任务实施】

绝缘手套作业法断、接引线

一、工作前准备

1. 课前预习相关知识部分，了解地面电工、绝缘斗臂车斗内电工、工作负责人、监护人的工作内容及要求，弄清楚作业过程中的危险点及预防控制措施。

2. 进一步巩固学习《国家电网公司电力安全工作规程（线路部分）》的"带电作业"部分。

二、操作步骤

1. 小组长组织组员到带电作业点了解情况。

2. 办理第二种工作票，交指导老师审批。

3. 按国家电网公司标准化作业要求编写××线路绝缘手套作业法断、接引线作业指导书。

4. 准备工器具材料，并经检验合格。

5. 做好危险点分析与控措施。

6. 站队"三交"，确保每位工作班成员知晓自己的工作内容，确认作业人员身体健康。

7. 按作业指导书要求实施带电作业，作业方法及步骤正确，操作规范，安全防护措施到位。

8. 检修完毕，向工作负责人汇报，检查检修质量合格，清理作业现场，确认无遗留物。

9. 小组长点评，肯定成绩，指出不足，记录现场带电作业情况，给每位组员评分。

10. 小组长将工作票、作业指导书、小组点评记录、小组各组员评分记录单位交指导老师。

三、评价标准

根据表 5-17 对任务完成情况做出评价。

表 5-17   评 分 标 准

项 目	考核标准	配分	扣 分	得 分
小组合作	(1) 小组计划详细周密 (2) 小组成员团结协作、分工恰当、积极参与 (3) 能够发现问题并及时解决 (4) 学习态度端正、配合默契	20		
过程控制	(1) 小组长任务分工明确，各组员积极配合 (2) 任务完成过程中每个时间节点控制较好，执行力强 (3) 各小组组员积极参与，学习兴趣浓厚 (4) 安全防护措施细致周全 (5) 按时、按量、按质完成任务	35		
绝缘手套作业法断、接引线	(1) 工作票填写正确规范 (2) 编制的作业指导书内容正确全面、格式规范 (3) 工器具准备正确，材料准备充足，符合现场要求 (4) 全过程监护，安全措施到位，执行力强 (5) 作业人员动作熟练、标准规范 (6) 检修质量好 (7) 工作流程顺畅 (8) 严格执行工作许可制度、工作终结制度执行	30		
安全文明	(1) 能遵守实训场地的规章制度 (2) 能爱护实习设施设备，不人为损坏仪器设备和元器件 (3) 保持工作环境整洁，检修工作秩序良好	15		

【巩固与练习】

简答题

1. 绝缘手套作业法断引线作业前为什么要确定作业点后段无负载？一般可采用哪几种方式？如采用仪表测定方式应如何操作？

2. 绝缘手套作业法接引线作业前为什么要确定作业点后段无相间短路、接地？如采用仪表测定方式应如何操作？

3. 思考本地 10kV 双回垂直排列直线杆直接支接带电接引线工作应如何开展。

任务 4　输电线路带电更换保护金具

【布置任务】

任务书见表 5-18。

表 5-18 　　　　　　　　　　　　　　　任　务　书

任务名称	输电线路带电更换保护金具
任务描述	××省电力公司培训中心有一条正在运行的 220kV 输电线路，在线路巡视时发现 5 号杆塔与 4 号杆塔之间的 A 相导线有一个间隔棒严重损坏，急需更换。按照国家电网公司标准化作业要求对此条线路实施带电作业，带电更换间隔棒，在接到任务后 4h 内完成
任务要求	(1) 各小组接受工作任务后讨论并制定工作计划 (2) 阅读教材上相关知识部分 (3) 搜索配电网带电作业有关的技术资料 (4) 现场查勘仔细，危险点分析全面，安全措施科学合理 (5) 工作票办理手续齐全 (6) 作业指导书编制规范、内容正确详细 (7) 作业方式合理，作业方法正确，作业步骤清晰，检修质量好 (8) 小组成员配合默契额，各小组进行客观评价，完成评价表
注意事项	(1) 每位组员应阅读教材上相关知识部分，有不懂之处及时咨询指导老师 (2) 组员之间应相互督促，完成本次学习任务 (3) 现场操作，应注意保证人身安全，严禁打闹嬉戏 (4) 发现异常情况，及时与指导老师联系 (5) 安全文明作业
成果评价	自评： 互评： 师评：
小组长签字	组员签字

　　　　　　　　　　　　　　　　　　　　　　　　　　　　　　日期：　　年　　月　　日

【相关知识】

架空输电线路带电更换导线保护金具一般采用等电位作业法，本部分主要介绍采用绝缘软梯等电位作业带电更换 220kV 线路水平排列单分裂导线防振锤，以及 500kV 线路三角形排列中相四分裂导线带电更换间隔棒的作业方法，对于其他方法做简单的介绍。

1. 保护金具介绍

保护金具（也称防护金具）的作用是保护架空输电线路元件不受电气和机械损害。保护金具分电气和机械两大类。

电气类保护金具主要有均压环、屏蔽环等。机械类保护金具主要有防振锤、重锤片、护线条、间隔棒等。如图 5-44～图 5-47 所示。

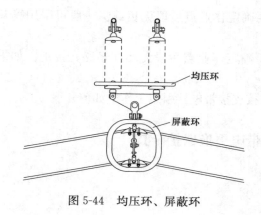

图 5-44　均压环、屏蔽环

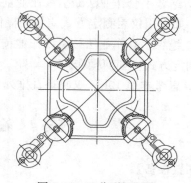

图 5-45　四分裂间隔棒

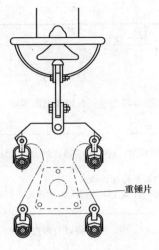

图 5-46　重锤片

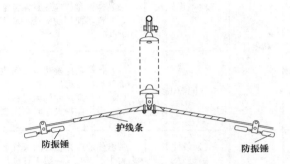

图 5-47　防振锤、护线条

2. 导线保护金具更换方法介绍

(1) 均压环更换，根据均压环的形式不同分两种方法，一种是开口式的，可直接进行更换；另一种是封闭式的，需将导线起吊，使导线和绝缘子串分离后进行更换，更换完毕，恢复导线和绝缘子串的连接。

(2) 护线条更换，需将导线起吊后，拆除悬垂线夹后进行更换。需注意，提线工具组应有两套，分别安装在绝缘子串的两侧，两套提线工具交替受力才可将护线条拆除和安装。

(3) 其他保护金具如屏蔽环、防振锤、重锤片、间隔棒等的更换，均可进行等电位直接拆装更换。

一、220kV 线路水平排列单分裂导线，带电更换防振锤操作实例

1. 危险点分析及预控措施

危险点分析及预控措施见表 5-19。

表 5-19　　　　　　　　　　　　　危险点分析及预控措施

序号	危险类型	危险点	预 控 措 施
1	工具失效	工具连接失败	作业前应认真检查软体、软体头的完好情况，登软梯前应做选悬重试验
2	机械损伤	高出落物	工具材料应用绝缘绳索传递，小件物品应装袋，作业点正下方禁止人员逗留
3	高处坠落	登高及移位过程中发生高处坠落	攀登杆塔时，注意爬梯或脚钉是否牢固、可靠，安全带应系在牢固的构件上，检查扣环是否扣牢。杆上转移作业位置时，不得失去安全带保护
		作业过程中发生高处坠落	安全带、后备保护绳，应分别系挂在不同的牢固构件上
4	高电压	感应电刺激伤害	(1) 在 330kV 及以上电压等级的线路杆塔上及变电站构架上作业，应采取防静电感应措施，例如穿静电感应防护服、导电鞋等（220kV 线路杆塔上作业时宜穿导电鞋） (2) 绝缘架空地线应视为带电体。在绝缘架空地线附近作业时，作业人员与绝缘架空地线之间的距离不应小于 0.4m。如需在绝缘架空地线上作业，应用接地线将其可靠接地或采用等电位方式进行

续表

序号	危险类型	危险点	预控措施
4	高电压	工具绝缘失效	(1) 应定期试验合格 (2) 运输过程中妥善保管，避免受潮 (3) 作业过程应注意保持绝缘工具的有效长度 (4) 现场使用前应用5000V或2500V的绝缘电阻表检查其绝缘电阻值不小于700MΩ
		空气间隙击穿	(1) 作业前应确认空气间隙满足安全距离的要求，对于无法确认的，应现场实测确认后，方可进行作业 (2) 在传递尺寸较大材料和工具时，应有有效的控制措施 (3) 专责监护人应时刻注意和提醒操作人员动作幅度不能过大，注意安全距离
5	恶劣天气	气象条件不满足要求	带电作业应在良好的天气下进行。如遇雷、雨、雪、雾不得进行带电作业，风力大于5级时，一般不宜进行带电作业
		天气突变	(1) 作业前应事先了解天气情况，在作业现场工作负责人应时刻注意天气变化特别是夏季的雷雨 (2) 作业过程中发生天气突变时，在保证人员安全的前提下尽快撤离工具

注 在海拔1000m以上带电作业时，应根据不同海拔高度，修正各类空气与固体绝缘的安全距离和长度、绝缘子片数等。

2. 作业前准备

（1）作业方式。由地面登软梯进入电场等电位作业。此方式适合于导线水平排列、三角形排列的两边相及垂直排列的下相上的作业。对于不适合此作业方式的可用平梯法、摆入法等进入电场。

（2）人员组合。工作负责人（监护人）1人、等电位电工1人、塔上电工1人、地面电工3人。

（3）主要工器具、材料见表5-20。

表5-20　　　　　　　　　　主要工器具、材料

序号	工具名称	规格、型号	单位	数量	备注
1	绝缘绳	φ14	根	2	传递用
2	绝缘滑车	5kN	只	2	
3	绝缘绳套	φ14	根	2	
4	绝缘操作杆	1.8m	根	1	
5	绝缘软梯		套	1	包括软体头
6	屏蔽服		套	1	
7	防潮苫布	3m×3m	块	1	
8	绝缘测试仪	ST2008	台	1	也可用绝缘电阻表
9	防振锤		个	1	

3. 作业步骤和质量标准

（1）按照带电作业现场标准化流程完成准备工作。

（2）塔上电工携带绝缘传递绳登塔至作业相导线横担绝缘子挂线点附近，系好安全带，将绝缘滑车、绝缘绳安装好。

（3）地面电工用绝缘传递绳将绝缘操作杆传递给塔上电工。

（4）塔上电工使用绝缘操作杆和地面电工配合，将挂有绝缘传递绳的绝缘软梯挂在导线上，用吊软梯的绝缘传递绳作为软梯的控制绳在横担上进行控制。

（5）等电位电工由地面攀登绝缘软梯进入电场，系好安全带。

（6）等电位电工通过软梯控制绳和塔上电工配合，调整软梯位置，便于操作。

（7）将挂在软梯上的绝缘传递绳移至导线上挂好。

（8）拆除待更换的防振锤，检查铝包带有无损坏，若有损坏，应更换。更换铝包带时，应标记好铝包带中心在导线上的位置，以避免防振锤更换后安装距离发生误差。

（9）用绝缘传递绳将旧防振锤传递至地面，将新防振锤传递给等电位电工。

（10）等电位电工将防振锤安装在铝包带的中心位置，保持防振锤与地面垂直，螺丝紧固到位。

（11）等电位电工将绝缘传递绳由导线上移至软梯上挂好后，退出电场沿绝缘软梯返回地面。

（12）塔上电工与地面电工配合拆除绝缘软梯和绝缘操作杆一起传递至地面。

（13）塔上电工检查塔上无遗留物后，携带绝缘传递绳下塔至地面。

（14）按带电作业现场标准化作业流程进行工作终结。

二、500kV 线路三角形排列中相四分裂导线，带电更换间隔棒操作实例

1. 危险点分析及预控措施

危险点分析及预控措施见表 5-21。

表 5-21　　　　　　　　　　　　**危险点分析及预控措施**

序号	危险类型	危险点	预 控 措 施
1	工具失效	工具连接失败	（1）作业前应认真检查吊式蜈蚣梯及其配套的 2-2 绝缘滑车组、绝缘吊绳的完好情况 （2）安装绝缘吊绳、2-2 绝缘滑车组及吊式蜈蚣梯时各部分应固定连接牢靠 （3）等电位电工利用吊式蜈蚣梯进出电场过程应使用防坠落后备保护绳
2	机械损伤	高出落物	工具材料应用绝缘绳索传递，小件物品应装袋，作业点正下方禁止人员逗留
3	高处坠落	登高及移位过程中发生高处坠落	攀登杆塔时，注意爬梯或脚钉是否牢固、可靠，安全带应系在牢固的构件上，检查扣环是否扣牢。杆上转移作业位置时，不得失去安全带保护
		作业过程中发生高处坠落	安全带、后备保护绳，应分别系挂在不同的牢固构件上
4	高电压	感应电刺激伤害	（1）在 330kV 及以上电压等级的线路杆塔上及变电站构架上作业，应采取防静电感应措施，例如穿静电感应防护服、导电鞋等（220kV 线路杆塔上作业时宜穿导电鞋） （2）绝缘架空地线应视为带电体。在绝缘架空地线附近作业时，作业人员与绝缘架空地线之间的距离不应小于 0.4m。如需在绝缘架空地线上作业，应用接地线将其可靠接地或采用等电位方式进行
		工具绝缘失效	（1）应定期试验合格 （2）运输过程中妥善保管，避免受潮 （3）现场使用前应用 5000V 或 2500V 的绝缘电阻表检查其绝缘电阻值不小于 700MΩ

序号	危险类型	危险点	预 控 措 施
4	高电压	空气间隙击穿	（1）作业前应确认空气间隙满足安全距离的要求，采用应现场实测吊式蜈蚣梯作业方式应充分考虑等电位电工移动轨迹上的多个组合间隙均应满足 4.0m 以上的要求 （2）专责监护人应时刻注意和提醒操作人员动作幅度不能过大，注意安全距离
5	恶劣天气	气象条件不满足要求	带电作业应在良好的天气下进行。如遇雷、雨、雪、雾不得进行带电作业，风力大于 5 级时，一般不宜进行带电作业
		天气突变	（1）作业前应事先了解天气情况，在作业现场工作负责人应时刻注意天气变化特别是夏季的雷雨 （2）作业过程中发生天气突变时，在保证人员安全的前提下尽快撤离工具

注　在海拔 1000m 以上带电作业时，应根据不同海拔高度，修正各类空气与固体绝缘的安全距离和长度、绝缘子片数等。

2. 作业前准备

（1）作业方式。采用乘坐吊式蜈蚣梯的方式进入电场等电位作业。此方式适合于导线水平排列、三角形排列和垂直排列的下相导线上作业。对于垂直排列的上相和中相可用平梯法进入电场。

（2）人员组合。工作负责人（监护人）1 人、等电位电工 1 人、塔上电工 1 人、地面电工 3 人。

（3）作业工器具、材料配备见表 5-22。

表 5-22　　　　　　　　　　　　　作业工器具、材料配备

序　号	工具名称	规格、型号	单　位	数　量	备　注
1	绝缘传递绳	ϕ14	根	2	
2	绝缘滑车	5kN	只	1	
3	翻斗滑车	5kN	只	1	
4	绝缘绳套	ϕ14	根	2	
5	2-2 绝缘滑车组	5kN	套	1	包括绝缘绳
6	吊式蜈蚣梯		副	1	
7	绝缘吊绳	ϕ20	根	1	长度视绝缘子串长度而定
8	屏蔽服	Ⅱ型	套	2	
9	防潮苫布	3m×3m	块	1	
10	绝缘测试仪	ST2008	台	1	也可用绝缘电阻表
11	间隔棒		个	1	

3. 操作步骤、质量标准

（1）按照带电作业现场标准化流程完成准备工作。

（2）塔上电工、等电位电工携带绝缘传递绳登塔至作业相导线横担绝缘子挂线点附近，系好安全带，将绝缘滑车、绝缘绳安装好。

（3）地面电工用绝缘传递绳将绝缘吊绳、2-2 绝缘滑车组及吊式蜈蚣梯传递给塔上电工。

（4）塔上电工和等电位电工配合，将进入电场工具安装好。在地面电工的配合下进入电场等电位，并将安全带移至导线上。特别要注意的是安装进电场工具时应充分考虑等电位电

工移动轨迹上的多个组合间隙均应满足 4.0m 以上的要求，等电位电工进电场过程应尽量缩小身体活动范围，地面电工松出 2-2 绝缘滑车组时速度要均匀。图 5-48 为等电位电工进入电场作业过程。

（5）专责监护人应时刻注意和提醒操作人员动作幅度不能过大。

（6）地面电工将圈好的绝缘吊绳和翻斗滑车传递给等电位电工。

图 5-48　等电位电工进入
电场作业过程示意图

（7）等电位电工将挂有圈好绝缘绳的翻斗滑车挂在导线上。用一根小绝缘绳将翻斗滑车和安全带的扣环相连，以控制滑车的滑行速度。

（8）等电位电工利用滑车行至待更换的线路间隔棒处，解开小绝缘控制绳，将翻斗滑车临时固定在间隔棒上，将挂在翻斗滑车上的绝缘吊绳松开至地面。松绝缘吊绳时应将吊绳拿在手上一圈一圈地松，绝缘吊绳松至地面时应放在防潮苫布上，以免绝缘绳受潮。

（9）地面电工用绝缘吊绳将新间隔棒传递给等电位电工，等电位电工将新间隔棒安装在旧间隔棒附近，和旧间隔棒的距离控制在 15mm 以内。检查开口销均上好后，拆除旧间隔棒，并用绝缘吊绳传至地面。新间隔棒安装时应注意其平面应和导线呈垂直状态。

（10）等电位电工将绝缘吊绳圈起挂在翻斗滑车上走线至进入电场时的位置，将绝缘吊绳和翻斗滑车传至地面后退出电场。

（11）检查塔上无遗留物后，等电位电工和塔上电工携绝缘吊绳下塔至地面。

（12）按带电作业现场标准化作业流程进行工作终结。

〖任务实施〗

220kV 输电线路带电更换间隔棒（等电位作业）

一、工作前准备

1. 课前预习相关知识部分，了解强电场的有关知识，清楚地面电工、等电位电工的安全防护措施，清楚工作负责人、监护人的工作内容及要求，弄清楚作业过程中的危险点及预防控制措施。

2. 进一步巩固学习《国家电网公司电力安全工作规程（线路部分）》的"带电作业"部分。

二、操作步骤

1. 小组长组织组员到带电作业点了解情况。

2. 办理第二种工作票，交指导老师审批。

3. 按国家电网公司标准化作业要求编写《220kV××线路带电更换间隔棒作业指导书》。

4. 准备工器具材料，并经检验合格。

5. 做好危险点分析与控措施。

6. 站队"三交"，确保每位工作班成员知晓自己的工作内容，确认作业人员身体健康。

7. 按作业指导书要求实施带电作业，作业方法及步骤正确，操作规范，安全防护措施到位。

8. 检修完毕，向工作负责人汇报，检查检修质量合格，清理作业现场，确认无遗留物。

9. 小组长点评，肯定成绩，指出不足，记录现场带电作业情况，给每位组员评分。

10. 小组长将工作票、作业指导书、小组点评记录、小组各组员评分记录单位交指导老师。

三、评价标准

根据表 5-23 对任务完成情况做出评价。

表 5-23　　　　　　　　　　　　　　　　评　分　标　准

项　目	考核标准	配　分	扣　分	得　分
小组合作	(1) 小组计划详细周密 (2) 小组成员团结协作、分工恰当、积极参与 (3) 能够发现问题并及时解决 (4) 学习态度端正、配合默契	20		
过程控制	(1) 小组长任务分工明确，各组员积极配合 (2) 任务完成过程中每个时间节点控制较好，执行力强 (3) 各小组组员积极参与，学习兴趣浓厚 (4) 安全防护措施细致周全 (5) 按时、按量、按质完成任务	35		
绝缘手套作业法断、接引线	(1) 工作票填写正确规范 (2) 编制的作业指导书内容正确全面、格式规范 (3) 工器具准备正确，材料准备充足，符合现场要求 (4) 全过程监护，安全措施到位，执行力强 (5) 作业人员动作熟练、标准规范 (6) 检修质量好 (7) 工作流程顺畅 (8) 严格执行工作许可制度、工作终结制度执行	30		
安全文明	(1) 能遵守实训场地的规章制度 (2) 能爱护实习设施设备，不人为损坏仪器设备和元器件 (3) 保持工作环境整洁，检修工作秩序良好	15		

【巩固与练习】

简答题

1. 试述保护金具的分类。

2. 在模拟线路上登软梯进行带电更换防振锤操作 5 次。

项目六

电力电缆运行维护与管理

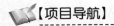【项目导航】

随着社会经济的高速发展，对配电网络供电的安全性、可靠性提出了更高的要求，同时对城市建设的和谐、美观也有了更深层次的追求，电力电缆线路因其本身的安全性好、安装隐蔽等优点越来越多地被用到城市供配电网络中。但安装在地下的电缆电网，如果在运行中出现异常情况而得不到及时、可靠的维护修理，电缆事故就有可能随时发生，电缆一旦发生故障，容易造成大面积停电事故，降低供电企业的可靠性管理，同时对居民生活也造成了负面的影响。所以，避免电缆发生事故，就必须加强电缆线路的运行维护工作，防患于未然。

【项目目标】

知识目标

1. 认识 10kV 配电电缆线路各部分结构，理解各部件的功用。
2. 熟悉 10kV 配电电缆线路的运行规程。
3. 掌握 10kV 配电电缆设备巡视的内容、要求及巡视方法。
4. 了解电缆缺陷管理制度。
5. 熟悉电缆缺陷的处理原则，掌握处理方法。
6. 了解电缆故障类型及故障特征。
7. 掌握电缆故障测寻方法。
8. 了解电缆竣工验收的要求及相关标准。

能力目标

1. 能按照国家电网公司的要求编制 10kV 配电电缆线路设备定期巡视作业指导书。
2. 根据电缆设备巡视工作任务准备工器具及相关零配件。
3. 能按标准化巡视流程要求完成巡视任务。
4. 能对发现的电缆缺陷进行正确评级。
5. 能协助完成电缆缺陷处理工作。
6. 能正确使用电缆故障测寻仪器查找出电缆故障。
7. 能协助完成电缆竣工验收工作。

素质目标

1. 能主动学习，在完成任务过程中发现问题，能把握问题本质，具有分析问题及解决问题的能力。

2. 具有安全意识，善于沟通，能围绕主题讨论、准确表达观点。学会查找有用资料，书面表达规范清晰。

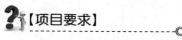

【项目要求】

本项目要求学生完成四个学习任务。通过四个学习任务的完成，使学生进一步了解电缆线路运行要求，熟悉电缆线路巡视的工作流程及工作要求，能利用电缆巡视用的仪器设备及时发现运行中电缆的缺陷，能利用电缆故障测试仪快速找出电缆故障点，能准确说出电缆验收的程序、验收的项目内容及要求，达到电力电缆中级工的水平。

【项目计划】

项目计划参见表 6-1。

表 6-1　　　　　　　　　　　　　项 目 计 划

序号	项目内容	负责人	实施要求	完成时间
1	任务1：电缆设备巡视	各小组长	（1）研讨任务，制定工作计划 （2）各小组成员明确分工，确定岗位工作任务要求 （3）编制的《10kV配电电缆定期巡视作业指导书》规范，满足国家电网公司要求 （4）工器具材料准备正确、数量充足，经试验合格 （5）操作工艺标准清楚，规范 （6）作业危险点分析正确，安全措施到位 （7）各小组进行客观评价，完成评价表	8 课时
2	任务2：电缆缺陷管理	各小组长	（1）研讨任务，制定工作计划 （2）各小组成员明确分工，确定岗位工作任务要求 （3）编制的《××电缆缺陷检修作业指导书》规范，满足国家电网公司要求 （4）工器具材料准备正确、数量充足，经试验合格 （5）操作工艺标准清楚，规范 （6）作业危险点分析正确，安全措施到位 （7）各小组进行客观评价，完成评价表	6 课时
3	任务3：电缆故障测寻	各小组长	（1）研讨任务，制定工作计划 （2）各小组成员明确分工，确定岗位工作任务要求 （3）电缆故障性质判断正确，电缆故障测距准确 （4）能利用仪器设备进行电缆故障精确定位 （5）测试方法正确，操作规范，数据分析处理正确 （6）作业危险点分析正确，安全措施到位 （7）各小组进行客观评价，完成评价表	8 课时
4	任务4：电缆竣工验收	各小组长	（1）研讨任务，制定工作计划 （2）各小组成员明确分工，确定岗位工作任务要求 （3）能按照国家电网公司《电气装置安装工程电缆线路施工及验收规范》的要求，对××10kV配电电缆线路竣工验收 （4）熟悉工程建设的文件和技术资料 （5）验收操作规范，文件分类处理得当 （6）各小组进行客观评价，完成评价表	4 课时
5	任务评估	教师		

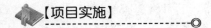

【项目实施】

任务 1　电缆设备巡视

【布置任务】

任务书见表 6-2。

表 6-2　　　　　　　　　　　　　　　　　**任　务　书**

任务名称	1～10kV 配电电缆设备巡视
任务描述	在××线路实训场地有一条正在运行的 10kV××电力电缆线路，需按照国家电网公司《电力电缆线路运行规程》的要求，对××10kV 配电电缆线路设备进行巡视，填写电缆线路设备巡视记录卡和缺陷记录单，向班长汇报并提出修理意见，学生接到指令后 8h 内完成任务
任务要求	(1) 各小组接受工作任务后讨论并制定工作计划 (2) 阅读教材上相关知识部分 (3) 搜集整理生产现场资料，领会电力安全工作规程及电力电缆线路运行规程要求 (4) 各小组长安排组员编写配电电缆设备巡视作业指导书并组织人员审核 (5) 按标准化作业要求准备好工器具及相关的材料等 (6) 站队"三交"，标准化作业流程正确，工作质量良好，做好安全保护措施 (7) 巡视记录全面、清楚，电缆故障评级正确 (8) 工作终结制度执行良好，工器具回收及时 (9) 工作点评客观实在 (10) 工作汇报内容详细，有相关的图片、资料佐证 (11) 各小组进行客观评价，完成评价表
注意事项	(1) 每位组员应阅读教材上相关知识部分，有不懂之处及时咨询指导老师 (2) 组员之间应相互督促，完成本次学习任务 (3) 现场巡视，应注意保证人身安全，严禁打闹嬉戏 (4) 发现异常情况，及时与指导老师联系 (5) 安全文明作业
成果评价	自评： 互评： 师评：
小组长签字	组员签字

　　　　　　　　　　　　　　　　　　　　　　　　　　　　　　日期：　　年　　月　　日

【相关知识】

一、电缆线路运行维护工作范围

为满足电网和用户不间断供电，提高电缆线路的供电可靠率和电缆线路的可用率，确保电缆线路安全经济运行，应对电缆线路进行运行维护。其范围如下：

（1）电缆本体及电缆附件。各电压等级的电缆线路（电缆本体、控制电缆）、电缆附件（接头、终端）的日常运行维护。

（2）电缆线路的附属设施。

1）电缆线路附属设备（电缆接地线、交叉互联线、回流线、电缆支架、分支箱、交叉互联箱、接地箱、信号装置、通风装置、照明装置、排水装置、防火装置、供油装置）的日常巡查维护。

2）电缆线路附属其他设备（环网柜、隔离开关、避雷器）的日常巡查维护。

3）电缆线路构筑物（电缆沟、电缆管道、电缆井、电缆隧道、电缆竖井、电缆桥梁、电缆架）的日常巡查维护。

二、电缆线路运行维护基本内容

1. 电缆线路的巡查

（1）运行部门应根据《电力法》及有关电力设施保护条例，宣传保护电缆线路的重要性。了解和掌握电缆线路上的一切情况，做好保护电缆线路的反外力破坏工作。

（2）巡查各种电压等级的电缆线路，观察电缆通道路面状态正常与否。

（3）巡查各种电压等级的电缆线路有无化学腐蚀、电化学腐蚀、虫害鼠害迹象。

（4）对运行电缆线路的绝缘（电缆油）进行事故预防监督工作。

1）电缆线路载流量应按《电力电缆运行规程》中规定，原则上不允许过负荷，每年夏季高温或冬、夏电网负荷高峰期，多根电缆并列运行的电缆线路载流量巡查及负荷电流监视。

2）电力电缆比较密集和重要的运行电缆线路，进行电缆表面温度测量。

3）电缆线路上，防止（交联电缆、油纸电缆）绝缘变质预防监视。

4）充油电缆内的电缆油，进行介质损耗 $\tan\delta$ 和击穿强度测量。

2. 电缆线路设备连接点的巡查

（1）户内电缆终端巡查和检修维护。

（2）户外电缆终端巡查和检修维护。

（3）单芯电缆保护器定期检查与检修维护。

（4）分支箱内终端定期检查与检修维护。

3. 电缆线路附属设备的巡查

（1）各类线架（电缆接地线、交叉互联线、回流线、电缆支架）定期巡查和检修维护。

（2）各类箱型（分支箱、交叉互联箱、接地箱）定期巡查和检修维护。

（3）各类装置（信号装置、通风装置、照明装置、排水装置、防火装置、供油装置）巡查。

（4）其他设备（环网柜、隔离开关、避雷器）的定期巡查和检修维护。

4. 电缆线路构筑物的巡查

（1）电缆管道和电缆井的定期检查与检修维护。

（2）电缆沟、电缆隧道和电缆竖井的定期检查与检修维护。

（3）电缆桥及过桥电缆、电缆桥架的定期检查与检修维护。

5. 水底电缆线路的监视

（1）按水域管辖部门的航运规定，划定一定宽度的防护区，禁止船只抛锚。

（2）按船只往来频繁情况，配置能引起船只注意的警示设施，必要时设置瞭望岗哨。

（3）收集电缆水底河床资料，并检查水底电缆线路状态变化情况。

三、电缆线路运行维护要求

1. 电缆线路运行维护分析

（1）电缆线路运行状况分析。

1）对有过负荷运行记录或经常处于满负荷或接近满负荷运行电缆线路，应加强电缆绝缘监测，并记录数据进行分析。

2）要重视电缆线路户内、户外终端及附属设备所处环境，检查电缆线路运行环境和有无机械外力存在，以及对电缆附件及附属设备有影响的因素。

3）积累电缆故障原因分析资料，调查故障的现场情况和检查故障实物，并收集安装和运行原始资料进行综合分析。

4）对电缆绝缘老化状况变化的监测，对油纸电缆和交联电缆线路运行中的在线监测，记录绝缘检测数据，进行寻找老化特征表现的分析。

（2）制定电缆线路反事故对策。

1）加强运行管理和完善管理机制，对电缆线路安装施工过程控制、电缆线路设备运行前验收把关、竣工各类电缆资料等均做到动态监视和全过程控制。

2）改善电缆线路运行环境，消除对电缆线路安全运行构成威胁的各种环境影响因素和其他影响因素。

3）使电缆线路安全经济运行，对电缆线路运行设备老化等状况，应有更新改造具体方案和实施计划。

4）使电缆线路适应电网和用户供电需求，对不适应电网和用户供电需求的电缆线路，应重新规划布局，实施调整。

2. 电缆线路运行技术资料管理

（1）电缆线路的技术资料管理是电缆运行管理的重要内容之一。电缆线路工程属于隐蔽工程，电缆线路建设和运行的全部文件和技术资料，是分析电缆线路在运行中出现的问题和确定采取措施技术依据。

（2）建立电缆线路一线一档管理制度，每条线路技术资料档案包括以下 4 类资料：

1）原始资料：电缆线路施工前的有关文件和图纸资料存档。

2）施工资料：电缆和附件在安装施工中的所有记录和有关图纸存档。

3）运行资料：电缆线路在运行期间逐年积累的各种技术资料存档。

4）共同性资料：与多条电缆线路相关的技术资料存档。

（3）电缆线路技术资料保管。由电力电缆运行管理部门根据国家档案法、国家质量技术监督局发布的 GB/T 11822—1989《科学技术档案案卷构成的一般要求》等法规，制定电缆线路技术资料档案管理制度。

3. 电缆线路运行信息管理

（1）建立电缆线路运行维护信息计算机管理系统，做到信息共享，规范管理。

（2）运行部门管理人员和巡查人员应及时输入和修改电缆运行计算机管理系统中的数据和资料。

（3）建立电缆运行计算机管理的各项制度，做好运行管理和巡查人员计算机操作应用的培训工作。

（4）电缆运行信息计算机管理系统设有专人负责电缆运行计算机硬件和软件系统的日常维护工作。

四、电缆线路巡查的一般规定

1. 电缆线路巡查目的

电缆线路巡查目的是监视和掌握电缆线路和所有附属设备的运行情况，及时发现和消除电缆线路和所有附属设备异常和缺陷，预防事故发生，确保电缆线路安全运行。

2. 设备巡查的方法及要求

（1）巡查方法。巡查人员在巡查中一般通过察看、听嗅、检测等方法对电缆线路设备进行检查，见表 6-3。

表 6-3　　　　　　　　　　　　　电缆巡视检查基本方法

方法	电缆设备	正常状态	异常状态及原因分析
察看	（1）电缆设备外观 （2）电缆设备位置 （3）电缆线路压力或油位指示 （4）电缆线路信号指示	（1）设备外观无变化，无位移 （2）电缆线路走向位置上无异物，电缆支架坚固，电缆位置无变化 （3）压力指示在上限和下限之间或油位高度指示在规定值范围内 （4）信号指示无闪烁或警示	（1）终端设备外观渗漏，连接处松弛及风吹摇动、相间或相对地距离狭小等 （2）电缆走向位置上有打桩、挖掘痕迹等。支架腐蚀锈烂、脱落。电缆跌落移位等 （3）压力指示高于上限或低于下限，有油位指示低于规定值等 （4）信号闪烁、或出现警示或信号熄灭等
听嗅	（1）电缆终端设备运行声音 （2）电缆设备气味	（1）均匀的嗡嗡声 （2）无塑料焦烟味	（1）电缆终端处啪啪等异常声音，电缆终端对地放电或设备连接点松弛等 （2）有塑料焦烟味等异常气味，电缆绝缘过热熔化等
检测	（1）测量：电缆设备温度（红外线测温仪、红外热成像仪、热电偶、压力式温度表） （2）检测：单芯电缆接地电流	（1）电缆设备温度小于电缆长期允许运行温度 （2）单芯电缆接地电流（环流）小于该电缆线路计算值	（1）超过允许运行温度可能有以下原因：①电缆终端设备连接点松弛；②负荷骤然变化较大；③超负荷运行等 （2）接地电流（环流）大于该电缆线路计算值

（2）安全事项。

1）电缆线路设备巡查时，必须严格遵守《国家电网公司电力安全工作规程（线路部分）》和企业管理标准相关规定，做到不漏巡、错巡，不断提高电缆线路设备巡查质量，防止设备事故发生。

2）允许单独巡查高压电缆线路设备的人员名单应经安监部门审核批准，新进人员和实习人员不得单独巡查电缆高压设备。

3）巡查电缆线路户内设备时应随手关门，不得将食物带入室内，变电站内禁止烟火，巡查高压电缆设备时，应戴安全帽并按规定着装，应按规定的路线、时间进行。

（3）巡查质量。

1）巡查人员应按规定认真巡查电缆线路设备，对电缆线路设备异常状态和缺陷做到及时发现，认真分析，正确处理，做好记录并按电缆运行管理程序进行汇报。

2）电缆线路设备巡查应按季节性预防事故特点，根据不同地区、不同季节的巡查项目检查侧重点不同进行。

3. 电缆线路巡查周期

（1）电缆线路及电缆线段巡查。

1）敷设在土中、隧道中以及沿桥梁架设的电缆，每 3 个月至少检查一次，根据季节及基建工程特点，应增加巡查次数。

2）电缆竖井内的电缆，每半年至少检查一次。

3）水底电缆线路，根据具体现场需要规定，如水底电缆直接敷于河床上，可每年检查一次水底路线情况，在潜水条件允许下，应派遣潜水员检查电缆情况，当潜水条件不允许时，可测量河床的变化情况。

4）发电厂、变电站的电缆沟、隧道、电缆井、电缆架及电缆线段等的巡查，至少每3个月一次。

5）对挖掘暴露的电缆，按工程情况，酌情加强巡视。

（2）电缆终端附件和附属设备巡查。

1）电缆终端头，由现场根据运行情况每1～3年停电检查一次。

2）装有油位指示的电线终端，应检视油位高度，每年冬、夏季节必须检查一次油位。

3）对于污秽地区的主设备户外电线终端，应根据污秽地区的定级情况及清扫维护要求巡查。

（3）电缆线路上构筑物巡查。

1）电缆线路上的电缆沟、电缆排管、电缆井、电缆隧道、电缆桥梁、电缆架应每3个月巡查一次。

2）电缆竖井应每半年巡查一次。

3）电缆构筑物中，电缆架包含电缆支架和电缆桥架。

（4）电缆线路巡查周期见表6-4。

表 6-4　　　　　　　　　　　　　　电 缆 线 路 巡 查 周 期

巡查项目	巡查周期
电缆线路及电缆线段（敷设在土壤中、隧道中及桥梁架设）	≤3个月
发电厂和变电站的电缆沟、电缆井、电缆架及电缆线段	≤3个月
电缆竖井	≤6个月
交联电缆、充油电缆终端供油装置油位指示	冬季、夏季
单芯电缆护层保护器	≤1年
水底电缆线路	≤1年
户内、户外电缆终端头	1～3年

注　电缆线路及附属设备巡查周期在《电力电缆运行规程》中无明确规定的，如分支箱、电缆排管、环网柜、隔离开关、避雷器等，各地可结合本地区的实际情况，制定相适应的巡查周期。

4. 电缆线路巡查分类

电缆线路巡查分为周期巡查，故障、缺陷的巡查，异常天气的特别巡查，电网保电特殊巡查等。

（1）周期巡查。

1）周期巡查是按规定周期和项目进行的电缆线路设备巡查。

2）周期巡查项目包括电缆线路本体、电缆终端附件、电缆线路附属设备、电缆线路上构筑物等。

3）周期巡查结果应记录在运行周期巡查日志中。

（2）故障、缺陷的巡查。

1）故障、缺陷的巡查是在电缆线路设备出现保护动作、线路出现跳闸动作或发现电缆线路设备有严重缺陷等情况下进行的电缆线路设备重点巡查。

2）故障、缺陷的巡查项目包括电缆线路本体、电缆终端附件、电缆线路附属设备等。

3）故障、缺陷的巡查结果应记录在运行重点巡查交接日志中。

（3）异常天气的特别巡查。

1）异常天气的特别巡查是在暴雨、雷电、狂风、大雪等异常气候条件下进行的电缆线路设备特别巡查。

2）异常天气的特别巡查项目包括电缆终端附件、电缆线路附属设备等。

3）异常天气的特别巡查结果应记录在运行特别巡查交接日志中。

五、电缆线路巡查流程

（1）巡查安排。设备巡查工作安排，依据巡查人员管辖的责任设备和责任区域，明确巡查任务的性质（周期巡查、交接班巡查、特殊巡查），并根据现场情况提出安全注意事项。特殊巡查还应明确巡查的重点及对象。

（2）巡查准备。根据巡查性质，检查所使用的钥匙、工器具、照明器具以及测量仪器具是否正确、齐全；检查着装是否符合安全工作规程规定；检查巡查人员对巡查任务、注意事项和重点是否清楚。

（3）核对设备。开始巡查电缆设备，巡查人员记录巡查开始时间。设备巡查应按巡查性质、责任设备、项目内容进行，不得漏巡。到达巡查现场后，巡查人员根据巡查内容认真核对电缆设备铭牌。

（4）检查设备。设备巡查时，巡查人员根据巡查内容，逐一巡查电缆设备部位。依据巡查性质，逐项检查设备状况，并将巡查结果作记录。巡查中发现紧急缺陷时，应立即终止其他设备巡查，仔细检查缺陷情况，详细记录在运行工作记录簿中。巡查中，巡查负责人应做好其他巡查人的安全监护工作。

（5）巡查汇报。全部设备巡查完毕后，由巡查责任人填写巡查结束时间，巡查性质，所有参加巡查人，分别签名。巡查发现的设备缺陷，应按照缺陷管理进行判断分类定性，并详细向上级（电缆设备运行专职、技术负责）汇报设备巡查结果。

六、电缆线路的巡查项目及要求

1. 电缆线路及线段的巡查

（1）巡查各种电压等级的电缆线路，观察电缆通道路面状态是否正常。

1）对电缆线路及线段，查看路面正常，无挖掘痕迹、打桩及路线标志牌完整无缺等。

2）敷设在地下的直埋电缆线路上，不应堆置瓦砾、矿渣、建筑材料、笨重物件、酸碱性排泄物或砌堆石灰坑等。

3）在直埋电缆线路上的松土地段通行重车，除必须采取保护电缆措施外，应将该地段详细记入守护记录簿内。

（2）巡查各种电压等级的电缆线路有无化学腐蚀、电化学腐蚀、虫害鼠害迹象。

1）巡查电缆线路有被腐蚀状或嗅到电缆线路附近有腐蚀性气味时，采用 pH 值化学分析来判断土壤和地下水对电缆的侵蚀程度。

2）巡查电缆线路时，发现电缆金属护套铅包（铝包）或铠装呈痘状及带淡黄或淡粉红的白色，一般可判定为化学腐蚀。

3）巡查电缆线路时，发现电缆被腐蚀的化合物呈褐色的过氧化铅时，一般可判定为阳极地区杂散电流（直流）电化学腐蚀，发现电缆被腐蚀的化合物呈鲜红色（也有呈绿色或黄色）的铅化合物时，一般可判定为阴极地区杂散电流（直流）电化学腐蚀。

　　4）当发现电缆线路有腐蚀现象时，应调查腐蚀来源，设法从源头上切断，同时采取适当防腐措施，并在电缆线路专档中记载发现腐蚀、化学分析、防腐处理的资料。

　　5）对已运行的电缆线路，巡查中发现沿线附近有白蚁繁殖，应立即报告当地白蚁防治部门灭蚁，采用集中诱杀和预防措施，以防运行电缆受到白蚁侵蚀。

　　6）巡查电缆线路时，发现电缆有鼠害咬坏痕迹，应立即报告当地卫生防疫部门灭鼠，并对已经遭受鼠害的电缆进行处理，也可更换防鼠害的高硬度特殊护套电缆。

　　（3）电缆线路负荷监视巡查，运行部门在每年夏季高温或冬、夏电网负荷高峰期间，通过测量和记录手段，做好电缆线路负荷巡查及负荷电流监视工作。

　　（4）运行电缆要检查外皮的温度状况。

　　1）电缆线路温度监视巡查，在电力电缆比较密集和重要的电缆线路上，可在电缆表面装设热电偶测试电缆表面温度，确定电缆无过热现象。

　　2）应选择在负荷最大时和在散热条件最差的线段（长度一般不少于 10m）进行检查。

　　3）电缆线路温度测温点选择，在电缆密集和有外来热源的地域可设点监视，每个测量地点应装有两个测温点，检查该地区地温是否已超过规定温升。

　　4）运行电缆周围的土壤温度按指定地点定期进行测量，夏季一般每 2 周一次，冬、夏负荷高峰期间每周一次。

　　5）电缆的允许载流量在同一地区随着季节温度的变化而不同，运行部门在校核电缆线路的额定输送容量时，为了确保安全运行，按该地区的历史最高气温、地温和该地区的电缆分布情况，作出适当规定予以校正（系数）。

　　2. 电缆终端附件的巡查

　　（1）户内户外电缆终端巡查。

　　1）电缆终端无电晕放电痕迹，终端头引出线接触良好，无发热现象，电缆终端接地线良好。

　　2）电缆线路铭牌正确及相位颜色鲜明。

　　3）电缆终端盒内绝缘胶（油）无水分，绝缘胶（油）不满者应予以补充。

　　4）电缆终端盒壳体及套管有无裂纹，套管表面无放电痕迹。

　　5）电缆终端垂直保护管，靠近地面段电缆无被车辆撞碰痕迹。

　　6）装有油位指示器的电缆终端油位正常。

　　7）高压充油电缆取油样进行油试验，检查充油电缆的油压力，定期抄录油压。

　　8）单芯电缆保护器巡查，测量单芯电缆护层绝缘，检查安装有保护器的单芯电缆在通过短路电流后阀片或球间隙有无击穿或烧熔现象。

　　（2）电缆线路绝缘监督巡查。

　　1）对电缆终端盒进行巡查，发现终端盒因结构不密封有漏油和安装不良导致油纸电缆终端盒绝缘进水受潮、终端盒金属附件及瓷套管胀裂等问题时，应及时更换。

　　2）填有流质绝缘油的终端头，一般应在冬季补油。

　　3）需定期对黏性浸渍油纸电缆线路进行巡查，应针对不同敷设方式的特点，加强对电缆线路的机械保护，电缆和接头在支架上应有绝缘衬垫。

　　4）对充油电缆内的电缆油进行巡查，一般 2～3 年测量一次介质损失角正切值、室温下的击穿强度，试验油样取自远离油箱的一端，必要时可增加取样点。

5）为预防漏油失压事故，充油电缆线路只要安装完成后，不论是否投入运行，巡查其油压示警系统，如油压示警系统因检修需要较长时间退出运行，则必须加强对供油系统的监视巡查。

6）对交联电缆绝缘变质事故的预防巡查，采用在线检测等方法来探测交联聚乙烯电缆绝缘性能的变化。

7）对交联聚乙烯电缆在任何情况下密封部位巡查，防止水分进入电缆本体产生水树枝渗透现象。

8）对交联聚乙烯电缆线路运行故障的电缆绝缘进行外观辨色和切片检测。

3. 电缆线路附属设施的巡查

（1）对地面电缆分支箱巡查。

1）核对分支箱铭牌无误，检查周围地面环境无异常，如无挖掘痕迹、无地面沉降。

2）检查通风及防漏情况良好。

3）检查门锁及螺栓、铁件油漆状况。

4）分支箱内电缆终端的检查内容与户内终端相同。

（2）对电缆线路附属设备巡查。

1）装有自动温控机械通风设施的隧道、竖井等场所巡查，内容包括排风机的运转正常，排风进出口畅通，电动机绝缘电阻、控制系统继电器的动作准确，绝缘电阻数值正常，表计准确等。

2）装有自动排水系统的工井、隧道等的巡查，内容包括水泵运转正常，排水畅通，逆止阀正常，电动机绝缘电阻，控制系统继电器的动作准确，自动合闸装置的机械动作正常，表计准确等。

3）装有照明设施的隧道、竖井等场所巡查，内容包括照明装置完好无损坏，漏电保护器正常，控制系统继电器的动作准确，绝缘电阻数值正常，表计、开关准确并无损坏等。

4）装有自动防火系统的隧道、竖井等场所巡查，内容包括报警装置测试正常，控制系统继电器的动作准确，绝缘电阻数值正常，表计准确等。

5）装有油压监视信号装置的场所巡查，内容包括表计准确，阀门开闭位置正确、灵活，与构架绝缘部分的零件无放电现象，充油电缆线路油压正常，管道无渗漏油，油压系统的压力箱、管道、阀门、压力表完善，对于充油（或充气）电缆油压（气压）监视装置、电触点压力表进行油（气）压自动记录和报警正常，通过正常巡查及时发现和消除产生油（气）压异常的因素和缺陷。

4. 电缆线路上构筑物巡查

（1）工井和排管内的积水无异常气味。电缆支架及挂钩等铁件无腐蚀现象。井盖和井内通风良好，井体无沉降、裂缝。工井内电缆位置正常，电缆无跌落，接头无漏油，接地良好。

（2）电缆沟、隧道和竖井的门锁正常，进出通道畅通。隧道内无渗水、积水。

（3）隧道内的电缆要检查电缆位置正常，电缆无跌落。电缆和接头的金属护套与支架间的绝缘垫层完好，在支架上无硌伤，支架无脱落。

（4）隧道内电缆防火包带、涂料、堵料及防火槽盒等完好，防火设备、通风设备完善正常，并记录室温。

（5）隧道内电缆接地良好，电缆和电缆接头有无漏油。隧道内照明设施完善。

（6）通过市政桥梁的电缆及专用电缆桥的两边电缆不受过大拉力。桥堍两边电缆无龟裂，漏油及腐蚀。

（7）通过市政桥梁的电缆及专用电缆桥的电缆保护管、槽未受撞击或外力损伤，电缆铠装护层完好。

5. 水底电缆线路的巡查

（1）水底电缆线路的河岸两端可视警告标志牌清晰，夜间灯光明亮。

（2）在水底电缆两岸设置瞭望岗哨，应有扩音设备和望远镜，瞭望清楚，随时监视来往船只，发现异常情况及早呼号阻止。

（3）未设置瞭望岗哨的水底电缆线路，应在水底电缆防护区内架设防护钢索链，减少违反航运规定所引起的电缆损坏事故。

（4）检查邻近河岸两侧的水底电缆无受潮水冲刷现象，电缆盖板无露出水面或移位。

（5）根据水文部门提供的测量数据资料，观察水底电缆线路区域内的河床变化情况。

6. 电缆线路上施工保护区的巡查

（1）运行部门和运行巡查人员必须了解和掌握全部运行电缆线路上的施工情况，宣传保护电缆线路的重要性，并督促和配合挖掘、钻探等有关单位切实执行《电力法》和当地政府所颁布的有关地下管线保护条例或规定，做好电缆线路反外力破坏防范工作。

（2）在高压电缆线路和郊区挖掘、钻探施工频繁的电缆线路上，应设立明显的警告标志牌。

（3）在电缆线路和保护区附近施工，护线人员应对施工所涉及范围内的电缆线路进行交底，认真办理"地下管线交底卡"，并提出保护电缆的措施。

（4）凡因施工必须挖掘而暴露的电缆，应由护线人员在场监护配合，并应告知施工人员有关施工注意事项和保护措施。配合工程结束前，护线人员应检查电缆外部情况是否完好无损，安放位置是否正确。待保护措施落实后，方可离开现场。

（5）在施工配合过程中，发现现场出现严重威胁电缆安全运行的施工，应立即制止，并落实防范措施，同时汇报有关领导。

（6）运行部门和运行巡查人员应定期对护线工作进行总结，分析护线工作动态，同时对发生的电缆线路外力损坏故障和各类事故进行分析，制定防范措施和处理对策。

七、危险点分析

电缆线路设备巡查的危险点分析和预控措施见表 6-5。

表 6-5　　　　　　　　　　　电缆线路设备巡查的危险点分析和预控措施

序号	危险点	预 控 措 施
1	人身触电	（1）巡查时应与带电缆设备保持足够的安全距离：10kV 及以下，0.7m；35kV，1m （2）巡查时不得移开或越过有电电缆设备遮栏
2	有害气体燃爆中毒	（1）下电缆井巡查时，应配有可燃和有毒气体浓度显示的报警控制器 （2）报警控制器的指示误差和报警误差应符合下列规定：可燃气体的指示误差：指示范围为 0～100%LEL 时，±5%LEL；有毒气体的指示误差：指示范围为 0～3TLV 时，±10%指示值；可燃气体和有毒气体的报警误差：±25%设定值以内

序号	危险点	预 控 措 施
3	摔伤或碰砸伤人	（1）巡查时注意行走安全，上下台阶、跨越沟道或配电室门口防鼠挡板时，防止摔伤、碰伤 （2）巡查中需要搬动电缆沟盖板时，应防止砸伤和碰伤人 （3）在电缆井、电缆隧道、电缆竖井内巡查中，应及时清理杂物，保持通道畅通，上下扶梯及行走时，防止绊倒摔伤
4	设备异常伤人	（1）电缆本体受到外力机械损伤或地面下陷倾斜等异常可能对人身安全构成威胁时，巡查人员远离现场，防止发生意外伤人 （2）电缆终端设备放电或异常可能对人身安全构成威胁时，巡查人员应远离现场
5	意外伤人	（1）巡查人员巡查电缆设备时应戴好安全帽 （2）进入电站巡查电缆设备时，一般应两人同时进行，注意保持与带电体的安全距离和行走安全，并严禁接触电气设备的外壳和构架 （3）巡查人员巡查电缆设备时，应携带通信工具，随时保持联络 （4）高压设备发生接地时，室内不得接近故障点 4m 以内，室外不得接近故障点 8m 以内 （5）夜间巡查设备时携带照明器具，并两人同时进行，注意行走安全
6	保护及自动装置误动	（1）在电站内禁止使用移动通信工具，以免造成保护及自动装置误动 （2）在电站内巡查行走应注意地面标志线，以免误入禁止标志线，造成保护及自动装置误动

〰〰【任务实施】

1～10kV 配电电缆设备巡视

一、工作前准备

1. 课前预习相关知识部分。

2. 将班上学生分成 2 人一组，选出小组长。

二、操作步骤

1. 打开软件 PMS 系统，登陆 SG186，接受工作任务。

2. 准备配电电缆线路设备巡视用的工器具和必备的零配件。

3. 小组站队"三交"。

4. 危险点分析与控制（填写风险辨识卡）。

5. 巡视用的工器具和必备的零配件检查。

6. 小组成员对正在运行的××10kV 配电电缆线路设备进行巡视，并记录巡视内容。

7. 巡视工作任务完成，工器具、备品备件入库，汇报班长，资料归档，上系统走流程，实行闭环管理。

8. 工作负责人现场点评各小组成员在完成本次任务中的表现、取得的成绩，指出不足，与小组副组长、学习委员商议，给小组每位成员评出合理的分数。

9. 小组长将作业指导书、点评记录、小组工作总结及小组成员成绩单交给指导老师。

三、评价标准

根据表 6-6 对任务完成情况做出评价。

表 6-6　　　　　　　　　　　评　分　标　准

项　目	考核标准	配　分	扣　分	得　分
小组合作	(1) 小组计划详细周密 (2) 小组成员团结协作、分工恰当、积极参与 (3) 能够发现问题并及时解决 (4) 学习态度端正、责任心强	20		
10kV××配电电缆线路设备巡视	(1) 工器具、材料准备合格、充足 (2) 作业指导书编写正确规范 (3) 巡视调整方法正确、工器具使用正确 (4) 工作过程控制好，安全措施到位，工作质量满足要求 (5) 实行收工点评，能客观评价工作任务完成情况，肯定成绩，指出不足	45		
资料归档	作业指导书、点评记录、小组成员成绩单交给指导老师	20		
安全文明	(1) 能遵守学习任务完成过程的考核规则及相关的实习管理制度 (2) 能爱护工器具，不浪费材料，不人为损坏仪器设备 (3) 能保持操作环境整洁，操作秩序良好	15		

【巩固与练习】

一、选择题

1. 电缆钢丝铠装层主要的作用是（　　）。

（A）抗压；　　　　　（B）抗拉；　　　　　（C）抗弯；　　　　　（D）抗腐。

2. 电缆腐蚀一般是指电缆金属（　　）或铝套的腐蚀。

（A）线芯导体；　　　（B）铅护套；　　　　（C）钢带；　　　　　（D）接地线。

3. 电缆敷设与树木主杆的距离一般不小于（　　）m。

（A）0.5；　　　　　（B）0.6；　　　　　（C）0.7；　　　　　（D）0.8。

4. 在低温下敷设电缆应预先加热，10kV 电压等级的电缆加热后其表面温度不能超过（　　）℃。

（A）35；　　　　　（B）40；　　　　　（C）45；　　　　　（D）50。

5. NH-VV22 型号电力电缆中 NH 表示（　　）。

（A）阻燃；　　　　　（B）耐火；　　　　　（C）隔氧阻燃；　　　（D）低卤。

二、简答题

1. 水底电缆线路的巡查周期有何规定？

2. 电缆敷设应满足哪些要求？

任务 2　电 缆 缺 陷 管 理

【布置任务】

任务书见表 6-7。

表 6-7	任　务　书	
任务名称	1～10kV 配电电缆线路缺陷处理	
任务描述	在××线路实训场地的一条 10kV××电力电缆线路上设置模拟故障，需按照国家电网公司电力电缆线路故障处理原则的要求，对××10kV 配电电缆线路进行一般缺陷处理，学生接到指令后 8h 内完成任务	
任务要求	(1) 各小组接受工作任务后讨论并制定工作计划 (2) 阅读教材上相关知识部分 (3) 搜集整理生产现场资料，了解电力电缆线路故障处理原则及处理方法 (4) 各小组长安排组员对电缆实际运行情况进行调查记录 (5) 能对配电电缆线路故障进行诊断与分类 (6) 按标准化作业要求准备好工器具及相关的材料等 (7) 站队"三交"，标准化作业流程正确，工作质量良好，做好安全保护措施，查找故障迅速 (8) 能提出防止事故发生的对策及处理方法，能填写《电缆缺陷检修作业指导书》 (9) 工作终结制度执行良好，工器具回收及时 (10) 工作点评客观实在 (11) 工作汇报内容详细，有相关的图片、资料佐证 (12) 各小组进行客观评价，完成评价表	
注意事项	(1) 每位组员应阅读教材上相关知识部分，有不懂之处及时咨询指导老师 (2) 组员之间应相互督促，完成本次学习任务 (3) 现场故障处理，应注意保证人身安全，严禁打闹嬉戏 (4) 发现异常情况，及时与指导老师联系 (5) 安全文明作业	
成果评价	自评：	
	互评：	
	师评：	
小组长签字	组员签字	
	日期：　　年　　月　　日	

📖【相关知识】

一、电缆缺陷管理范围

运行中或备用的电缆线路出现影响或威胁电力系统安全运行、危及人身和其他安全的异常情况，称为电缆线路缺陷。对于已投入运行或备用的各电压等级的电缆线路及附属设备有威胁安全运行的异常现象，必须进行处理。电缆线路及附属设备缺陷涉及范围包括电缆本体、电缆接头、接地设备，电缆线路附属设备，电缆线路上构筑物。

（1）电缆本体、电缆接头、接地设备。包括电缆本体、电缆连接头和电缆终端、接地装置和接地线（包括终端支架）。

（2）电缆线路附属设备。

1）电缆保护管、电缆分支箱、高压电缆交叉互联箱、接地箱、信号端子箱。

2）电缆构筑物内电源和照明系统、排水系统、通风系统、防火系统、电缆支架等各种装置设备。

3）充油电缆供油系统压力箱及所有表计，报警系统信号屏及报警设备。

4）其他附属设备，包括环网柜、隔离开关、避雷器。

（3）电缆线路上构筑物。电缆线路上构筑物有电缆沟、电缆管道、电缆井、电缆隧道、电缆竖井、电缆桥架。

二、电缆缺陷性质分类

缺陷性质判断。根据缺陷性质，可分为一般、严重和紧急3种类型。其判断标准如下：

（1）一般缺陷性质判断标准：情况轻微，近期对电力系统安全运行影响不大的电缆设备缺陷，可判定为一般缺陷。

（2）严重缺陷性质判断标准：情况严重，虽可继续运行，但在短期内将影响电力系统正常运行的电缆设备缺陷，可判定为严重缺陷。

（3）紧急缺陷性质判断标准：情况危急，危及人身安全或造成电力系统设备故障甚至损毁电缆设备的缺陷，可判定为紧急缺陷。

三、电缆设备评级分类

电缆设备评级分类是电缆设备安全运行重要环节，也是电缆设备缺陷管理一项基础工作，运行人员应做到对分类电缆设备运行状态全面掌握。电缆设备评级分为以下三类：

（1）一类设备：经过运行考验，技术状况良好，能保证在满负荷下安全供电的设备。

（2）二类设备：基本完好的设备，能经常保证安全供电，但个别部件有一般缺陷。

（3）三类设备：有重大缺陷的设备，不能保证安全供电或出力降低，严重漏剂，外观很不整洁，锈烂严重。

四、电缆缺陷闭环管理

1. 建立完善管理制度

（1）制定处理权限细则。

1）对电缆线路异常运行的电缆设备缺陷的处理，必须制定各级运行管理人员的权限和职责。

2）运行电缆缺陷处理批准权限，各地可结合本地区运行管理体制，制定相适应的电缆缺陷管理细则。

（2）规范电缆缺陷管理。

1）在巡查电缆线路中，巡线人员发现电缆线路有紧急缺陷，应立即报告运行管理人员，管理人员接到报告后根据巡线人员对缺陷描述，应采取对策立即消除缺陷。

2）在巡查电缆线路中，巡线人员发现电缆线路有严重缺陷，应迅速报告运行管理人员，并做好记录，填写严重缺陷通知单，运行管理人员接到报告后，应采取措施及时消除缺陷。

3）在巡查电缆线路中，巡线人员发现有一般缺陷，应记入缺陷记录簿内，据以编制月度、季度维护检修计划消除缺陷或据以编制年度大修计划消除缺陷。

2. 制定电缆消缺流程

（1）建立电缆缺陷处理闭环管理系统，明确运行各个部门的职责。

（2）采用计算机消除缺陷流程信息管理，填写缺陷单，流转登录审核和检修消除缺陷。

（3）电缆缺陷消除后实行闭环，缺陷单应归档留存等规范化管理。

（4）运行部门每月应进行一次汇总和分析，做出处理安排。

（5）电缆缺陷闭环流程：设备周期巡查—巡查发现缺陷—汇报登录审核—流转检修消缺—定期复查闭环。

五、电缆线路缺陷处理周期

各类电缆线路缺陷从发现后到消缺处理的时间段称为周期，周期根据各类缺陷性质不同而定。

（1）电缆线路一般缺陷可列入月度检修计划消除处理。

（2）电缆线路严重缺陷应在 1 周内安排处理。

（3）电缆线路紧急缺陷必须在 24h 内进行处理。

六、电缆缺陷处理技术原则

1. 不同性质缺陷处理原则

（1）一般缺陷：如油纸电缆终端漏油、电缆金属护套和保护管严重腐蚀等，可在一个检修周期内消除。

（2）重要缺陷：如接点发热、电缆出线金具有裂纹、塑料电缆终端表面闪络开裂、金属壳体胀裂并严重漏剂等，必须及时消除。

（3）紧急缺陷：如接点过热发红、终端套管断裂、充油电缆失压等，必须立即消除。

2. 电缆缺陷处理遵循原则

（1）电缆缺陷处理，应贯彻"应修必修，修必修好"的原则。

（2）电缆缺陷处理时，应符合电力电缆各类相应的技术工艺规程要求。

（3）电缆缺陷处理过程中发现其电缆线路上还存在其他异常情况时，应在消除检修中一并处理，防止或减少事故发生。

七、电缆缺陷处理技术要求

1. 电缆缺陷处理要求

（1）在电缆设备事故处理中，不允许留下重要及以上性质的缺陷。

（2）在电缆线路缺陷处理中，因一些特殊原因有个别一般缺陷尚未处理的，必须填好设备缺陷单，做好记录，在规定的一个检修周期内处理。

（3）电缆缺陷处理应首先制订《缺陷检修作业指导书》，在电缆线路缺陷处理中应严格遵照执行。

（4）电缆设备运行责任人员应对电缆缺陷处理过程进行监督，在处理完毕后按照相关的技术规程和验收规范进行验收签证。

2. 电缆缺陷处理技术

（1）制订缺陷处理方案。电缆线路《缺陷检修作业指导书》应根据不同性质的电缆绝缘处理技术和各种类型的缺陷制订处理方案，详细拟订检修消缺步骤和技术质量要求。

（2）不同电缆处理技术，应严格按照相关技术规程规定进行检查处理。

1）油纸绝缘电缆缺陷，如终端渗油、金属护套膨胀或龟裂等。

2）交联聚乙烯绝缘电缆缺陷，如终端温升、终端放电等。

3）自容式充油电缆缺陷，如供油系统漏油、压力下降等。

（3）电缆缺陷带电处理

1）充油电缆线路的油压调整。当油压偏低时，可将供油箱接到油管路系统进行补压。

2）在不加热的情况下，修补金属护套及外护层。

3）户内或户外电缆终端的带电清扫。

4）电缆终端引出线发热检修或更换。

【任务实施】

1～10kV 配电电缆缺陷处理

一、工作前准备

1. 课前预习相关知识部分。

2. 将班上学生分成 6 人一组，选出小组长。

二、操作步骤

1. 打开软件 PMS 系统，登录 SG186，接受工作任务。

2. 准备配电电缆缺陷处理用的工器具和必备的零配件。

3. 小组站队"三交"。

4. 危险点分析与控制，填写风险辨识卡。

5. 电缆缺陷处理用的工器具和必备的零配件检查。

6. 小组成员对××10kV 电缆缺陷处理，并记录电缆缺陷处理内容。

7. 电缆缺陷处理工作任务完成，工器具、备品备件入库，汇报班长，资料归档，上系统走流程，实行闭环管理。

8. 工作负责人现场点评各小组成员在完成本次任务中的表现、取得的成绩，指出不足，与小组副组长、学习委员商议，给小组每位成员评出合理的分数。

9. 小组长将作业指导书、点评记录、小组工作总结及小组成员成绩单交给指导老师。

三、评价标准

根据表 6-8 对任务完成情况做出评价。

表 6-8　　　　　　　　　　　　　　　评 分 标 准

项　目	考核标准	配分	扣分	得分
小组合作	（1）小组计划详细周密 （2）小组成员团结协作、分工恰当、积极参与 （3）能够发现问题并及时解决 （4）学习态度端正、责任心强	20		
1～10kV 配电电缆缺陷处理	（1）工器具、材料准备合格、充足 （2）作业指导书编写正确规范 （3）电缆缺陷处理方法正确、工器具使用正确 （4）工作过程控制好，安全措施到位，工作质量满足要求 （5）实行收工点评，能客观评价工作任务完成情况，肯定成绩，指出不足	45		
资料归档	作业指导书、点评记录、小组成员成绩单交给指导老师	20		
安全文明	（1）能遵守学习任务完成过程的考核规则及相关的实习管理制度 （2）能爱护工器具，不浪费材料，不人为损坏仪器设备 （3）能保持操作环境整洁，操作秩序良好	15		

【巩固与练习】

简答题

1. 电缆线路维修计划的编制分为哪几类？

2. 简述电缆线路缺陷处理周期。

任务 3　电缆故障测寻

🎙 【布置任务】

任务书见表 6-9。

表 6-9　　　　　　　　　　　　　任　务　书

任务名称	1~10kV 配电电缆故障测寻
任务描述	在××线路实训场地的一条 10kV××电力电缆线路上模拟故障，线路继电保护动作，线路跳闸，故障录波有记录，重合闸未重合。按照国家电网公司的相关要求，编写 10kV 配电电缆故障测寻作业指导书，根据继电保护动作及故障录波动作情况，判断电缆故障类型、故障测距和对电缆故障进行精确定位，学生接到指令后 8h 内完成任务
任务要求	(1) 各小组接受工作任务后讨论并制定工作计划 (2) 阅读教材上相关知识部分 (3) 搜集整理生产现场资料，了解电力电缆线路故障测寻方法及测寻仪器的使用方法 (4) 各小组长安排组员调查继电保护动作及故障录波有记录情况 (5) 编写《10kV 配电电缆故障测寻作业指导书》，能对配电电缆线路故障进行诊断与分类 (6) 按标准化作业要求准备好工器具及相关的材料等 (7) 站队"三交"，标准化作业流程正确，工作质量良好，做好安全保护措施，查找故障迅速 (8) 能提出防止事故发生的对策及处理方法 (9) 工作终结制度执行良好，工器具回收及时 (10) 工作点评客观实在 (11) 工作汇报内容详细，有相关的图片、资料佐证 (12) 各小组进行客观评价，完成评价表
注意事项	(1) 每位组员应阅读教材上相关知识部分，有不懂之处及时咨询指导老师 (2) 组员之间应相互督促，完成本次学习任务 (3) 现场故障处理，应注意保证人身安全，严禁打闹嬉戏 (4) 发现异常情况，及时与指导老师联系 (5) 安全文明作业
成果评价	自评： 互评： 师评：
小组长签字	组员签字

日期：　　　年　　月　　日

📖 【相关知识】

一、电缆故障测寻步骤

电缆线路在运行中因绝缘击穿、导线烧断等突发情况或在预防性试验时发生绝缘击穿迫使电缆线路停止供电的现象称为电缆线路故障。除机械外力破坏或终端爆裂等明显故障外，一般需应用测试仪器设备和相应的测试技术寻找出电缆故障点，并按故障电缆损坏情况立即采取相应的修理措施，使电缆线路恢复供电。电缆线路故障测寻通常分以下 3 个步骤：

1. 确定故障性质

（1）确定是否为短路（接地）故障。在采取一定安全措施将电缆两端与相连设备断开后，首先应用 1500V 直流电源器（也可用绝缘电阻表）测试电路每相导电体对地和导体之间的绝缘电阻，这一步又称"搭脉"。通过测试绝缘电阻，判断电缆是否为一相或多相短路（接地）故障。一般绝缘电阻值低于 100kΩ 称为低阻故障，绝缘电阻高于 100kΩ 称为高阻故障。

（2）确定是否为断线故障。如果电缆线路三相绝缘电阻值均正常，接着进行导体连续性试验，即测试导体直流电阻。当测试发现导体直流电阻特别大，则认为导体不连续，据此判断电缆线路存在断线故障。

（3）确定是否为闪络故障。如果采用上述两种方法都没有发现异常，说明电缆故障点可能已经"封闭"。那么，可对电缆线路进行耐压试验，试验电压以不高于竣工试验电压为限。当在耐压试验过程中，出现不连续的击穿现象时，则判断电缆线路存在闪络故障。

2. 故障测距

电缆故障测寻的第二个步骤是根据电缆故障性质选择合适的测试仪器设备进行故障测距，又称故障初测。电缆线路故障按其性质分类有短路（接地）故障、断线故障和闪络故障的类型。其中，短路（接地）故障按接地电阻值又分为高电阻接地、低电阻接地和金属性短路接地；按接地故障的相数不同分为单相接地、两相接地和三相接地。根据电缆线路故障类型和特点，一般选择故障测寻方法见表 6-10。

表 6-10　　　　　　　　　　　　电缆故障的类型、特点和测寻方法

常见故障类型		特　点	测寻方法
接地故障	低电阻	绝缘电阻<100Ω	低压脉冲反射法
		绝缘电阻>100Ω，但<100kΩ	电桥法、冲闪法
	高电阻	绝缘电阻>100kΩ	直闪法、冲闪法
	三相短路	三相短路接地	低压脉冲发射法、电桥法（借用回线）
断线故障		导体有一相或几相不连续	低压脉冲发射法
闪络故障		在较高电压时产生瞬时击穿	直闪法、冲闪法

3. 故障精确定点

电缆故障的精确定点是故障探测的重要环节，应用仪器设备进行电缆故障测距有一定的误差，电缆线路图纸资料也可能存在误差。因此，在电缆故障测距之后，通常应用冲击放电声测法、声磁信号同步接收定点法、跨步电压法及主要用于低阻故障定点的音频感应法进行故障精确定点，以寻找出故障点的确切位置。

二、电缆故障测寻常用仪器

测试电缆线路故障除了需要容量足够大的高压直流试验设备外，还需要一些专用测试仪器和设备，常用的有以下 9 种：

（1）1500V 直流电源器。1500V 直流电源器输出电压为 1500V，可作为判断电缆故障性质的直流电源，其接线如图 6-1 所示。应用转换开关 S，直流电源器有"Ω""kΩ"和"MΩ"三挡可供选择。"MΩ"挡的输出阻抗约为 1MΩ；"kΩ"挡的输出阻抗约为 20kΩ。1500V 直流电源器在"kΩ"挡时的输出电流约 75mA。

（2）QF1-A 型电缆探伤仪。该仪器是按电桥法原理制造的，注意用于测试绝缘电阻值低于 100kΩ 的短路型电缆故障，尤其对于绝缘电阻值小于 10kΩ 的低阻故障的测试准确度较高，也可用来测试断线故障、测量电缆线路的电容和导体的直流电阻。

（3）QF-2 型电缆线路探测仪。该仪器由音频信号源、通用接收器、探测器和鉴别线圈

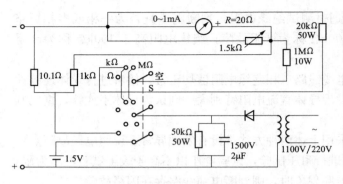

图 6-1　1500V 直流电源器接线图

测试电缆线路断线故障、闪络故障和短路故障。

（5）T-503 型电缆故障定点仪。该仪器是根据电缆故障放电时在故障点产生机械振动和电磁场发生突变的特点，应用现代微电子技术制造的电缆故障探测仪器，仪器具有声磁同步检测和音频感应两种工作方式，分别用于电缆故障定点和电缆线路路径探测。

（6）YJDT-1/2 型电缆护层故障探测仪。该仪器利用直流电流在护层故障点两侧地面的两点之间存在极性相反的跨步电位原理，用于电缆护层破损故障点的确定。

（7）球间隙。球间隙用于声测定点试验，它是一对直径为 10～20mm 固定在绝缘支架上可以调节间距的金属铜球，当球间隙被连接在测试线路中，聚积在电力电容器上的电荷达到一定的电压能量时，便通过球间隙向电缆故障点释放，在故障点产生机械振动和放电声波。

（8）电力电容器。额定电压 10kV，容量为 $10\mu F$ 的交流电容器，用于声测定点试验。

（9）振膜式拾音棒。又称"听棒"是传统的声测定点工具，灵敏度一般，但精确度高。在通过初测，电缆故障点大致位置已经确定时，再用它来精确定位。用听棒确定的故障点与实际故障位置的误差一般在 1m 以下。

三、电桥法和脉冲法

电桥法和脉冲法是电缆线路故障测距的两种方法，前者应用历史悠久，具有使用方便、测试误差较小的点；后者在近些年来发展迅速，并应用现代微电子技术使电缆故障测试向智能化方向发展。

1. 电桥法的特点

电桥法的基本原理是在电缆线路测试端，将良好相和故障相导体分别作为电桥的两个桥臂接在测试仪器上，将另一端两导体跨接以构成回路。调节电桥，当电桥平衡时，对应桥臂电阻乘积相等，而作为电桥两个桥臂的电缆电阻值与其长度成正比，于是可把电缆导体电阻之比转换为电长度之比，根据电桥上可调电阻和标准电阻数值，即可计算电缆故障点初测距离。

电桥法有以下特点：

（1）适用于测试电阻值在 100kΩ 以下的单相、二相、三相及相间短路（接地）故障。一般不宜用于测试高阻和闪络故障。

（2）当被测电缆的各段导体截面和导体材料不相同时，可换算成相同电阻值的同一种导体截面和导体材料的等值长度。

组成，它应用电磁感应原理探测电缆线路的敷设路径、埋设深度以及进行电缆线路的鉴别等。

（4）T-902/903 型电缆故障测距仪。该仪器是应用脉冲法原理和微电子技术制造的电缆故障测试仪器，具有自动计算和记忆功能，其脉冲电流取样采用在接地回路耦合的方法，与高压回路无电气连接，因而使用时安全可靠性较高。用于

（3）测试精确度较高，一般测试误差在 0.3%～0.5%。

2. 脉冲波的特性和三种脉冲测试法

（1）脉冲波的特性。

1）脉冲波在电缆线路上按一定速度传播，传播的距离和时间呈线性关系。

2）脉冲波在电缆线路上传播时遇到波阻抗不匹配点，如断线、短路和接地等，将产生电磁波反射。

3）在电缆线路中脉冲波的波速只决定于电缆的绝缘介质，与导体材料及截面无关。将脉冲波加在已知长度、绝缘良好的电缆上，当测出脉冲波自注入另一端返回的时间间隔 Δt，可算出脉冲波在电缆中的传播速度。一般油纸电缆波速度为 160m/μs，交联聚乙烯电缆波速度为 170m/μs，聚氯乙烯电缆波速度为 180m/μs。

（2）三种脉冲法。脉冲法是应用脉冲波技术进行电缆故障测距的方法。根据电缆故障性质不同，有以下 3 种方法可供选择，即低压脉冲反射法（简称低压脉冲法）、直流高压闪络测试法（简称直闪法）和冲击高压闪络测试法（简称冲闪法）。3 种方法的主要特点如下：

1）低压脉冲法。低压脉冲法适用于测试电缆线路断线故障和低于 100Ω 的低电阻短路（接地）故障。其基本原理是在测试端注入一低压脉冲波，脉冲波沿电缆传播到故障点产生反射再回送返测试仪器，仪器记录了发射脉冲波与反射脉冲波的时间间隔 Δt，已知脉冲波在电缆中传播速度 v，即可计算出故障点距离。

2）直闪法。测试电缆线路闪络故障和高阻短路（接地）故障应尽可能采用直闪法。直闪法的基本原理是在测试端对电缆一端加上直流高压，当电压升到一定值时，电缆被击穿而形成短路电弧，使故障点电压瞬间突变到零，产生一个与所加直流负高压极性相反的正突跳电压波。此突跳电压波在测试端至故障点间来回传播反射。

3）冲闪法。冲闪法适用于测试故障点泄漏电流较大、直流电压不易使故障点放电的闪络故障和大于 100Ω 的短路（接地）故障。冲闪法测试接线与直闪法的区别在于在高压试验设备和电缆之间串接了一对球间隙。直流高压先对电容器充电，当电压高到一定数值时，球间隙击穿，电容器对电缆放电。如果此时加到电缆上的高压幅值大于故障点临界击穿电压，则故障点击穿，并产生放电脉冲波。故障点放电脉冲波在测试端和故障点之间往返，仪器记录到脉冲波形并计算出故障点距离。

四、应用电桥法及脉冲法测寻电缆故障

1. 应用电桥法测寻低电阻接地故障

以电桥法原理制作的 QF1-A 型电缆探伤仪，现在仍是故障探测的常用设备之一，在电缆线路的另一端，将故障相导体和绝缘良好相导体跨接，以形成测试回路。在测试端将绝缘完好相的导体接到 QF1-A 的"A"接线柱，将故障相导体接到"B"接线柱，这种接法称为"正接法"。这时，电缆故障接地点两侧的电缆导体成了电桥的两个桥臂，由于导体长度和电阻成正比，当电桥平衡时，两个桥臂电阻之比，即为故障点两边电缆长度之比。

2. 应用脉冲法测寻电缆故障

（1）应用低压脉冲法测寻断线故障。低压脉冲法测寻断线故障的测寻仪器有脉冲波发生器和示波器。测试过程如下：在测试端，向电缆故障相输入脉冲波，脉冲波按一固定波速在电缆中传输，当传输到故障点，由于波阻抗发生变化，在故障点产生一个反射脉冲，回送到测试仪器上，由示波器记录下来。

（2）应用直闪法测寻闪络型故障。电缆高阻和闪络型故障，由于故障点电阻较大，在故障点没有明显反射，不宜用直接测试的低压脉冲法来测寻，如采用直闪法，则能迅速测出故障点距离。

（3）应用冲闪法测寻短路故障。应用 T-903 型电缆故障测距仪按冲闪法测试接线，冲闪法与直闪法相比的不同点在于串联了一对球闪隙。在升压过程中直流电压先对电力电容器充电，当电压升到某一数值时，球间隙击穿，电力电容器对电缆放电，把直流高压突然加到电缆上。

应用冲闪法测寻故障要注意判断故障点是否击穿放电。只有当间隙足够大，其放电电压超过故障点临界击穿电压才击穿放电。同时要注意脉冲电流波形中的第一个脉冲波形是球间隙击穿时电力电容器对电缆放电引起的，要把这一脉冲波形与故障点放电脉冲区别开来。分析脉冲电流波形，找出故障点电流脉冲波及其在测量点反射脉冲波，由电流脉冲在故障点与测量点之间往返一次所需的时间，即可计算测量点到故障点时距离，并在仪器上自动显示出来。

（4）在测试盲区内的故障测距。当故障点在接近电缆终端的一较短距离内，反射脉冲波形和高压脉冲波形发生重叠，使两个脉冲波形无法区分，这就是脉冲波出现了测试盲区现象。

在测试盲区内的电缆故障测距，可将非测试端的故障相和另一相对接，然后在测试端通过另一相发射脉冲波，将两次记录的波形分别存储，并重合在一起做对比，找出两者差别，测试结果表明故障点在超过电缆终端的一段距离内。

≋【任务实施】

1～10kV 配电电缆故障测寻

一、工作前准备

1. 课前预习相关知识部分。

2. 将班上学生分成 6 人一组，选出小组长。

二、操作步骤

1. 打开软件 PMS 系统，登录 SG186，接受工作任务。

2. 了解电力电缆故障线路继电保护动作情况，编写作业指导书。

3. 准备配电电缆故障测寻用的工器具和必备的材料配件并经检查合格。

4. 小组站队"三交"。

5. 危险点分析与控制，填写风险辨识卡。

6. 小组成员对××10kV 电缆进行故障测寻，并记录数据，绘制简图。

7. 电缆故障测寻工作任务完成，工器具、备品备件入库，汇报班长，资料归档，上系统走流程，实行闭环管理。

8. 工作负责人现场点评各小组成员在完成本次任务中的表现、取得的成绩，指出不足，与小组副组长、学习委员商议，给小组每位成员评出合理的分数。

9. 小组长将作业指导书、点评记录、小组工作总结及小组成员成绩单交给指导老师。

三、评价标准

根据表 6-11 对任务完成情况做出评价。

表 6-11

评 分 标 准

项　目	考核标准	配分	扣分	得分
小组合作	(1) 小组计划详细周密 (2) 小组成员团结协作、分工恰当、积极参与 (3) 能够发现问题并及时解决 (4) 学习态度端正、责任心强	20		
1～10kV 配电 电缆故障测寻	(1) 工器具、材料准备合格、充足 (2) 作业指导书编写正确规范 (3) 电缆故障测寻方法正确、测寻工器具使用正确，查找故障迅速 (4) 工作过程控制好，安全措施到位，工作质量满足要求 (5) 实行收工点评，能客观评价工作任务完成情况，肯定成绩，指出不足	45		
资料归档	作业指导书、点评记录、小组成员成绩单交给指导老师	20		
安全文明	(1) 能遵守学习任务完成过程的考核规则及相关的实习管理制度 (2) 能爱护工器具，不浪费材料，不人为损坏仪器设备 (3) 能保持操作环境整洁，操作秩序良好	15		

【巩固与练习】

简答题

1. 简述电缆线路故障测寻的步骤及方法。

2. 简述电缆线路故障测距脉冲法的特点。

3. 在测试盲区内如何进行电缆故障测距？

任务 4　电 缆 竣 工 验 收

【布置任务】

任务书见表 6-12。

表 6-12

任 务 书

任务名称	编写 110kV××输电电缆线路竣工验收报告
任务描述	××线路实训场地有一条新建成的 110kV××输电电缆线路，架设在南方山区的室外。按照国家电网公司《电气装置安装工程电缆线路施工及验收规范》的要求，要求对××110kV 输电电缆线路竣工验收，熟悉工程建设的文件和技术资料。学生接到命令后 4h 内完成任务
任务要求	(1) 各小组接受工作任务后讨论并制定工作计划 (2) 阅读教材上相关知识部分 (3) 搜集整理生产现场资料 (4) 各小组长组织组员到线路实训场地查勘 (5) 按标准化作业流程对输电电缆进行竣工验收，工作质量良好 (6) 各小组长安排组员编写《110kV××输电电缆线路竣工验收报告》 (7) 各小组进行客观评价，完成评价表

续表

注意事项	(1) 每位组员应阅读教材上相关知识部分，有不懂之处及时咨询指导老师 (2) 组员之间应相互督促，完成本次学习任务 (3) 现场查勘，应注意保证人身安全，严禁打闹嬉戏 (4) 仔细观察作业时的危险源并提出相应的预防措施 (5) 发现异常情况，及时与指导老师联系 (6) 安全文明作业		
成果评价	自评：		
	互评：		
	师评：		
小组长签字		组员签字	

日期：　　年　　月　　日

📖【相关知识】

电缆线路工程属于隐蔽工程，其验收应贯穿于施工全过程中。为保证电缆线路工程质量，运行部门必须严格按照验收标准对新建电缆线路进行全过程监控和投运前竣工验收。

一、电缆线路工程验收制度

电缆线路工程验收分自验收、预验收、过程验收、竣工验收四个阶段，每个阶段都必须填写验收记录单，并做好整改记录。

（1）自验收由施工部门自行组织进行，并填写验收记录单。自验收整改结束后，向本单位质量管理部门提交工程验收申请。

（2）预验收由施工单位质量管理部门组织进行，并填写预验收记录单。预验收整改结束后，填写工程竣工报告，并向上级工程质量监督站提交工程验收申请。

（3）过程验收是指在电缆线路施工工程中对土建项目、电缆敷设、电缆附件安装等隐蔽工程进行的中间验收。施工单位的质量管理部门和运行部门要根据工程施工情况列出检查项目，由验收人员根据验收标准在施工过程中逐项进行验收，填写工程验收单并签字确认。

（4）竣工验收由施工单位的上级工程质量监督站组织进行，并填写工程竣工验收签证书，对工程质量予以等级评定。在验收中个别不完善项目必须限期整改，由施工单位质量管理部门负责复验并做好记录。工程竣工后1个月内施工单位应向运行单位进行工程资料移交，运行单位对移交的资料进行验收。

二、电缆线路工程验收方法

1. 验收程序

施工部门在工程开工前应将施工设计书、工程进度计划交质监站和运行部门，以便对工程进行过程验收。工程完工后，施工部门应书面通知质监站、运行部门进行竣工验收。同时施工部门应在工程竣工后1个月内将有关技术资料、工艺文件、施工安装记录（含工井、排管、电缆沟、电缆桥等土建资料）等一并移交运行部门整理归档。对资料不齐全的工程，运行部门可不予接收。

2. 电缆线路工程项目划分

电缆线路工程验收应按分部工程逐项进行。电缆线路工程可以分为电缆敷设、电缆接头、电缆终端、接地系统、信号系统、供油系统、调试 7 个分部工程（交联电缆线路无信号系统和供油系统）。每个分部工程又可分为 7 个分项工程，具体项目见表 6-13。

表 6-13　　　　　　　　　　　电缆线路工程项目划分一览表

序　号	分部工程	分　项　工　程
1	电缆敷设	电缆通道（电缆沟槽开挖、排管、隧道建设）、电缆展放、电缆固定、孔洞封堵、回填掩埋、防火工程、分支箱安装等
2	电缆接头	直通接头、绝缘接头、塞止接头、孤独接头
3	电缆终端	户外终端、户内终端、GIS 终端、变压器终端
4	接地系统	终端接地、接头接地、护层交叉互联箱接地、分支箱接地、单芯电缆护层交叉互联系统
5	信号系统	信号屏、信号端子箱、控制电缆敷设和接头、自动排水泵
6	供油系统	压力箱、油管路、电触点
7	调试	绝缘测试（含耐压试验和电阻测试）、参数测量、信号系统测试、油压整定、护层试验、接地电阻测试、油样试验、油阻试验、相位校核、交叉互联系统试验

3. 验收报告的编写

验收报告的内容主要分工程概况说明、验收项目签证和验收综合评价三个方面。

（1）工程概况说明。内容包括工程名称、起止地点、工程开、竣工日期以及电缆型号、长度、敷设方式、接头型号、数量、接地方式、信号装置布置和工程设计、施工、监理、建设单位名称等。

（2）验收项目签证。验收部门在工程验收前应根据工程实际情况和施工验收规范，编制好项目验收检查表，作为验收评估的书面依据，并对照项目验收标准对施工项目逐项进行验收签证和评分。

（3）验收综合评价。验收部门应根据有关国家标准和企业标准制定验收标准，对照验收标准对工程质量作出综合评价，并对整个工程进行评分。成绩分为优、良、及格、不及格四种。

三、电缆接头和终端工程验收

电缆接头及终端工程属于隐蔽工程，工程验收应在施工过程中进行。如采用抽样检查，抽样率应大于 50%。电缆接头有直通接头、绝缘接头、塞止接头、过渡接头等类型，电缆终端则有户外终端、户内终端、GIS 终端、变压器终端等类型。

1. 电缆接头和终端验收

（1）施工现场应做到环境清洁，有防尘、防雨措施，温度和湿度符合安装规范要求。

（2）电缆剥切、导体连接、绝缘及应力处理、密封防水保护层处理、相间和相对地距离应符合施工工艺、设计和运行规程要求。

（3）接头和终端铭牌、相色标志字迹清晰、安装规范。

（4）接头和终端应固定牢固，接头两侧及终端下方一定距离内保持平直，并做好接头的机械防护和阻燃防火措施。

（5）按设计要求做好电缆中间接头和终端的接地。

2. 电缆终端接地箱验收

（1）接地箱安装符合设计书及装置图要求。

（2）终端接地箱内电气安装符合设计要求，导体连接良好。护层保护器符合设计要求，完整无损伤。

（3）终端接地箱密封良好，接地线相色正确，标志清晰。

（4）接地箱箱体应采用不锈钢材料。

四、电缆线路附属设备验收

电缆线路附属设备验收主要是指接地系统、信号系统、供油系统的验收。

1. 接地系统验收

接地系统由终端接地、接头接地网、终端接地箱、护层交叉互联箱及分支箱接地网组成。接地系统主要验收以下项目：

（1）各接地点接地电阻符合设计要求。

（2）接地线与接地排连接良好，接线端子应采用压接方式。

（3）同轴电缆的截面应符合设计要求。

（4）护层交叉互联箱内接线正确，导体连接良好，相色标志正确清晰。

2. 信号保护系统验收

在对信号保护系统验收中，信号与控制电缆的敷设安装可参照电力电缆敷设安装规范来验收。信号屏、信号箱安装，以及自动排水装置安装等工程验收可按照二次回路施工工程验收标准进行。信号保护系统主要验收以下项目：

（1）控制电缆每对线芯核对无误且有明显标记。

（2）信号回路模拟试验正确，符合设计要求。

（3）信号屏安装符合设计要求，电器元件齐全，连接牢固，标志清晰。

（4）信号箱安装牢固，箱门和箱体由多股软线连接，接地良好。

（5）自动排水装置符合设计要求。

（6）低压接线连接可靠，绝缘符合要求，端部标志清晰。

（7）接地电阻符合设计要求。

（8）铭牌清晰，名称符合命名原则。

3. 供油系统验收

供油系统验收含压力箱、油管路和电触点压力表三个分项工程的验收。验收的主要内容包括：

（1）压力箱装置符合设计和装置图要求，表面无污迹和渗漏，各组压力箱有相位标识。压力箱支架采用热浸镀锌钢材。

（2）油管路及阀门。油管路采用塑包铜管，布置横平竖直，固定牢固，连接良好无渗漏。焊接点表面平整，管壁形变小于15％。

（3）压力表和电触点压力表应有检验记录和标识，连接良好无渗漏。

五、电缆线路调试

电缆线路调试由信号系统调试、油压整定、绝缘测试、电缆常数测试、护层试验、接地网测试、油阻试验、油样试验，相位校核、交叉互联系统试验等项目组成，其中绝缘测试包括直流、交流耐压试验和绝缘电阻测试。各调试结果均应符合电缆线路竣工交接试验规程和工程设计书要求。

【任务实施】

110kV 输电电缆竣工验收

一、工作前准备

1. 课前预习相关知识部分。

2. 将班上学生分成 6 人一组，选出小组长。

二、操作步骤

1. 接受工作任务，分析任务特点。

2. 收集整理电缆施工技术资料，建立技术资料档案。

3. 召开小组会议，熟悉电缆线路工程验收方法，掌握电缆线路敷设工程、接头和终端工程、附属设备验收及调试的内容、方法、标准、技术要求。

4. 小组长组织组员编写《110kV 输电电缆竣工验收报告》。

5. 审核修稿验收报告。

6. 工作负责人现场点评各小组成员在完成本次任务中的表现、取得的成绩，指出不足，与小组副组长、学习委员商议，给小组每位成员评出合理的分数。

7. 小组长将验收报告、点评记录、小组工作总结及小组成员成绩单交给指导老师。

三、评价标准

根据表 6-14 对任务完成情况做出评价。

表 6-14　　　　　　　　　　　评 分 标 准

项　目	考核标准	配分	扣分	得分
小组合作	(1) 小组计划详细周密 (2) 小组成员团结协作、分工恰当、积极参与 (3) 能够发现问题并及时解决 (4) 学习态度端正、责任心强	20		
110kV 输电电缆竣工验收报告	(1) 现场资料收集齐全 (2) 验收资料整理标准规范 (3) 验收报告内容全面，条理清晰，语句通顺，格式字体规范，无遗漏项 (4) 实行收工点评，能客观评价工作任务完成情况，肯定成绩，指出不足	45		
资料归档	竣工验收报告、点评记录、小组成员成绩单交给指导老师	20		
安全文明	(1) 能遵守学习任务完成过程的考核规则及相关的实习管理制度 (2) 能爱护工器具，不浪费材料，不人为损坏仪器设备 (3) 能保持操作环境整洁，操作秩序良好	15		

【巩固与练习】

简答题

1. 简述电缆调试的项目有哪些。

2. 简述电缆接头和终端的验收要求？

3. 简述电缆接地系统的验收要求？

项目七

电力电缆检修

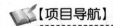【项目导航】

当你作为新员工进入某供电公司电缆检修班组工作时，班长安排你和其他员工一起开展电力电缆的日常维护和检修工作，你知道电力电缆线路检修工作的要求吗？因电力电缆线路建成后不容易改变，分支也很困难，电缆故障测寻与维修比较难开展，你知道电力电缆线路在运行时的薄弱环节在哪儿吗？近几年，电力系统现代化发展速度迅猛，配电网络、智能化电网建设已在逐步推广，特别是城市电网逐步淘汰架空线路，配电电缆线路倍数增长，你知道这对电力电缆工的专业技能提出了什么样的要求吗？以上这些是输配电线路专业从业人员必须面对的现实，也是在本项目中要学习的专业知识和要完成的学习任务。

【项目目标】

知识目标

1. 熟悉电力电缆检修过程中安全措施、组织措施、技术措施的具体内容。

2. 掌握电力电缆热缩、冷缩终端头、中间头制作的流程及质量要求。

3. 了解电力电缆头制作完成后基本试验项目类型及试验方法。

能力目标

1. 能编制电缆检修施工方案。

2. 能看懂厂家电缆头制作技术图纸。

3. 能按技术要求制作电缆头。

4. 能对制作完成的电缆头进行试验，并能根据试验结果分析判断出电缆头制作的水平。

素质目标

1. 能主动学习，在完成任务过程中发现问题，能把握问题本质，具有分析问题及解决问题的能力。

2. 具有安全意识，善于沟通，能围绕主题讨论、准确表达观点。学会查找有用资料，书面表达规范清晰。

【项目要求】

本项目要求完成四个学习任务。通过四个学习任务，使学生熟悉电力电缆线路的运行要求，掌握电缆头制作技术，会利用绝缘电阻表、核相仪、耐压试验装置等仪器设备对电缆头制作质量进行检测，能对检测数据进行分析，判断是否符合电缆运行要求，对不达标测试项目及数据提出整改意见。

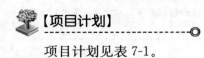【项目计划】

项目计划见表7-1。

表 7-1 项 目 计 划

序号	项目内容	负责人	实施要求	完成时间
1	任务1：编制10kV配电电缆检修方案	各小组长	(1) 研讨任务，制定工作计划 (2) 各小组成员明确分工，确定岗位工作任务要求 (3) 按国家电网公司要求，编制《10kV××配电电缆检修方案》 (4) 工器具材料准备正确、数量充足、人员安排组织得当 (5) 安全措施、组织措施、技术措施齐备 (6) 作业危险点分析正确，安全措施到位 (7) 各小组进行客观评价，完成评价表	6 课时
2	任务2：10kV配电电缆热缩终端头制作	各小组长	(1) 研讨任务，制定工作计划 (2) 各小组成员明确分工，确定岗位工作任务要求 (3) 熟悉电缆附件厂10kV配电电缆热缩终端头制作流程及技术要求 (4) 工器具材料准备正确、数量充足，经试验合格 (5) 操作工艺标准清楚，规范 (6) 作业危险点分析正确，安全措施到位 (7) 各小组进行客观评价，完成评价表	6 课时
3	任务3：10kV配电电缆冷缩终端中间制作	各小组长	(1) 研讨任务，制定工作计划 (2) 各小组成员明确分工，确定岗位工作任务要求 (3) 熟悉电缆附件厂10kV配电电缆冷缩终端中间制作流程及技术要求 (4) 工器具材料准备正确、数量充足，经试验合格 (5) 操作工艺标准清楚，规范 (6) 作业危险点分析正确，安全措施到位 (7) 各小组进行客观评价，完成评价表	4 课时
4	任务4：110kV输电电缆预制式终端中间制作	各小组长	(1) 研讨任务，制定工作计划 (2) 各小组成员明确分工，确定岗位工作任务要求 (3) 熟悉电缆附件厂110kV输电电缆预制式终端中间制作流程及技术要求 (4) 工器具材料准备正确、数量充足，经试验合格 (5) 操作工艺标准清楚规范 (6) 作业危险点分析正确，安全措施到位 (7) 各小组进行客观评价，完成评价表	4 课时
5	任务评估	教师		

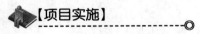【项目实施】

任务 1 编制 10kV 配电电缆检修方案

🎤【布置任务】

任务书见表7-2。

表 7-2　　　　　　　　　　　　　　　任　务　书

任务名称	编制 10kV 配电电缆检修方案	
任务描述	××电力培训中心实训场有一条 120km 的 10kV××配电电缆线路经检测出现故障，需进行检修。按照国家电网公司标准化作业要求，编制 10kV××配电电缆线路检修方案，学生接到命令后 6h 内完成任务	
任务要求	(1) 各小组接受工作任务后讨论并制定工作计划 (2) 阅读教材上相关知识部分 (3) 搜集整理生产现场资料 (4) 各小组长组织组员到线路实训场地查勘 (5) 各小组长安排组员编写《10kV××配电电缆线路检修方案》并组织人员审核 (6) 标准化作业流程正确，工作质量良好 (7) 各小组进行客观评价，完成评价表	
注意事项	(1) 每位组员应阅读教材上相关知识部分，有不懂之处及时咨询指导老师 (2) 组员之间应相互督促，完成本次学习任务 (3) 现场勘察，应注意保证人身安全，严禁打闹嬉戏 (4) 发现异常情况，及时与指导老师联系 (5) 安全文明作业	
成果评价	自评： 互评： 师评：	
小组长签字	组员签字	

日期：　　　年　　月　　日

📖【相关知识】

组织措施、安全措施及技术措施，此"三措计划"是根据大修内容所编写的现场性措施，"三措计划"编制的内容，应包括大修中所列项目，内容要简明扼要。"三措计划"内容一般可有四个内容，其各部分内容和要求介绍如下：

一、编制依据

检修方案根据工程设计施工图、工程验收所依据的行业或企业标准、检修合同或协议、电缆和附件制造厂提供的技术文件以及设计交底会议纪要等编制。

二、工程概况编写内容与要求

1. 工程概况

(1) 工程名称。电缆线路、双重编号、检修内容等。

(2) 施工单位。检修工区、外委单位。

(3) 工程量。如电缆线路名称、敷设长度、走向等。

(4) 工作范围。如电缆线路区段。

(5) 计划工期。如从××年×月×日到×月×日，计划检修（工期）天数。

(6) 施工中难点和不利因素。如道路状况、天气异常、工期短、材料不齐全等。

(7) 应与相关单位签订的合同。如部分外委工程合同等。

2. 检修组织措施

(1) 组织措施计划编写内容与要求。大修工程和改进工程是单一项目的工程，对工程进行合理组织、明确分工是保证线路大修质量如期完成的重要措施，其编写内容应包括人员、车辆、器械三方面内容，要求应具体，具有可操作性。主要内容有：

1）组织机构和人员安排。明确施工领导人，安全、技术负责人，各小组负责人，专责工作负责人和特殊工作负责人职责。

2）施工领导机构（如领导小组或指挥部等）和领导人职责：安排各专业负责人，调度车辆与相关单位的工作协调等。

3）安全负责人的职责：现场安全监护，临时工安全教育，关键部位监视。

4）技术负责人职责：施工方案编写，技术图纸收集、整理，施工工艺培训及过程控制等。

5）明确特殊工作负责人职责：停供电工作联系人，备品备件联系人、砍青征收拆迁工作负责人。

（2）机械车辆安排。运人车辆、运货车辆、吊车、特殊用途的机械设备等。

（3）工具器材。主要工具、器材、仪表、特殊仪器等的准备。

（4）后勤（生活、材料）等工作负责人的职责。

3．技术措施计划编写内容与要求

线路大修技术措施计划编制的目的是加强大修技术管理，进一步促进施工人员在大修中认真执行技术标准和工艺要求，以确保大修后能达到各项技术指标和验收规范的要求。具体内容有以下几个方面：

（1）对电缆线路各元件的检查项目和要求。

（2）施工应执行的规范、工艺要求、质量标准，应做的电气试验和试验标准。

（3）电缆敷设方式和附属土建设施结构。

（4）电缆金属护套和屏蔽层接地方式。

（5）电缆线路终端、接头型号及数量。

（6）技术培训、技术交底（包括施工人员、运行人员和其他人员）。

（7）特殊地形、特殊场所、新设备、新工艺的施工方法。必要时与供货厂家提前联系，由厂家提供必要的帮助。

（8）应提前提出的（各时段）停电计划申请。

（9）整理应消除的缺陷，准备相应的备品备件。对施工中破坏的设施的修复时间和负责人。

（10）明确核对设计图纸与实际设备铭牌、技术条件的人员。

（11）提出相关专业及单位配合要求。

（12）阶段性（当天）应完成的工作任务，应做的有关准备工作。

4．安全措施编写基本内容与要求

安全措施是"三措计划"的重点，也是执行"三措计划"的难点，其内容应包括人身安全、车辆安全和系统设备安全。

（1）人身安全。

1）大修工程的控制重点。工作地点周围的带电部位，有可能误触及的设备名称和部位，不同时间有变化的带电部位，部分经中间验收后，提前接入系统的设备和部位。

2）要有足够的安全措施特别是防感应电措施；周围带电设备与工作地点隔离措施，并挂有醒目的标志牌，有防止误入带电间隔的可靠措施。

3）坚持工作票制和落实监护制。严格按照《电业安全工作规程》的规定明确注明工作负责人、工作监护人的现场职责，规定哪些人不能单独工作。

4）对临时工特别注意安全教育和专人监护。对现场人员要求遵守作息时间，穿工作服戴安全帽。

（2）车辆安全。

1）司机不许在出车前喝酒，不带病开车。

2）起重的有关要求：专人指挥，设备区专人监护，起重臂下严禁站人，特殊设备还需要核实角度、吨位，起吊前安排专人监护。

（3）设备安全。接入系统的设备核相的方法、时间、地点、负责人和配合人员。特殊运行方式下的运行安全措施。

（4）系统安全。需要调整的运行方式，事故时的应急方案。

（5）线路检修工作中线路专业施工的安全措施内容与要求。

三、"三措计划"编制的要求

（1）编制大修"三措计划"应根据大修项目和内容，有针对性地制订有关措施，不要编成措施汇编。

（2）所录用的安全数据应准确，且有据可查，以免造成误导。

（3）对比较重要的操作项目，应编制单项大修"三措计划"，必要时还应编写现场操作规程，作为大修工程"三措计划"中的重要组成部分。

四、"三措计划"的审核报批

线路大修"三措计划"，一般应由线路运行单位的安全技术人员进行编制。对大修项目，所编"三措计划"需经上级主管部门领导（在供电企业报上一级安监、生技部门审批，再报局级领导审批）审核批准后，即可下达执行。对于较复杂的大修项目，应将"三措计划"报上一级安全监察和生产技术部门共同进行审核，最后主管领导（总工程师）签字批准后，正式下达至检修、运行单位贯彻执行。

五、"三措计划"的实施

"三措计划"的实施包括检修方案三措的实施，工程竣工验收，资料存档。

【任务实施】

编制 10kV 配电电缆检修方案

一、工作前准备

1. 课前预习相关知识部分。

2. 将班上学生分成 4 人一组，选出小组长。

二、操作步骤

1. 小组长组织班前会议，进行任务分工。

2. 小组长安排人员负责，到现场对实训场地 10kV××配电电缆线路进行查勘。

3. 小组长组织召开分析会议，对现场查勘收集的情况和搜集配电电缆检修的有关资料进行分析，确定检修方案。

4. 小组长安排组员执笔，着手准备编写《10kV××配电电缆线路检修方案》。

5. 小组长组织审核本组编写的电缆线路检修方案，并指定专人修改。

6. 小组长安排组员完成汇报 PPT 的制作，在小组会议上试讲一次，提出修改意见或建议并进行修改完善。

7. 以小组为单位向指导老师申请"编制 10kV 配电电缆线路检修方案"汇报。

8. 汇报过程中，小组长安排组员记录指导老师和其他分析小组对本组"编制 10kV 配电电缆线路检修方案"汇报的点评。

9. 汇报完毕后，小组长组织小组会议，对汇报会上老师及其他组提出的意见或建议进行汇总整理，并组织小组成员参照意见修改"编制 10kV 配电电缆线路检修方案"。

10. 工作任务完成后，小组长组织召开"编制 10kV 配电电缆线路检修方案"工作总结会议，点评各小组成员在完成本次任务中的表现、取得的成绩，指出不足，与小组副组长、学习委员商议，给小组每位成员评出合理的分数。

11. 小组长将修改后的"编制 10kV 配电电缆线路检修方案"文档、汇报 PPT、小组工作总结及小组成员成绩交给指导老师。

三、评价标准

根据表 7-3 对任务完成情况做出评价。

表 7-3　　　　　　　　　　　　　评　分　标　准

项　目	考核标准	配分	扣分	得分
小组合作	(1) 小组计划详细周密 (2) 小组成员团结协作、分工恰当、积极参与 (3) 能够发现问题并及时解决 (4) 学习态度端正、资料搜索能力强	20		
10kV××配电电缆线路检修方案的编制	(1) 收集资料丰富，搜索方法先进，对资料进行分类整理 (2) "三措计划"内容全面、条理清晰，格式规范、语句通顺 (3) 制定的检修"三措计划"针对性强，具有可操作性 (4) 对国内配电电缆线路检修新技术有一定的了解	35		
案例分析汇报	(1) 汇报 PPT 制作颜色搭配协调，汇报文字简短清晰，图片、数据展示恰当 (2) 汇报者思路正确，态度端正，汇报姿态自然大方，口齿清楚，语言通顺，声音洪亮，普通话标准	30		
安全文明	(1) 能遵守学习任务完成过程的考核规则 (2) 能爱护多媒体设备，不人为损坏仪器设备 (3) 能保持汇报教室环境整洁，秩序井然	15		

【巩固与练习】

简答题

1. 简述电缆检修安全技术措施要求。

2. 施工组织设计的专业设计一般内容有哪些？

任务 2　10kV 配电电缆热缩终端头制作

【布置任务】

任务书见表 7-4。

表 7-4	任　务　书	
任务名称	10kV 配电电缆热缩终端头制作	
任务描述	××电力培训中心实训场有一条 120km 的 10kV××配电电缆线路经检测出现故障，需进行检修。按照国家电网公司标准化作业要求，制作 10kV××配电电缆热缩终端头，由老师提供标准化作业指导书模板，学生接到命令后 6h 内完成任务	
任务要求	(1) 各小组接受工作任务后讨论并制定工作计划 　　(2) 阅读教材上相关知识部分 　　(3) 搜集整理生产现场资料，熟悉配电电缆头制作工艺要求 　　(4) 各小组长组织组员到线路实训场地查勘 　　(5) 各小组长安排组员编写《10kV××配电电缆热缩终端头作业指导书》并组织人员审核 　　(6) 标准化作业流程正确，工作质量良好 　　(7) 各小组进行客观评价，完成评价表	
注意事项	(1) 每位组员应阅读教材上相关知识部分，有不懂之处及时咨询指导老师 　　(2) 组员之间应相互督促，认真完成本次学习任务 　　(3) 现场查勘，应注意保证人身安全，严禁打闹嬉戏 　　(4) 仔细观察作业时的危险源并提出相应的预防措施 　　(5) 发现异常情况，及时与指导老师联系 　　(6) 安全文明作业	
成果评价	自评：	
	互评：	
	师评：	
小组长签字		组员签字	

日期：　　　年　　月　　日

📖【相关知识】

　　电缆头制作有终端制作、中间接头制作。按工艺流程主要有热缩式、预制式、冷缩式等方法，通过技术人员制作各种电缆终端头、中间接头，掌握制作工艺流程和制作步骤及质量控制要点。

一、10kV 热缩式电力电缆终端头制作工艺质量控制要点

1. 剥除外护套、铠装、内护套及填料

　　(1) 安装电缆终端头时，应尽量垂直固定。对于大截面电缆终端头，建议在杆塔上进行制作，以免在地面制作后吊装时造成线芯伸缩错位，三相长短不一，使分支手套局部受力损坏。

　　(2) 剥除外护套。应分两次进行，以避免电缆铠装层铠装松散。先将电缆末端外护套保留 100mm。然后按规定尺寸剥除外护套，要求断口平整。外护套断口以下 100mm 部分用砂纸打磨并清洗干净，以保证分支手套定位后，密封性能可靠。

　　(3) 剥除铠装。按规定尺寸在铠装上绑扎铜线，绑线的缠绕方向应与铠装的缠绕方向一致，使铠装越绑越紧不致松散。绑线用 $\phi 2.0$ 的铜线，每道 3～4 匝。锯铠装时，其圆周锯痕深度应均匀，不得锯透，不得损伤内护套。剥铠装时，应首先沿锯痕将铠装卷断，铠装断开后再向电缆终端头剥除。

　　(4) 剥除内护套及填料。在应剥除内护套处用刀子横向切一环形痕，深度不超过内护套厚度的一半。纵向剥除内护套时，刀子切口应在两芯之间，防止切伤金属屏蔽层。剥除内护套后应将金属屏蔽带末端用聚氯乙烯粘带扎牢,防止松散。切除填料时刀口应向外,防止损伤金属屏蔽层。

(5) 分开三相线芯时,不可硬行弯曲,以免铜屏蔽层褶皱、变形。

2. 焊接地线,绕包密封填充胶

(1) 两条接地编织带必须分别焊牢在铠装的两层钢带和三相铜屏蔽层上。焊面上的尖角毛刺必须打磨平整,并在外面绕包几层 PVC 胶带,也可用恒力弹簧扎紧,但在恒力弹簧外面也必须绕包几层 PVC 胶带加强固定。

(2) 自外护套断口向下 40mm 范围内的两条铜编织带必须用焊锡做 20～30mm 的防潮段,同时在防潮段下端电缆上绕包两层密封胶,将接地编织带埋入其中,以提高密封防水性能。两条编织带之间必须用绝缘分开,安装时错开一定距离。

(3) 电缆内、外护套断口绕包密封胶必须严实紧密,三相分叉部位空间应填实,绕包体表面应平整,绕包后外径必须小于分支手套内径。

3. 安装热缩分支手套,调整三相线芯

(1) 将分支手套套入电缆三叉部位,必须压紧到位,由中间向两端加热收缩,注意火焰不得过猛,应环绕加热,均匀收缩。收缩后不得有空隙存在,并在分支手套下端口部位绕包几层密封胶加强密封。

(2) 根据系统相序排列及布置形式,适当调整排列好三相线芯。

4. 剥切铜屏蔽层、外半导电层,缠绕应力控制胶

(1) 铜屏蔽层剥切时,应用 $\phi 1.0$mm 镀锡铜绑线扎紧或用恒力弹簧固定。切割时,只能环切一刀痕,不能切透,以免损伤外半导电层。剥除时,应从刀痕处撕剥,断开后向线芯端部剥除。

(2) 外半导电层剥除后,绝缘表面必须用细砂纸打磨,去除嵌入在绝缘表面的半导电颗粒。

(3) 外半导电层端部切削打磨斜坡时,注意不得损伤绝缘层。打磨后,外半导电层端口应平齐,坡面应平整光洁,与绝缘层圆滑过渡。

(4) 用浸有清洁剂且不掉纤维的细布或清洁纸清除绝缘层表面上的污垢和炭痕。清洁时应从绝缘端口向外半导电层方向擦抹,不能反复擦,严禁用带有炭痕的布或纸擦抹。擦净后用一块干净的布或纸再次擦抹绝缘表面,检查布或纸上无炭痕方为合格。

(5) 缠绕应力控制胶,必须拉薄拉窄,将外半导电层与绝缘之间台阶绕包填平,再搭盖外半导电层和绝缘层,绕包的应力控制胶应均匀圆整,端口平齐。

(6) 涂硅脂时,注意不要涂在应力控制胶上。

5. 安装热缩应力控制管

(1) 根据安装工艺图纸要求,将热缩应力控制管套在适当的位置。

(2) 加热热缩应力控制管时,火焰不得过猛,应温火均匀加热,使其自然收缩到位。

6. 热缩绝缘管

(1) 在分支手套指管端口部位绕包一层密封胶。密封胶一定要绕包严实紧密。

(2) 套入热缩绝缘管时,应注意将涂有热溶胶的一端套至分支手套三指管根部;加热热缩绝缘管时,火焰不得过猛,必须由下向上缓慢、环绕加热,将管中气体全部排出,使其均匀收缩。

（3）在冬季环境温度较低时施工，热缩绝缘管做二次加热，收缩效果会更好。

7. 剥除绝缘层，压接接线端子

（1）剥除末端绝缘时，注意不要伤到线芯。绝缘端部应力处理前，用 PVC 胶带黏面朝外将电缆三相线芯端头包扎好，以防切削反应力锥时伤到导体。

（2）压接接线端子时，接线端子与导体必须紧密接触，按先上后下顺序进行压接。压接后，端子表面的尖端和毛刺必须打磨光滑。

8. 热缩密封管和相色管

（1）在绝缘管与接线端子间用填充胶和密封胶将台阶填平，使其表面平整。

（2）热缩密封管时，其上端不宜搭接到接线端子孔的顶端，以免形成黐口进水。

（3）热缩相色管时，按系统相色，将相色管分别套入各相绝缘管上端部，环绕加热收缩。

9. 户外安装时固定防雨裙

（1）防雨裙固定应符合图纸尺寸要求，并与线芯、绝缘管垂直。

（2）热缩防雨裙时，应对防雨裙上端直管部位圆周进行加热。加热时应用温火，火焰不得集中，以免防雨裙变形和损坏。

（3）防雨裙加热收缩中，应及时对水平、垂直方向进行调整和对防雨裙边进行整形。

（4）防雨裙加热收缩只能一次性定位，收缩后不得移动和调整，以免防雨裙上端直管内壁密封胶脱落，固定不牢，失去防雨功能。

10. 连接接地线

（1）压接接地端子，并与地网连接牢靠。

（2）固定三相，应保证相间（接线端子之间）距离满足：户外 ≥200mm，户内 ≥125mm。

二、10kV 热缩式电力电缆中间接头制作工艺质量控制要点

1. 剥除外护套、铠装、内护套及填料

（1）剥除外护套。在电缆的两侧套入附件中的内外护套管。在剥切电缆外护套时，应分两次进行，以避免电缆铠装层铠装松散。先将电缆末端外护套保留 100mm，然后按规定尺寸剥除外护套，要求断口平整。外护套断口以下 100mm 部分用砂纸打毛并清洗干净，以保证外护套收缩后密封性能可靠。

（2）剥除铠装。按规定尺寸在铠装上绑扎铜线，绑线的缠绕方向应与铠装的缠绕方向一致，使铠装越绑越紧不致松散。绑线用 φ2.0mm 的铜线，每道 3～4 匝。锯铠装时，其圆周锯痕深度应均匀，不得锯透，以免损伤内护套。剥铠装时，应首先沿锯痕将铠装卷断，铠装断开后再向电缆端头剥除。

（3）剥除内护套及填料。在应剥除内护套处用刀子横向切一环形痕，深度不超过内护套厚度的一半。纵向剥除内护套时，刀子切口应在两芯之间，防止切伤金属屏蔽层。剥除内护套后应将金属屏蔽带末端用聚氯乙烯粘带扎牢，防止松散。切除填料时刀口应向外，防止损伤金属屏蔽层。

2. 电缆分相，锯除多余电缆线芯

（1）在电缆线芯分叉处将线芯扳弯，弯曲不宜过大，以便于操作为宜。但一定要保证弯曲半径符合规定要求，避免铜屏蔽层变形、折皱和损坏。

（2）将接头中心尺寸核对准确后，按相色要求将各对应线芯绑好，锯断多余电缆芯线。锯割时，应保证电缆线芯端口平直。

3. 剥除铜屏蔽层和外半导电层

（1）剥切铜屏蔽层时，在其断口处用 $\phi1.0\text{mm}$ 镀锡铜绑线扎紧或用恒力弹簧固定。切割时，只能环切一刀痕，不能切透，以防损伤半导电层。剥除时，应从刀痕处撕剥，断开后向线芯端部剥除。

（2）铜屏蔽层的断口应切割平整，不得有尖端和毛刺。

（3）外半导电层应剥除干净，不得留有残迹。剥除后必须用细砂纸将绝缘表面吸附的半导电粉尘打磨干净，并擦拭光洁。剥除外半导电层时，刀口不得伤及绝缘层。

（4）将外半导电层端部切削成小斜坡，注意不得损伤绝缘层。用砂纸打磨后，半导电层端口应平齐，坡面应平整光洁，与绝缘层平滑过渡。

4. 绕包应力控制胶，热缩应力控制管

（1）绕包应力控制胶时，必须拉薄拉窄，把外半导电层和绝缘层的交接处填实填平，圆周搭接应均匀，端口应整齐。

（2）加热热缩应力控制管时，应用微弱火焰均匀环绕加热，使其收缩。收缩后，在应力控制管与绝缘层交接处应绕包应力控制胶，绕包方法同上。

5. 剥除线芯末端绝缘，切削"铅笔头"，保留内半导电层

（1）切割线芯绝缘时，刀口不得损伤导体，剥除绝缘层时，不得使导体变形。

（2）"铅笔头"切削时，锥面应圆整、均匀、对称，并用砂纸打磨光洁，切削时刀口不得划伤导体。

（3）保留的内半导电层表面不得留有绝缘痕迹，端口平整，表面应光洁。

6. 依次套入管材和铜屏蔽网套

（1）套入管材前，电缆表面必须清洁干净。

（2）按附件安装说明依次套入管材，顺序不能颠倒；所有管材端口，必须用塑料布加以包扎，以防水分、灰尘、杂物浸入管内污染密封胶层。

7. 压接连接管，绕包屏蔽层，增绕绝缘带

（1）压接前用清洁纸将连接管内、外表面和导体表面清洁干净。检查连接管与导体截面及径向尺寸应相符，压接模具与连接管外径尺寸应配套。如连接管套入导体较松动，应填实后进行压接。

（2）压接后，连接管表面的棱角和毛刺必须用锉刀和砂纸打磨光洁，并将金属粉屑清洁干净。

（3）半导电带必须拉伸后绕包，并填平压接管的压坑和连接与导体内半导电屏蔽层之间的间隙，然后在连接管上半搭盖绕包两层半导电带，两端与内半导电屏蔽层必须紧密搭接。

（4）在两端绝缘末端"铅笔头"处与连接管端部用绝缘自粘带拉伸后绕包填平。再半搭盖绕包与两端"铅笔头"之间，绝缘带绕包必须紧密、平整，其绕包厚度略大于电缆绝缘直径。

8. 热缩内、外绝缘管和屏蔽管

（1）电缆线芯绝缘和外半导电屏蔽层应清洁干净。清洁时，应由线芯绝缘端部向应力控制管方向进行，不可颠倒，清洁纸不得往返使用。

（2）将内绝缘管、外绝缘管、屏蔽管先后从长端线芯绝缘上移至连接管上，中部对正。加热时应从中部向两端均匀、缓慢环绕进行，把管内气体全部排除，保证完好收缩，以防局部温度过高造成绝缘炭化、管材损坏。

9. 绕包密封防水胶带

内外绝缘管及屏蔽管两端绕包密封防水胶带，必须拉伸 200%，先将台阶绕包填平，再半搭盖绕包成一坡面。绕包必须圆整紧密，两边搭接电缆外半导电层和内外绝缘管及屏蔽管不得少于 30mm。

10. 固定铜屏蔽网套，连接两端铜屏蔽层

（1）铜屏蔽网套两端分别与电缆铜屏蔽层搭接时，必须用铜扎线扎紧并焊牢。

（2）铜编织带两端与电缆铜屏蔽层连接时，铜扎线应尽量扎在铜编织带端头的边缘。焊接时避免温度偏高，焊接渗透使端头铜丝胀开，导致焊面不够紧密复贴，影响外观质量。

（3）用恒力弹簧固定时，必须将铜编织带端头沿宽度方向略加展开，夹入恒力弹簧收紧并用 PVC 胶带缠绕固定，以增加接触面，确保接头稳固。

11. 扎紧三相，热缩内护套，连接两端铠装层

（1）将三相接头用白布带扎紧，以增加整体结构的紧密性，同时有利于内护套恢复。

（2）热缩内护套前，先将两侧电缆内护套端部打毛，并包一层红色密封胶带。由两端向中间均匀、缓慢、环绕加热，使内护套均匀收缩。接头内护套管与电缆内护套搭接部位必须密封可靠。

（3）铜编织带应焊在两层钢带上。焊接时，铠装焊区应用锉刀和砂纸打磨，并先镀上一层锡，将铜编织带两端分别放在铠装镀锡层上，用铜绑线扎紧并焊牢。

（4）用恒力弹簧固定铜编织带时，将铜编织带端头略加展开，夹入并反折在恒力弹簧之中，用力收紧，并用 PVC 胶带缠紧固定，以增加铜编织带与铠装的接触面和稳固性。

12. 固定金属护套和外护套管

（1）接头部位及两端电缆必须调整平直，金属护套两端套头端齿部分与两端铠装绑扎应牢固。

（2）外护套管定位前，必须将接头两端电缆外护套端口 150mm 内清洁干净并用砂纸打磨，外护套定位后，应均匀环绕加热，使其收缩到位。

【任务实施】

10kV 配电电缆热缩终端头制作

一、工作前准备

1. 课前预习相关知识部分。

2. 将班上学生分成 4 人一组，并选出小组长 1 名（工作负责人）。

二、操作步骤

1. 小组长组织班前会议，进行任务分工，落实工作负责人（监护人）、作业人员人选。

2. 小组长指定人员负责，到现场检查实训场地 10kV××配电电缆线路终端头损坏情况及操作场地等相关情况，并核对线路双重名称，找出作业时的危险点并提出相应的预防措施。

3. 以小组为单位编写《10kV××配电电缆线热缩终端头制作作业指导书》，经指导老师审核同意后方可开始工作。

4. 小组长安排组员准备所需工器具及材料，并经检查合格。

5. 工作负责人组织站队"三交"，确认各作业人员明白各自的工作内容及相关的注意事项。

6. 作业人员按电缆附件厂电缆头制作尺寸要求及技术说明书进行热缩终端头制作，确保电缆头制作质量优良，操作过程全程有专职监护人监护。

7. 电缆头制作完毕后，应严格按标准化作业指导书要求继续进行各项试验（核相、绝缘电阻测试、耐压试验），试验时应记录测试时间、温度、湿度和测试的各项数据，试验数据不符合验收试验标准的要重新处理直至各项试验数据指标合格。

8. 作业人员做好收尾工作，整理工器具，清理场地，做好电缆头吊牌记录。

9. 作业人员完成工作任务后，向工作负责人汇报，工作负责人现场点评各小组成员在完成本次任务中的表现、取得的成绩，指出不足，与小组副组长、学习委员商议，给小组每位成员评出合理的分数。

10. 小组长将作业指导书、点评记录、小组工作总结、消缺记录单及小组成员成绩单交给指导老师。

三、评价标准

根据表 7-5 对任务完成情况做出评价。

表 7-5

评 分 标 准

项　目	考核标准	配分	扣分	得分
小组合作	（1）小组计划详细周密 （2）小组成员团结协作、分工恰当、积极参与 （3）能够发现问题并及时解决 （4）学习态度端正、责任心强、安全监护落实好	20		
10kV××配电电缆线热缩终端头制作	（1）工器具、材料准备合格、充足 （2）作业指导书编写正确规范 （3）热缩电缆终端头制作方法正确、工器具使用正确，有保证电缆检修人员的安全措施 （4）工作负责人（监护人）工作认真，全程监护 （5）对新做电缆终端头进行试验，试验项目齐全，试验仪器仪表接线正确，操作正确规范，数据分析处理科学合理，能根据验收标准判断热塑电缆终端头制作质量好坏，现场试验记录内容详细 （6）工作过程控制好，安全措施到位，工作质量满足要求 （7）实行收工点评，能客观评价工作任务完成情况，肯定成绩，指出不足	45		
资料归档	作业指导书、试验收据记录单、点评记录、小组成员成绩单交给指导老师	20		
安全文明	（1）能遵守学习任务完成过程的考核规则及相关的实习管理制度 （2）能爱护工器具，不浪费材料，不人为损坏仪器设备 （3）能及时清理操作场地的杂物、修理电缆巡视通道，整理工器具，操作秩序良好	15		

【巩固与练习】

简答题

1. 电缆线路核对相位的意义是什么？
2. 10kV 常用电缆附件安装接地线有何规定？

任务 3 10kV 配电电缆冷缩终端中间制作

【布置任务】

任务书见表 7-6。

表 7-6

任　务　书

任务名称	10kV××配电电缆冷缩中间头制作
任务描述	××电力培训中心实训场有一条 120km 的 10kV××配电电缆线路经检测出现故障，需进行检修。按照国家电网公司标准化作业要求，制作 10kV××配电电缆冷缩中间头，由老师提供标准化作业指导书模板，学生接到命令后 8h 内完成任务
任务要求	(1) 各小组接受工作任务后讨论并制定工作计划 (2) 阅读教材上相关知识部分 (3) 搜集整理生产现场资料，熟悉配电电缆中间头制作工艺要求 (4) 各小组长组织组员到线路实训场地查勘 (5) 各小组长安排组员编写《10kV××配电电缆冷缩中间头作业指导书》并组织人员审核 (6) 标准化作业流程正确，工作质量良好 (7) 各小组进行客观评价，完成评价表
注意事项	(1) 每位组员应阅读教材上相关知识部分，有不懂之处及时咨询指导老师 (2) 组员之间应相互督促，完成本次学习任务 (3) 现场作业，应注意保证人身安全，严禁打闹嬉戏 (4) 仔细观察作业时的危险源并提出相应的预防措施 (5) 发现异常情况，及时与指导老师联系 (6) 安全文明作业
成果评价	自评： 互评： 师评：
小组长签字	｜　　组员签字

日期：　　年　　月　　日

【相关知识】

一、10kV 冷缩式电力电缆终端头制作工艺质量控制要点

1. 剥除电缆外护套、铠装、内护套及填料

见任务 2 "一、10kV 冷缩式电力电缆终端头制作工艺质量控制要点"的"1. 剥除电缆外护套、铠装、内护套及填料。"

（1）安装电缆终端头时，应尽量垂直固定。对于大截面电缆终端头，建议在杆塔上进行制作，以免在地面制作后吊装时造成线芯伸缩错位，三相长短不一，使分支手套局部受力损坏。

（2）剥除外护套。应分两次进行，以避免电缆铠装层铠装松散。先将电缆末端外护套保留 100mm。然后按规定尺寸剥除外护套，要求断口平整。外护套断口以下 100mm 部分用砂纸打毛并清洗干净，以保证分支手套定位后，密封性能可靠。

（3）剥除铠装。按规定尺寸在铠装上绑扎铜线，绑线的缠绕方向应与铠装的缠绕方向一致，使铠装越绑越紧不致松散。绑线用 $\phi 2.0mm$ 的铜线，每道 3～4 匝。锯铠装时，其圆周锯痕深度应均匀，不得锯透，不得损伤内护套。剥铠装时，应首先沿锯痕将铠装卷断，铠装断开后再向电缆终端头剥除。

（4）剥除内护套及填料。在应剥除内护套处用刀子横向切一环形痕，深度不超过内护套厚度的一半。纵向剥除内护套时，刀子切口应在两芯之间，防止切伤金属屏蔽层。剥除内护套后应将金属屏蔽带末端用聚氯乙烯粘带扎牢，防止松散。切除填料时刀口应向外，防止损伤金属屏蔽层。

（5）分开三相线芯时，不可硬行弯曲，以免铜屏蔽层褶皱、变形。

2. 固定接地线，绕包密封填充胶

（1）用恒力弹簧将两条接地编织带分别固定在铠装层的两层钢带和三相铜屏蔽层上。在恒力弹簧外面必须绕包几层 PVC 胶带，以保证铠装与金属屏蔽层的绝缘。

（2）自外护套断口向下 40mm 范围内的铜编织带必须做 20～30mm 的防潮段，同时在防潮段下端电缆上绕包两层密封胶，将接地编织带埋入其中，提高密封防水性能。两编织带之间必须用绝缘分开，安装时错开一定距离。

（3）电缆内、外护套断口处要绕包填充胶，三相分叉部位空间应填实，绕包体表面应平整，绕包后外径必须小于分支手套内径。

3. 安装分支手套

（1）电缆三叉部位用填充胶绕包后，根据实际情况，上半部分可半搭盖绕包一层 PVC 胶带，以防止内部粘连和抽塑料衬管条时将填充胶带出。但填充胶绕包体上不能全部绕包 PVC 胶带。

（2）冷缩分支手套套入电缆前应先检查三指管内塑料衬管条内口预留是否过多，注意抽衬管条时，应谨慎小心，缓慢进行，以避免衬管条弹出。

（3）分支手套应套至电缆三叉部位填充胶上，必须压紧到位。检查三指管根部，不得有空隙存在。

4. 安装冷缩护套管

（1）安装冷缩护套管，抽出衬管条时，速度应均匀缓慢，两手应协调配合，以防冷缩护套管收缩不均匀造成拉伸和反弹。

（2）护套管切割时，必须绕包两层 PVC 胶带固定，圆周环切后，才能纵向剖切。剥切时不得损伤铜屏蔽层，严禁无包扎切割。

5. 剥切铜屏蔽层、外半导电层

（1）铜屏蔽层剥切时，应用 $\phi 1.0mm$ 镀锡铜绑线扎紧或用恒力弹簧固定。切割时，只能环切一刀痕，不能切透，损伤外半导电层。剥除时，应从刀痕处撕剥，断开后向线芯端部剥除。

（2）外半导电层剥除后，绝缘表面必须用细砂纸打磨，去除嵌入在绝缘表面的半导电颗粒。

（3）外半导电层端部切削打磨斜坡时，注意不得损伤绝缘层。打磨后，外半导电层端口应平齐，坡面应平整光洁，与绝缘层圆滑过渡。

6. 剥切线芯绝缘层、内半导电层

（1）割切线芯绝缘层时，注意不得损伤线芯导体，剥除绝缘层时，应顺着导线绞合方向进行，不得使导体松散。

（2）内半导电层应剥除干净，不得留有残迹。

（3）绝缘端部应力处理前，用 PVC 胶带黏面朝外将电缆三相线芯端头包扎好，以防倒角时伤到导体。

（4）清洁绝缘层时，必须用清洁纸，从绝缘层端部向外半导电层端部方向一次性清洁绝缘层和外半导电层，以免把半导电粉末带到绝缘上。

（5）仔细检查绝缘层，如有半导电粉末、颗粒或较深的凹槽等必须用细砂纸打磨干净，再用新的清洁纸擦净。

7. 安装终端、罩帽

（1）安装终端头时，用力将终端套入，直至终端下端口与标记对齐为止，注意不能超出标记。

（2）在终端与冷缩护套管搭界处，必须绕包几层 PVC 胶带，加强密封。

（3）套入罩帽时，将罩帽大端向外翻开，必须待罩帽内腔台阶顶住绝缘后，方可将罩帽大端复原罩住终端。

8. 压接接线端子，连接接地线

（1）把接线端子套到导体上，必须将接线端子下端防雨罩罩在终端头顶部裙边上。

（2）压接时，接线端子必须和导体紧密接触，按先上后下顺序进行压接。

（3）按系统相色包缠相色带。

（4）压接接地端子，并与地网连接牢靠。

（5）固定三相，应保证相与相（接线端子之间）的距离满足：户外≥200mm，户内≥125mm。

二、10kV 冷缩式电力电缆中间头制作工艺质量控制要点

1. 剥除电缆外护套、铠装、内护套及填料

见任务 2 的"二、10kV 热缩式电力电缆中间接头制作工艺质量控制要点"中"1. 剥除外护套、铠装、内护套及填料"。

2. 电缆分相，锯除多余电缆线芯

见任务 2 的"二、10kV 热缩式电力电缆中间接头制作工艺质量控制要点"中"2. 电缆分相，锯除多余电缆线芯"。

3. 剥除铜屏蔽层和外半导电层

见任务 2 中"二、10kV 热缩式电力电缆中间接头制作工艺质量控制要点"中"3. 剥除铜屏蔽层和外半导电层"。

4. 剥切绝缘层，套中间接头管

（1）剥切线芯绝缘层和内半导电层时，不得伤及线芯导体。剥除绝缘层，应顺线芯绞合方向进行，以防线芯导体松散。

（2）绝缘层端口用刀或倒角器将绝缘端部倒 45°角。线芯导体端部的锐边应锉去，清洁干净后用 PVC 胶带包好。

（3）中间接头管应套在电缆铜屏蔽保留较长一端的线芯上，套入前必须将绝缘层、外半导电层、铜屏蔽层用清洁纸依次清洁干净。套入时，应注意塑料衬管条伸出端先套入电缆线芯。

（4）将中间接头管和电缆绝缘用塑料布临时保护好，以防碰伤和灰尘杂物落入，保持环境清洁。

5. 压接连接管

（1）必须事先检查连接管与电缆线芯标称截面相符，压接模具与连接管规范尺寸应配套。

（2）连接管压接时，两端线芯应顶牢，不得松动。

（3）压接后，连接管表面尖端、毛刺用锉刀和砂纸打磨平整光洁，必须用清洁纸将绝缘层表面和连接管表面清洁干净。应特别注意不能在中间接头端头位置留有金属粉屑或其他导电物体。

6. 安装中间接头管（见图 7-1）

（1）在中间接头管安装区域表面均匀涂抹一薄层硅脂，并经认真检查后，将中间接头管移至中心部位，其一端必须与记号齐平。

（2）抽出衬管条时，应沿逆时针方向进行，其速度必须缓慢均匀，使中间接头管自然收缩。定位后用双手从接头中部向两端圆周捏一捏，使中间接头内壁结构与电缆绝缘、外半导电屏蔽层有更好的界面接触。

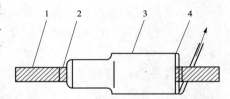

图 7-1 10kV 冷缩式电力电缆
中间头安装冷缩绝缘主体图
1—铜屏蔽；2—定位标记；
3—冷缩绝缘主体；4—衬条

7. 连接两端铜屏蔽层

铜网带应以半搭盖方式绕包平整紧密，铜网两端与电缆铜屏蔽层搭接，用恒力弹簧固定时，夹入铜编织带并反折入恒力弹簧之中，用力收紧，并用 PVC 胶带缠紧固定。

8. 恢复内护套

（1）电缆三相接头之间间隙，必须用填充料填充饱满，再用 PVC 带或白布带将电缆三相并拢扎紧，以增强接头整体结构的严密性和机械强度。

（2）绕包防水带。绕包时将胶带拉伸至原来宽度的 3/4，完成后，双手用力挤压所包胶带，使其紧密贴附。防水带应覆盖接头两端的电缆内护套足够长度。

9. 连接两端铠装层

铜编织带两端与铠装层连接时，必须先用锉刀或砂纸将钢铠表面进行打磨，将钢编织带端头呈宽度方向略加展开，夹入并反折入恒力弹簧之中，用力收紧，并用 PVC 胶带缠紧固定，以增加铜编织带与钢铠的接触面和稳固性。

10. 恢复外护套

（1）绕包防水带。绕包时将胶带拉伸至原来宽度的 3/4，完成后，双手用力挤压所包胶带，使其紧密贴附。防水带应覆盖接头两端的电缆外护套各 50mm。

（2）在外护套防水带上绕包两层铠装带。绕包铠装带以半重叠方式绕包，必须紧固，并覆盖接头两端的电缆外护套各 70mm。

（3）30min 以后方可进行电缆接头搬移工作，以免损坏外护层结构。

【任务实施】

10kV××配电电缆冷缩终端中间头制作

一、工作前准备

1. 课前预习相关知识部分。

2. 将班上学生分成 4 人一组，其中规定 1 名为小组负责人（监护人）。

二、操作步骤

1. 小组长组织班前会议，进行任务分工，落实工作负责人（监护人）、作业人员人选。

2. 小组长指定人员负责，到现场检查实训场地 10kV××配电电缆线路冷缩中间头损坏情况及操作场地等相关情况，并核对线路双重名称，找出作业时的危险点并提出相应的预防措施。

3. 以小组为单位编写《10kV××配电电缆线冷缩中间头制作作业指导书》，经指导老师审核同意后方可开始工作。

4. 小组长安排组员准备所需工器具及材料，并经检查合格。

5. 工作负责人组织站队"三交"，确认各作业人员明白各自的工作内容及相关的注意事项。

6. 作业人员按电缆附件厂电缆头制作尺寸要求及技术说明书进行冷缩中间头制作，确保电缆头制作质量优良，操作过程全程有专职监护人监护。

7. 电缆头制作完毕后，应严格按标准化作业指导书要求继续进行各项试验（核相、绝缘电阻测试、耐压试验），试验时应记录测试时间、温度、湿度和测试的各项数据，试验数据不符合验收试验标准的要重新处理直至各项试验数据指标合格。

8. 作业人员做好收尾工作，整理工器具，清理场地，做好电缆头吊牌记录。

9. 作业人员完成工作任务后，向工作负责人汇报，工作负责人现场点评各小组成员在完成本次任务中的表现、取得的成绩，指出不足，与小组副组长、学习委员商议，给小组每位成员评出合理的分数。

10. 小组长将作业指导书、点评记录、小组工作总结、消缺记录单及小组成员成绩单交给指导老师。

三、评价标准

根据表 7-7 对任务完成情况做出评价。

表 7-7　　　　　　　　　　　　　　　评　分　标　准

项　目	考核标准	配分	扣分	得分
小组合作	（1）小组计划详细周密 （2）小组成员团结协作、分工恰当、积极参与 （3）能够发现问题并及时解决 （4）学习态度端正、责任心强、安全监护落实好	20		

续表

项　目	考核标准	配分	扣分	得分
10kV××配电电缆冷缩中间头制作	（1）工器具、材料准备合格、充足 （2）作业指导书编写正确规范 （3）冷缩中间头制作方法正确、工器具使用正确，有保证电缆检修人员的安全措施 （4）工作负责人（监护人）工作认真，全程监护 （5）对新做冷缩中间头进行试验，试验项目齐全，试验仪器仪表接线正确，操作正确规范，数据分析处理科学合理，能根据验收标准判断热塑电缆终端头制作质量好坏，现场试验记录内容详明 （6）工作过程控制好，安全措施到位，工作质量满足要求 （7）实行收工点评，能客观评价工作任务完成情况，肯定成绩，指出不足	45		
资料归档	作业指导书、试验收据记录单、点评记录、小组成员成绩单交给指导老师	20		
安全文明	（1）能遵守学习任务完成过程的考核规则及相关的实习管理制度 （2）能爱护工器具，不浪费材料，不人为损坏仪器设备 （3）能及时清理操作场地的杂物、修理电缆巡视通道，整理工器具，操作秩序良好	15		

【巩固与练习】

简答题

1. 10kV 冷缩式电缆中间头制作如何做好密封？

2. 电缆保护管应符合哪些要求？

3. 如何恢复三相电缆的内护套？

任务 4　110kV 输电电缆预制式终端中间制作

【布置任务】

任务书见表 7-8。

表 7-8   任　务　书

任务名称	110kV 输电电缆预制式中间头制作
任务描述	××线路实训场地有一条 110kV××输电电缆线路，因电缆中间接头密封缺陷，致使 110kV××电缆线路跳闸。在 2013 年 3 月 25 日，按照国家电网公司标准化作业要求，对××线路实训场 110kV××输电电缆线路进行检修，制作 110kV××输电电缆中间接头，由老师提供标准化作业指导书模板，学生接到命令后 8h 内完成任务
任务要求	（1）各小组接受工作任务后讨论并制定工作计划 （2）阅读教材上相关知识部分 （3）搜集整理生产现场资料，熟悉输电电缆中间头制作工艺要求及方法 （4）各小组长组织组员到线路实训场地查勘 （5）各小组长安排组员编写《110kV××输电电缆冷缩中间头作业指导书》并组织人员审核 （6）标准化作业流程正确，工作质量良好 （7）各小组进行客观评价，完成评价表

续表

注意事项	(1) 每位组员应阅读教材上相关知识部分，有不懂之处及时咨询指导老师 (2) 组员之间应相互督促，完成本次学习任务 (3) 现场作业，应注意保证人身安全，严禁打闹嬉戏 (4) 仔细观察作业时的危险源并提出相应的预防措施 (5) 发现异常情况，及时与指导老师联系 (6) 安全文明作业
成果评价	自评： 互评： 师评：
小组长签字	组员签字

日期：　　年　　月　　日

📖【相关知识】

一、预制式中间接头制作工艺流程及工艺质量控制要点

1. 110kV 电力电缆预制式中间接头制作工艺流程（见图 7-2）

2. 110kV 电力电缆预制式中间接头制作质量控制要点

（1）施工准备。

1）安装环境要求。电缆中间接头安装时必须严格控制施工现场的温度、湿度与清洁程度。温度宜控制在 0～35℃，当温度超出允许范围时，应采取适当措施。相对湿度应控制在 70% 及以下。施工现场应有足够的空间满足电缆弯曲半径和安装操作需要。施工现场安全措施齐备。

2）检查施工用工器具，确保所需工器具清洁齐全完好。

（2）切割电缆及电缆护套的处理。

1）根据图纸与工艺要求，剥除电缆外护套。如果电缆外护套表面有外电极，应按照图纸与工艺要求用玻璃片刮掉一定长度外电极。将外护套下的化合物清除干净。不得过度加热外护套和金属护套，以免损伤电缆绝缘。

2）剥除金属护套时，应严格控制切口深度，严禁切口过深而损坏电缆内部结构，打磨金属护套断口，去除毛刺，以防损伤绝缘。

（3）电缆加热校直处理。

1）在 110kV 及以上电压等级的高压交联电缆生产过程中，电缆绝缘内部会留有应力。这种应力会使电缆导体附近的绝缘有向绝缘体中间收缩的趋势。当切断电缆时，就会出现电缆端部绝缘逐渐回缩并露出线芯，一旦电缆绝缘回缩后，中间接头就会产生气隙。在高电场作用下，气隙很快会产生局部放电，导致中间接头被击穿。因此，在 110kV 电力电缆预制式中间接头制作过程中，必须做好电缆加热校直工艺，确保上述应力的消除与电缆的笔直度。

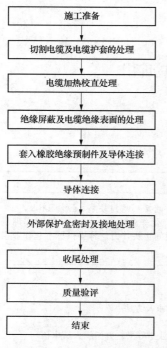

图 7-2　110kV 电力电缆预制式
中间接头制作工艺流程图

2) 根据附件供货商提供的工艺对电缆进行加热校直。要求电缆笔直度满足工艺要求，110kV 交联电缆中间接头要求弯曲度：电缆每 400mm 长，最大弯曲度偏移控制在 2～5mm 范围内，如图 7-3 所示。

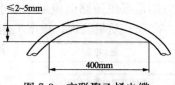

图 7-3 交联聚乙烯电缆
加热校直处理

(4) 绝缘屏蔽层及电缆绝缘表面的处理。

1) 110kV 及以上电压等级的高压交联电缆附件中，电缆绝缘表面的处理是制约整个电缆附件绝缘性能的决定因素。因此，电缆绝缘表面尤其是与绝缘预制件相接触部分绝缘及绝缘屏蔽处的超光滑处理是一道十分重要的工艺。电缆绝缘表面的光滑程度与处理用的砂皮或砂带目数有关，在 110kV 电力电缆预制式中间接头制作过程中，至少应使用 400 号及以上的砂皮或砂带进行光滑打磨处理。外半导电绝缘屏蔽层与绝缘之间的过渡应进行精细处理，要求过渡平缓，不得形成凹陷或凸起。同时为了确保界面压力，必须进行电缆绝缘表面直径测量，如图 7-4 所示。要求外径尺寸符合工艺及图纸尺寸要求，且测量点数及 X-Y 方向测量偏差满足工艺要求。

图 7-4 电缆绝缘表面直径测量

2) 清洁电缆绝缘表面应使用无水溶剂，从绝缘部分向半导电屏蔽层方向擦清。要求清洁纸不能来回擦，擦过半导电屏蔽层的清洁纸绝对不能再擦绝缘层，擦过的清洁纸不能重复使用。

(5) 套入橡胶绝缘预制件及导体连接。根据附件厂商的工艺要求，利用专用工具将绝缘预制件套入电缆本体上。安装绝缘预制件前应保持电缆绝缘的干燥和清洁，并检查确保预制件无杂质、裂纹存在。如果绝缘预制件需要在施工现场进行预扩张，一般应控制预制件扩张时间不超过 4h。

(6) 导体连接。导体连接方式宜采用机械压力连接方法。导体压接前应检查一遍各零部件的数量、安装顺序和方向。检查导体尺寸，清除导体表面污迹与毛刺。按工艺图纸要求，准备压接模具和压接钳。按工艺要求的顺序压接导体。压接完毕后对压接部分进行处理，测量压接延伸量。要求接管压接部分不得存在尖锐和毛刺。要求压接完毕后电缆之间仍保持足够的笔直度。

(7) 外部保护盒密封及接地处理。

1) 中间接头密封可采用封铅方式或绕包环氧混合物和玻璃丝带等方式。采用封铅方式进行接地或密封时，封铅要与电缆金属护套和电缆附件的金属套管紧密连接，封铅致密性要好，不应有杂质和气泡。密封搪铅时，应掌握加热温度，控制缩短搪铅操作时间。可以在搪铅过程中采取局部冷却措施，以免金属护套温度过高而损伤电缆绝缘。采用环氧混合物和玻璃丝带方式密封时，应浇注均匀充实。

2) 中间接头金属套管与电缆金属护套采用焊接方式进行接地连接时，跨接接地线截面应满足系统短路电流通流要求，接地连接牢靠。

（8）质量验评。根据工艺和图纸要求，及时做好现场质量检查、接头报表填写工作。要求通过过程监控与最终附件验收，确保接头安装质量并做好记录。

施工准备

切割电缆及电缆护套的处理

电缆加热校直处理

绝缘屏蔽及电缆绝缘表面的处理

预制件组装及导体连接

带材绕包

外保护盒密封及接地处理

收尾处理

质量验评

结束

图 7-5　110kV 电力电缆组合制式中间接头制作工艺流程

二、组合预制式中间接头制作工艺流程及工艺质量控制要点

1. 110kV 电力电缆组合预制式中间接头制作工艺流程（如图 7-5 所示）

2. 110kV 电力电缆组合预制式中间接头制作质量控制要点说明

（1）110kV 电力电缆组合预制式中间接头的安装程序大部分与预制式中间接头相同，唯一的差别在于它的预制件组装步骤。

（2）组合预制式中间接头存在 3 种界面，即环氧树脂预制件与电缆绝缘之间界面、环氧树脂预制件与橡胶预制件间的界面、橡胶预制件与电缆绝缘表面间的界面。其中后两者界面的绝缘强度与界面上所受的压紧力呈指数关系，界面压力除了取决于绝缘材料特性外，还与电缆绝缘的直径的公差和偏心度有关。因此，在 110kV 电力电缆组合预制式中间接头制作过程中，必须严格按照工艺规程处理界面压力。

（3）套入橡胶预制件及环氧树脂预制件。根据工艺和图纸要求，正确套入橡胶预制件、环氧树脂预制件等零部件，并确认无遗漏。

（4）固紧所有预制件。根据工艺和图纸要求，将环氧树脂预制件移动到规定位置，把两边的橡胶预制件移到与环氧树脂预制件相接触，并紧固弹簧。要求确保橡胶预制件移到与环氧树脂预制件及电缆绝缘表面的压力在规定范围内。

三、110kV 电缆接头安装

1. 安装前的准备工作

（1）仔细阅读附件供货商提供的工艺与图纸。应做好施工用工器具检查，确保所需工器具齐全清洁完好，掌握各类专用工具的使用方法。电缆附件规格应与电缆一致。零部件应齐全无损伤。绝缘材料不得受潮。做好接头场地准备工作，施工现场应配备必要的除尘、通风、照明、除湿、消防设备，提供充足的施工用电。根据供货商工艺要求对接头区域温度、相对湿度、清洁度进行控制。

（2）安装电缆中间接头前，应做好施工用电源及照明检查，确保施工用电及照明设备能够正常工作。

（3）安装电缆中间接头前，应检查电缆符合：①电缆绝缘状况良好，无受潮，电缆绝缘偏心度满足设计要求；②电缆相位正确，护层绝缘合格。

2. 电缆切割

（1）将电缆临时固定于支架上。

（2）检查电缆长度，确保电缆在制作中间接头时有足够的长度和适当的余量。根据工艺图纸要求确定电缆最终切割位置，预留 200～500mm，沿电缆轴线垂直切断。

（3）根据工艺图纸要求确定电缆外护套剥除位置，剥除电缆外护套。如果电缆外护套上附有外电极，则宜用玻璃片将外电极除干净无残余，剥除长度符合工艺要求。

（4）根据工艺图纸要求确定金属护套剥除位置，剥除金属护套应符合下列要求：

1）剥除铅护套。用刀具在铅护套剥除位置环切一周，在需剥除的铅护套的全长上划两道相距10mm的轴向切口。用尖嘴钳剥除铅护套。切口深度必须严格控制，严禁切口过深而损坏电缆绝缘。也可以用其他方法剥除铅护套，如用劈刀剖铅等，但不能损伤电缆绝缘。

2）剥除铝护套。用刀具沿着剥除位置的圆周锉断铝护套，不应损伤电缆绝缘。护套断口应进行处理，去除尖口及残余金属碎屑。

3）铝护套表面处理完毕后，应在工艺要求的部位进行搪铅。首先在铝护套表面涂一层焊接底料，然后在焊接底料上加一定厚度的底铅，以便后续接地工艺施工。

（5）最终切割。在最终切割标记处用锯子等工具沿电缆轴线垂直切断，要求导体切割断面平直。如果电缆截面较大，可先去除一定厚度电缆绝缘，直至适当位置后再用锯子等工具沿电缆轴线垂直切断。

3. 电缆加热校直处理

（1）交联聚乙烯电缆中间接头安装前应进行加热校直，通过加热中间接头要求弯曲度达到下列工艺要求：电缆每400mm，最大弯曲度偏移控制在2~5mm范围内，如图7-3所示。

（2）交联电缆安装工艺无明确要求时，加热校直所需工具和材料主要有：①温度控制箱，含热电偶和接线；②加热带；③校直管，宜采用半圆钢管或角铁；④辅助带材及保温材料。

（3）加热校直的温度要求：①加热校直时，电缆绝缘屏蔽层处温度宜控制在（75±3）℃，加热时间宜不小于3h；②保温时间宜不小于1h；③冷却8h或冷却至常温后，采用校直管校直。

4. 电缆绝缘屏蔽及电缆绝缘表面处理

（1）绝缘屏蔽层与绝缘层间的过渡处理。

1）采用专用的切削刀具切削电缆绝缘屏蔽，并用玻璃片刮清屏蔽的残留部分。绝缘层屏蔽与绝缘层间应形成光滑过渡，过渡部分锥形长度宜控制在20~40mm，绝缘屏蔽断口峰谷差宜按照工艺要求执行。如工艺书未注明，建议控制在小于10mm，如图7-6所示。

2）打磨过绝缘屏蔽的砂纸或砂带绝对不能再用来打磨电缆绝缘。

3）为了提高绝缘屏蔽断口处电性能，可采用涂刷半导电漆方式或加热硫化方式。

4）打磨处理完毕后，用塑料薄膜覆盖处理过的电缆绝缘及绝缘屏蔽表面。

（2）电缆绝缘表面的处理。

1）电缆绝缘处理前应测量电缆绝缘以及预制件尺寸，确认上述尺寸是否符合工艺图纸要求。

2）电缆绝缘表面应进行打磨抛光处理，110kV电缆应使用400号及以上砂纸或砂带。如图7-7所示，初始打磨时可使用240号砂纸或砂带进行粗抛，并按照由小至大的顺序选择砂纸或砂带进行打磨。打磨时每一号砂纸或砂带应从两个方向打磨10遍以上，直到上一号砂纸或砂带的痕迹消失。

3）打磨抛光处理重点部位是绝缘屏蔽断口附近的绝缘表面，如图7-8所示。打磨处理完毕后应测量绝缘表面直径。测量时应多选择几个测量点，每个测量点宜测两次，确保绝缘表面的直径达到设计图纸所规定的尺寸范围。测量完毕应再次打磨抛光测量点，以去除痕迹。

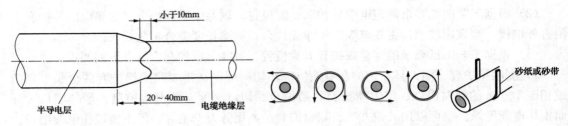

图 7-6　绝缘屏蔽与绝缘层过渡部分　　　　　图 7-7　电缆绝缘表面抛光处理

图 7-8　电缆绝缘表面直径测量

4）打磨抛光处理完毕后，绝缘表面的光洁度（目视检测）宜按照工艺要求执行，如未注明，建议控制在不大于 300/cm，现场可用平行光源进行检查。

5）打磨处理完毕后，用塑料薄膜覆盖抛光过的绝缘表面。

5. 套入橡胶预制件及导体连接

（1）以交联聚乙烯绝缘电缆中间接头整体预制式为例。

1）套入绝缘预制件。整体预制式中间接头如图 7-9 所示。

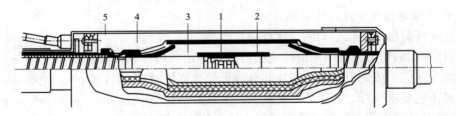

图 7-9　整体预制式中间接头示意图

1—导体连接；2—高压屏蔽；3—绝缘预制件；4—空气或浇注防腐材料；5—保护外壳

套入绝缘预制件时应注意：①保持电缆绝缘层的干燥和清洁；②施工过程中应避免损伤电缆绝缘；③在暴露电缆绝缘表面上，清除所有半导电材料的痕迹；④涂抹硅脂或硅油时，应使用清洁的手套；⑤只有在准备扩张时，才可打开预制橡胶绝缘件的外包装；⑥在套入预制橡胶绝缘件前，应清洁粘在电缆绝缘表面上的灰尘或其他残留物，清洁方向应由绝缘层朝向绝缘屏蔽层。

2）预制件定位。

a. 清洁电缆绝缘表面并确保电缆绝缘表面干燥无杂质。采用专用收缩工具或扩张工具（见图 7-10）将预制橡胶绝缘件抽出套在电缆绝缘上，并检查橡胶预制件的位置满足工艺图纸要求。

b. 预制式中间接头一般要求交联聚乙烯电缆绝缘的外径和预制橡胶绝缘件的内径之间

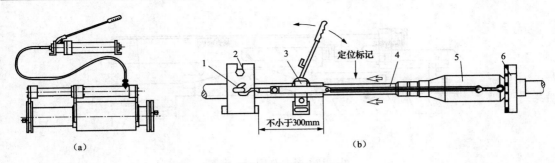

图 7-10　专用收缩工具

(a) 预制件收缩机；(b) 预制式扩张机

1—固定钩；2—电缆卡座；3—紧线器；4—钢丝绳；5—预制件；6-预制件卡座

有较大的过盈配合，以保持预制橡胶绝缘件和交联聚乙烯电缆绝缘界面有足够的压力。因此，安装预制式中间接头宜使用专用收缩工具和扩张工具。

(2) 以交联聚乙烯绝缘电缆中间接头组合预制式为例。

1) 接头增强绝缘处理。如图 7-11 所示，组合预制式中间接头时，其接头增强绝缘由预制橡胶绝缘件和环氧绝缘件在现场组装，并采用弹簧紧压，使得预制橡胶绝缘件与交联聚乙烯电缆绝缘界面达到一定压力，以保持界面电气绝缘强度。

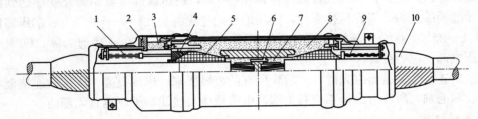

图 7-11　组合预制式中间接头示意图

1—压紧弹簧；2—中间法兰；3—环氧法兰；4—压紧环；5—橡胶预制件；
6—固定环氧装置；7—压接管；8—环氧元件；9—压紧弹簧；10—防腐带

增强绝缘处理一般技术要求：①保持电缆绝缘层的干燥和清洁；②施工过程中应避免损伤电缆绝缘；③在暴露电缆绝缘表面上，清除所有半导电材料的痕迹；④涂抹硅脂或硅油时，应使用清洁的手套；⑤只有在准备扩张时，才可打开预制橡胶绝缘件的外包装；⑥在套入预制橡胶绝缘件前，应清洁粘在电缆绝缘表面上的灰尘或其他残留物，清洁方向应由绝缘层朝向绝缘屏蔽层；⑦用色带做好橡胶预制件在电缆绝缘上最终安装位置的标记；⑧清洁电缆绝缘表面、环氧树脂预制件及橡胶制件的内、外表面。将橡胶预制件、环氧树脂件、压紧弹簧装置、接头铜盒、热缩管材等部件预先套入电缆。

2) 预制件定位与固紧。预制件固紧如图 7-12 所示。

a. 安装前，再用清洗剂清洁电缆绝缘表面、橡胶预制件外表面。待清洗剂挥发后，在电缆绝缘表面、橡胶预制件外表面及环氧树脂预制内表面上均匀涂上少许硅脂，硅脂应符合要求；

b. 用供货商提供（或认可）的专用工具把橡胶预制件套入相应的标志位置；

c. 根据工艺及图纸要求，用力矩扳手调整弹簧压紧装置并紧固。用清洁剂清洗掉残存的硅脂。

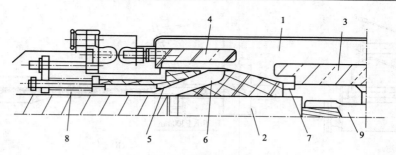

图 7-12 预制件固紧示意图

1—环氧树脂件；2—电缆绝缘；3—高压屏蔽电极；4—接地电极；5—压环；
6—橡胶预制应力锥；7—防止电缆绝缘收缩的夹具；8—弹簧；9—导体接头

3) 导体连接。

a. 导体连接前，应将经过扩张的预制橡胶绝缘件、接头铜盒、热缩管材等部件预先套入电缆。

b. 采用围压压接法进行导体连接时应满足下列要求：①压接前应检查核对连接金具和压接模具，选用合适的接线端子、压接模具和压接机；②压接前应清除导体表面污迹与毛刺；③压接时导体插入长度应充足；④压接顺序可参照 GB、14315 中附录 C 的要求；⑤围压压接每压一次，在压模合拢到位后应停留 10～15s，使压接部位金属塑性变形达到基本稳定后，才能消除压力；⑥在压接部位，围压形成的边应各自在同一个平面上；⑦压缩比宜控制在 15％～25％；⑧分割导体分块间的分隔纸（压接部分）宜在压接前去除；⑨围压压接后，对压接部位进行处理。

压接后连接金具表面应光滑，并清除所有的金属屑末、压接痕迹。压接后连接金具表面不应有纹和毛刺，所有边缘处不应有尖端。电缆导体与接线端子应笔直无翘曲。

6. 带材绕包

根据工艺要求绕包半导电带、金属屏蔽带、防水带。注意绝缘接头和直通接头的区别，按照工要求恢复外半导电屏蔽层。

7. 外保护盒密封与接地处理

(1) 中间接头尾管与金属护套进行接地连接时，可采用搪铅方式或采用接地线焊接等方式。

(2) 中间接头密封可采用搪铅方式或采用环氧混合物或玻璃丝带等方式。

(3) 采用搪铅方式进行接地或密封时，应满足：①搪铅要与电缆金属护套和电缆附件的金属套管紧密连接，封铅致密性要好，不应有杂质和气；②搪铅时不应损伤电缆绝缘，应掌握好加热温度，搪铅操作时间应尽量缩短；③圆周方向的搪铅厚度应均匀，外形应力求美观。

(4) 中间接头尾管与金属套采用焊接方式进行接地连接时，跨接接地线截面应满足系统短路电流通流要求。

(5) 采用环氧混合物或玻璃丝带方式密封时，应满足：①金属套和接头尾管需要绕包环氧玻璃丝带的地方应采用砂纸进行打磨；②环氧树脂和固化剂应混合搅拌均匀；③先涂上一层环氧混合物，再绕包一层半搭盖的玻璃丝带，按此顺序重新进行该工序，直到环氧混合物或玻璃丝带的厚度超过 3mm；④每层玻璃丝带下方为环氧涂层，应使每层玻璃丝带全部浸在环氧混合物中，避免水分与环氧混合物接触；⑤确保环氧混合物固化，时间宜控制在 2h 以上。

（6）收尾处理。中间接头收尾工作，应满足：①安装交叉互联换位箱及接地箱或接地线时，接地线与接地线鼻子的连接应采用机械压接方式接地线鼻子与接头铜盒接地铜排的连接宜采用螺栓连接方式；②同一线路同类中间接头，其接地线或同轴电缆布置应统一，接地线排列及固定、同轴电缆走向应统一，且为以后运行维护工作提供便利；③中间接头接地连接线应尽量短，3m 以上宜采用同轴电缆，连接线截面应满足系统单相接地流通过时的热稳定要求，连接线的绝缘水平不得低于电缆外护套的绝缘水平。

【任务实施】

110kV 输电电缆预制式中间头制作

一、工作前准备

1. 课前预习相关知识部分。
2. 将班上学生分成 6 人一组，选出 1 名学生小组长。

二、操作步骤

1. 小组长组织班前工作会议，进行任务分工。

2. 小组长组织到现场检查实训场地 110kV××输电电缆线路受损情况，了解现场施工场地布置等相关情况，并核对线路双重名称，找出作业时的危险点并提出相应的预防措施。

3. 以小组为单位编写《110kV××输电电缆线路预制式中间头制作作业指导书》，经指导老师审核同意后方可开始工作。

4. 小组长组织准备好所需工器具及相关的仪器设备，并经检查合格。

5. 工作负责人组织站队"三交"，确认作业人员明白自己的工作内容及相关的注意事项，并签字。

6. 作业人员严格按标准化作业指导书中作业内容及标准要求作业，全程有监护人监护，确保人身安全。

7. 作业人员测量完毕，做好记录。

8. 作业人员做好收尾工作，整理仪器设备，清理场地。

9. 作业人员完成工作任务后，向工作负责人汇报，将记录单交工作负责人。

10. 工作负责人现场点评小组成员在完成本次任务中的表现、取得的成绩，指出不足，给小组每位成员评出合理的分数。

11. 小组长将作业指导书、点评记录、绝缘子测试记录单、相关处理建议或意见及小组成员成绩单交给指导老师。

三、评价标准

根据表 7-9 对任务完成情况做出评价。

表 7-9　　　　　　　　　　　　　评 分 标 准

项　目	考核标准	配分	扣分	得分
小组合作	（1）小组计划详细周密 （2）小组成员团结协作、分工恰当、积极参与 （3）能够发现问题并及时解决 （4）学习态度端正、责任心强、安全监护落实好	20		

续表

项　目	考核标准	配分	扣分	得分
110kV××输电电缆 预制式中间头制作	（1）工器具、材料准备合格、充足 （2）作业指导书编写正确规范 （3）电缆头制作方法正确、符合操作规范要求，制作工艺符合要求 （4）能按照标准化作业流程完成工作任务 （5）工作过程控制好，安全措施到位，电缆头制作完成后各项验收试验数据达标，测量数据分析处理判断正确 （6）实行收工点评，能客观评价工作任务完成情况，肯定成绩，指出不足	45		
资料归档	作业指导书、点评记录、测量结果记录单及分析判断结果、小组成员成绩单交给指导老师	20		
安全文明	（1）能遵守学习任务完成过程的考核规则及相关的实习管理制度 （2）能爱护工器具，不浪费材料，不人为损坏仪器设备 （3）能及时清理操作场地的杂物，整理工器具，操作秩序良好	15		

【巩固与练习】

简答题

1. 110kV 高压接头安装时的交联电缆绝缘表面处理要求是什么？

2. 110kV 高压交联电缆附件安装环境有哪些要求？

3. 交联电缆组合预制式中间接头增强绝缘处理有哪些技术要求？

附　　录

附表1　电力线路第一种工作票格式

电力线路第一种工作票

单位_____编号_____

1. 工作负责人（监护人）_____班组_____
2. 工作班人员（不包括工作负责人）
_____共_____人。
3. 工作的线路或设备双重名称（多回路应注明双重称号）_____。
4. 工作任务

工作地点或地段（注明分、支线路名称、线路的起止杆号）	工作内容

5. 计划工作时间

自_____年_____月_____日_____时_____分
至_____年_____月_____日_____时_____分

6. 安全措施（必要时可附页绘图说明）

6.1　应改为检修状态的线路间隔名称和应拉开的断路器（开关）、隔离开关（刀闸）、熔断器（包括分支线、用户线路和配合停电线路）_____
_____

6.2　保留或邻近的带电线路、设备_____
_____

6.3　其他安全措施和注意事项_____
_____

6.4　应挂的接地线

线路名称及杆号				
接地线编号				

工作票签发人签名_____　　年_____月_____日_____时_____分
工作负责人签名_____　　年_____月_____日_____时_____分收到工作票

7. 确认本工作票1～6项，许可工作开始

许可方式	许可人	工作负责人签名	许可工作的时间			
			年	月	日	时　　分
			年	月	日	时　　分
			年	月	日	时　　分

8. 确认工作负责人布置的工作任务和安全措施

工作班组人员签名_____

9. 工作负责人变动情况

原工作负责人_____离去，变更_____为工作负责人。

工作票签发人签名_____　　　年_____月_____日____时_____分

10. 工作人员变动情况（变动人员姓名、日期及时间）

_____

_____

11. 工作票延期

有效期延长到_____年_____月_____日_____时_____分

工作负责人签名_____　　　年_____月_____日_____时_____分

工作许可人签名_____　　　年_____月_____日_____时_____分

12. 工作票终结

终结报告的方式	许可人	工作负责人签名	终结报告时间
			年　月　日　时　分
			年　月　日　时　分
			年　月　日　时　分

13. 备注

（1）指定专责监护人_____负责监护_____（人员、地点及具体工作）

（2）其他事项_____

附表 2　电力线路带电作业工作票格式

电力线路带电作业工作票

单位_____编号_____

1. 工作负责人（监护人）_____　　　　班组_____
2. 工作班人员（不包括工作负责人）_____
_____共_____人。
3. 工作任务

线路或设备名称	工作地点、范围	工作内容

4. 计划工作时间

自_____年_____月_____日_____时_____分

至_____年_____月_____日_____时_____分

5. 停用重合闸线路（应写双重名称）_____
_____

6. 工作条件（等电位、中间电位或地电位作业，或邻近带电设备名称）
_____
_____
_____

7. 注意事项（安全措施）_____
_____
_____

_____

工作票签发人签名_____签发日期_____年_____月_____日_____时_____分

8. 确认本工作票 1～7 项。　　　工作负责人签名_____

9. 工作许可

调度许可人（联系人）_____　　许可时间_____年_____月_____日_____时_____分

工作负责人签名_____　　　　_____年_____月_____日_____时_____分

10. 指定_____为专责监护人　　专责监护人签名_____

11. 补充安全措施
_____
_____

_____

12. 确认工作负责人布置的工作任务和安全措施

工作班人员签名_____
_____
_____
_____

13. 工作终结汇报调度许可人（联系人）_____

　　工作负责人签名_____　　____年____月____日____时____分

14. 备注

_____

_____

_____

_____

附表 3　线路正常巡视作业指导书的格式

1. 封面

线路巡视作业指导书的封面如图 1 所示。

```
                                          编号:Q/×××
        ××kV××线××塔至××塔巡视作业指导书
          编写:  ___ 年 ___月 ___日
          审核:  ___ 年 ___月 ___日
          批准:  ___ 年 ___月 ___日

              ××供电公司×××
```

图 1　线路巡视作业指导书的封面

2. 适用范围

本作业指导书适用于××kV××线××塔至××塔正常巡视工作。

3. 引用文件

《中华人民共和国电力法》(中华人民共和国主席令第六十号)。

《电力设施保护条例》(中华人民共和国国务院令第 239 号)。

《电力设施保护条例实施细则》(中华人民共和国国家经济贸易委员会、中华人民共和国公安部令第 8 号)。

GB 50233—2005《110～500kV 架空送电线路施工及验收规程》。

DL/T 741—2010《架空输电线路运行规程》。

DL/T 5092—1999《110～500kV 架空送电线路设计技术规程》。

国家电网安监［2009］664 号《国家电网公司电力安全工作规程（线路部分)》。

国家电网生［2006］935 号《架空输电线路管理规范》。

国家电网公司《110（66)kV～500kV 架空输电线路运行规范》。

国家电网公司《预防 110（66)kV～500kV 架空输电线路事故措施》。

4. 巡视周期

规定周期内按本指导书全面巡视一次（也可根据线路所处地理情况确定巡视周期时间)。

5. 巡视前准备

(1) 人员要求见表 1。

表 1　　　　　　　　　　　　　人　员　要　求

√	序　号	内　容	备　注
	1	集体巡视：工作负责人 1 名，巡视人员若干	

(2) 危险点及控制措施见表 2。

表 2　　　　　　　　　　　　危 险 点 及 控 制 措 施

√	序　号	危险点	控制措施
	1	环境意外伤害	巡线时应穿工作鞋或防刺靴，雨、雪天路滑，慢慢行走，过沟、崖和墙时防止摔伤，不走险路。防止动物伤害，做好安全措施；偏僻山区巡线由两人进行。暑天、大雪天等恶劣天气，必要时由两人进行
	2	防止高空摔跌	不得随意攀登杆塔去处理杆号牌或观察树竹木与导线距离

（3）巡视主要工器具及材料见表3。

表3   **巡视主要工器具及材料**

√	序 号	名 称	规 格	单 位	数 量	备 注
	1	扳手	10～12寸	把	2	
	2	螺栓	M16	套	5	

6. PDA巡检仪或巡视卡（见表4）

表4   **PDA巡检仪或巡视卡**

线路名称		导线型号		地线型号		一般绝缘配置	
巡视项目	巡视标准					×月×日	×月×日
缺陷内容							

7. 巡视记录（见表5）

表5   **巡 视 记 录**

巡视日期	巡查区段	巡视人签名	备 注

8. 指导书执行情况评估（见表6）

表6   **指导书执行情况评估**

评估内容	符合性	优		可操作项	
		良		不可操作项	
	可操作性	优		修改项	
		良		遗漏项	
存在问题					
改进意见					

9. 附录（见表7）

表7   **附 录**

交跨距离（m）　　　　　　电压等级（kV）	铁路（至轨顶）	窄轨铁路（至轨顶）	通航河流（最高水位）	通航河流（最高水位至桅顶）	公路（至路面）	弱电线	电力线

附表 4　线路故障巡视作业指导书的格式

1. 封面

故障巡视作业指导书的封面如图 1 所示。

编号: Q/×××

××kV××线××塔至××塔故障巡视作业指导书

编写: ____ 年 ___月___日
审核: ____ 年 ___月___日
批准: ____ 年 ___月___日

××供电公司×××

图 1　故障巡视作业指导书的封面

2. 适用范围

本作业指导书适用于××kV××线××塔至××塔故障巡视工作。

3. 引用文件

《中华人民共和国电力法》(中华人民共和国主席令第六十号)。

《电力设施保护条例》(中华人民共和国国务院令第 239 号)。

《电力设施保护条例实施细则》(中华人民共和国国家经济贸易委员会、中华人民共和国公安部令第 8 号)。

GB 50233—2005《110～500kV 架空送电线路施工及验收规程》。

DL/T 741—2010《架空输电线路运行规程》。

国家电网安监〔2009〕664 号《国家电网公司电力安全工作规程(线路部分)》。

国家电网生〔2006〕935 号《架空输电线路管理规范》。

国家电网公司《110(66)～500kV 架空输电线路运行规范》。

国家电网公司《预防 110(66)～500kV 架空输电线路事故措施》。

4. 巡视前准备

(1) 人员要求见表 1。

表 1　　　　　　　　　　　人　员　要　求

√	序　号	内　容	备　注
	1	集体巡视: 工作负责人 1 名, 巡视人员若干	

(2) 危险点及控制措施见表 2。

表 2　　　　　　　　　　危　险　点　及　控　制　措　施

√	序　号	危险点	控　制　措　施
	1	环境意外伤害	巡线时应穿登山鞋或防刺靴, 手持登山棒, 雨、雪天路滑, 慢慢行走, 过沟、崖和墙时防止摔伤, 不走险路。防止动物或狩猎装置伤害, 做好安全措施: 偏僻山区巡线由两人进行。暑天、大雪天等恶劣天气, 必要时由两人进行
	2	高空坠落	若要登塔巡查, 必须有专人监护, 登塔时双手不得持有任何物件

（3）巡视主要工器具及材料见表 3。

表 3　　　　　　　　　　　　　　　**巡视主要工器具及材料**

√	序　号	名　称	规　格	单　位	数　量	备　注
	1	照相机		只	1	
	2	绝缘安全带		副	1	

（4）三交三查内容见表 4。

表 4　　　　　　　　　　　　　　　**三　交　三　查　内　容**

√	序号	内　容	作业人员签字
	1	履行开工手续	
	2	"三交三查"即宣读工作票、交代作业任务、危险点及安全措施、安全注意事项、任务分工并提问作业人员	
	3	作业前对安全用具、工器具、材料进行清点检查	

5. 巡视卡（见表 5）

表 5　　　　　　　　　　　　　　　**巡　视　卡**

巡查项目	巡查标准	×月×日
异常情况描述		

6. 指导书执行情况评估（见表 6）

表 6　　　　　　　　　　　　　　　**指导书执行情况评估**

评估内容	符合性	优		可操作项	
		良		不可操作项	
	可操作性	优		修改项	
		良		遗漏项	
存在问题					
改进意见					

7. 巡视记录（见表 7）

表 7　　　　　　　　　　　　　　　**巡　视　记　录**

巡视日期	巡查区段	巡视人签名	备　注

附表 5　两侧装有三相分离式隔离开关的柱上断路器操作票

电力线路倒闸操作票				NO：	
单位：				编号：	
发令人		受令人		发令时间：　年　月　日　时　分	
操作开始时间： 　年　月　日　时　分				操作结束时间： 　年　月　日　时　分	
操作任务：					
顺序	操作项目				
1	核对线路名称和设备编号				
2	检查断路器和两侧隔离开关确在合闸位置				
3	拉开柱上断路器				
4	检查断路器确在分闸位置				
5	拉开（右侧）××隔离开关的 B 相隔离开关				
6	拉开（右侧）××隔离开关的 A 相隔离开关				
7	拉开（右侧）××隔离开关的 C 相隔离开关				
8	检查（右侧）××隔离开关确已断开				
9	拉开（左侧）××隔离开关的 B 相隔离开关				
10	拉开（左侧）××隔离开关的 A 相隔离开关				
11	拉开（左侧）××隔离开关的 C 相隔离开关				
12	检查（左侧）××隔离开关确已断开				
13	在××线路×号杆 3.5m 处悬挂"禁止合闸，线路有人工作"警示牌一块				
备注	断路器两侧装有三相分离式隔离开关				
操作人：				监护人：	

附表 6

××110kV××线故障巡视
作业指导书

（范本）

编写＿＿＿＿＿＿＿＿＿＿＿＿　＿＿＿年＿＿＿月＿＿＿日
审核＿＿＿＿＿＿＿＿＿＿＿＿　＿＿＿年＿＿＿月＿＿＿日
批准＿＿＿＿＿＿＿＿＿＿＿＿　＿＿＿年＿＿＿月＿＿＿日
作业负责人＿＿＿＿＿＿＿＿＿＿＿＿＿＿＿＿＿＿＿＿

作业日期＿＿＿＿＿年＿＿＿月＿＿＿日至＿＿＿年＿＿＿月＿＿＿日

××电力公司×××

1. 范围

本指导书适用于的故障巡视检查工作。

2. 引用文件

国家电网安监［2005］83 号《国家电网公司电力安全工作规程（电力线路部分）（试行）》。

DL/T 741—2001《架空送电线路运行规程》。

《电力设施保护条例及实施细则》1998 年国务院发布。

国家电网生［2003］481 号《架空输电线路管理规范（试行）》。

GBJ 233—90《110～500kV 架空电力线路施工及验收规范》。

3. 线路故障情况

具体说明线路故障情况（略）。

4. 巡视前准备

4.1　人员要求

√	序　号	内　　容	备　注
	1	作业人员经年度《电业安全工作规程》考试合格	
	2	一般为多人分段巡视，作业人员应精神状态良好	该段线路安排 1 人巡视
	3	持有本专业职业资格证书并经批准上岗	

4.2　危险点分析

√	序　号	内　　容
	1	雷雨、大雪、大雾及 5 级以上的风力天气易造成人身伤害
	2	巡视时防止跌入窨井、沟坎和被动物攻击
	3	发现危及线路安全运行的危急缺陷时，不立即汇报，可能造成设备重大损坏

4.3　安全措施及巡视要求

√	序　号	内　　容
	1	到达作业现场后巡视人员必须核对线路名称
	2	要采取措施防止中暑及动物伤害，暑天重要地段的巡视必须由两人进行，大风天巡视应沿线路上风侧前进
	3	遇到雷电时，应远离线路或暂停巡视，以保证巡视人员的人身安全
	4	发现故障点或者危及线路安全运行的危急缺陷应立即汇报，不得耽误
	5	巡视中应始终认为线路有随时恢复送电的可能
	6	巡视中还应对沿线附近的树木、建筑物以及其他临时障碍物加以注意，检查杆塔周围有无烧过的痕迹、金属线、鸟兽的遗骸等物体，还应向附近居民询问是否看到、听到线路的异常现象

4.4　登杆巡视用工器具

√	序　号	名　称	规　格	单　位	数　量	备　注
	1	通信工具		台	2	
	2	望远镜		条	2	
	3	个人工具、安全帽		套	2	

5. 登杆巡视卡

序号	巡视内容	故障巡视标准	月 日	月 日
1	线路防护区	(1) 无向线路设施射击、抛掷物体、钓鱼等行为 (2) 无在线路两侧各 300m 区域内放风筝等行为 (3) 无利用杆塔做起重牵引地锚，无在杆塔、拉线上拴牲畜、悬挂物件等现象 (4) 无在杆塔基础周围取土，无在线路保护区内进行打桩、钻探等现象 (5) 线路保护区内无兴建建筑物、烧窑、烧荒 (6) 线路防护区内无危急线路安全运行的树木，防护区外无超高树木 (7) 线路防护区内无进入或穿越保护区的超高机械 (8) 检查线路附近有无危及线路安全及线路导线风偏摆动时可能引起放电的树木或其他设施 (9) 在杆塔与杆塔之间无修建影响线路安全的跨越线或房屋等设施		
2	杆塔本体	(1) 部件齐全，无弯曲、变形 (2) 杆塔倾斜不超过 10/1000（50m 以下）、5/1000（50m 及以上） (3) 无在杆塔上筑有危及供电安全的鸟巢以及有蔓藤类植物附生 (4) 无违章在杆塔上架设电力线、通信线，以及安装广播喇叭等现象		
3	绝缘子	(1) 无破损、裂纹、瓷釉烧坏，表面无闪络现象 (2) 绝缘子钢帽、绝缘件、钢件在同一轴线上，无偏斜		
4	导地线	(1) 无断股，无悬挂异物 (2) 导地线弧度三相不平衡值不得超过 20cm（档距为 400m 以下时） (3) 导线对地及交叉跨越距离满足规程的要求		
5	接地装置	接地引下线与杆塔连接部位无任何放电痕迹		
缺陷内容			签字	签字

6. 巡视记录

巡视日期	巡视区段	故障巡视人员签名	备　注

7. 指导书执行情况评估

评估内容	符合性	优		可操作项	
		良		不可操作项	
	可操作性	优		修改项	
		良		遗漏项	
存在问题					
改进意见					

附表 7　线路与交叉、邻近物的安全距离的规定

送电线路与铁路、公路、电车道交叉或接近的基本要求

项　目		铁　路		公　路	电车道	
	线路电压（kV）	至轨顶	至承力索或接触线	至路面	至路面	至承力索或接触线
最小垂直距离（m）	35～110	7.5	3.0	7.0	10.0	3.0
	154～220	8.5	4.0	8.0	11.0	4.0
	330	9.5	5.0	9.0	12.0	5.0
	500	14.0（16.0）	6.0	14.0	16.0	6.5
最小水平距离（m）	线路电压（kV）	杆塔外沿至轨道中心	杆塔外沿至轨道中心		杆塔外沿至轨道中心	
			开阔地区	路径受限制地区	开阔地区	路径受限制地区
	35～220	交叉：30m 平行：最高杆塔高加 3m	交叉：8m 平行：最高杆塔高加 15m	5.0	交叉：8m 平行：最高杆塔高加 15m	5.0
	330			6.0		6.0
	500			8.0		8.0

导线与地面的最小距离

地　区 ＼ 电压（kV）	35～110	154～220	330	500
居民区（m）	7.0	7.5	8.5	14.0
非居民区（m）	6.0	6.5	7.5	11.0
交通困难地区（m）	5.0	5.5	6.5	8.5

导线与山坡、峭壁、岩石最小净空距离

线路经过地区 ＼ 电压（kV）	35～110	154～220	330	500
步行可以到达的山坡（m）	5.0	5.5	6.5	8.5
步行不能到达的山坡、峭壁、岩石（m）	3.0	4.0	5.0	6.5

（边）导线与建筑物之间的距离

距离类别 ＼ 电压（kV）	35	110	220	330	550
最小垂直距离（m）	4.0	5.0	6.0	7.0	9.0
最小水平距离（m）	3.5	4.0	5.0	6.0	8.5

导线与树木的安全距离

距离类别 ＼ 电压（kV）	35	110	220	330	550
最大弧垂时垂直距离（m）	4.0	4.0	4.5	5.5	7.0
最大风偏时净空距离（m）	3.5	3.5	4.0	5.0	7.0

送电线路与河道、弱电线路、电力线路、管道、索道交叉或接近的基本要求

项　目		通航河流		不通航河流		弱电线路	电力线路	管道	索道
	线路电压 （kV）	至5年一遇 洪水位	至最高航行水 位最高桅顶	至5年一遇 洪水位	冬季至 冰面	至被跨 越上线	至被跨 越线	至管道 任何部分	至索道 任何部分
最小垂直距离（m）	35～110	6.0	2.0	3.0	6.0	3.0	3.0	4.0	3.0
	154～220	7.0	3.0	4.0	6.5	4.0	4.0	5.0	4.0
	330	8.0	4.0	5.0	7.5	5.0	5.0	6.0	5.0
	500	10.0	6.0	6.5	11	8.5	8.5	7.5	6.5

	线路电压 （kV）	边导线至斜坡上沿	与边导线间开阔地区超过最高杆塔高度		开阔地区超过最高杆塔高度	
			路径受限制地区（最大风偏时）			
最小水平距离（m）	35～110	最高杆塔高度	4.0	5.0	4.0	
	154～220		5.0	7.0	5.0	
	330		6.0	9.0	7.0	
	500		8.0	13.0	7.5	

附表 8

110kV 线路定期巡视作业指导书

编写_____　　　_____年_____月_____日

审核_____　　　_____年_____月_____日

批准_____　　　_____年_____月_____日

工作负责人_____

作业日期_____年_____月_____日_____时至_____年_____月_____日_____时

××电力公司×××

1. 范围

本指导书适用于输电线路正常巡视检查工作。

2. 引用文件

《电力设施保护条例及实施细则》。

DL/T 741—2001《架空送电线路运行规程》。

国家电网生［2003］481 号《架空输电线路管理规范（试行）》。

《国家电网公司电力安全工作规程（线路部分）》。

GBJ 233—1990《110～500kV 架空电力线路施工及验收规范》。

3. 巡视周期

定期巡视每月一次。

4. 巡视前准备

4.1　人员要求

√	序号	内　容	备　注
	1	作业人员应精神状态良好	作业人数平原每组 1 人，丘陵、河沟地区 2 人
	2	必须熟练掌握《架空送电线路运行规程》和巡视有关专业知识	
	3	必须熟练掌握《国家电网公司电力安全工作规程（线路部分）》有关知识	
	4	经年度《国家电网公司电力安全工作规程（线路部分）》、《架空送电线路运行规程》考试合格，持有本专业资格证书并经批准上岗	

4.2　危险点分析

√	序号	内　容
	1	穿越线路沿线跨越的公路、高速公路、铁路车辆对巡视人员可能造成的危害
	2	穿越线路沿线跨越的高、低压线路运行不良，如导线落地对巡视人员可能造成的危害
	3	穿越线路沿线村庄犬类、沿线蜂、蛇对巡视人员可能造成的危害
	4	雷雨、雪、大雾、酷暑、大风等天气对巡视人员可能造成的危害
	5	巡视通道内枯井、沟坎、鱼塘等，可能给巡视人员安全健康造成的危害
	6	巡视人员的身体状况不适、思想波动、不安全行为、技术水平能力不足等可能带来的危害或设备异常
	7	与沿线村民关系处理不当可能对巡视人员造成的危害

4.3　安全措施

√	序　号	内　容
	1	穿越公路、铁路时，做到一站二看三通过，禁止横穿高速公路
	2	巡视人员巡视时必须集中精力，密切注意沿线跨越的高、低压线路运行情况
	3	巡视时应注意人身安全，防止跌入阴井、沟坎和被犬类等动物攻击
	4	遇到雷雨时，应远离线路或暂停巡视，以保证巡视人员的人身安全
	5	遇到雪天时，应穿防滑鞋，手持巡视手杖
	6	在大雾天气情况下巡视时，分组时必须保证两人以上，并携带巡视手杖
	7	在酷暑天气巡视时，必须携带巡视水壶、防止中暑药物，并采取遮阳措施
	8	大风天巡视应沿线路上风侧前进
	9	正常巡视中发现危及线路安全运行的危急缺陷时，如：断线、塔体倾斜等，应立即使用手机或对讲机等通信工具向巡视负责人汇报

√	序　号	内　　　　　容
	10	未经调度许可，巡视人员不准攀登杆塔进行检查。如经调度许可进行登塔检查，必须一人监护，登塔人员穿着屏蔽服，登塔检查时只允许到调度许可侧线路，不准进入同塔另一侧横担，并与带电体保持 5m 距离，与地线保持 0.4m 以上距离
	11	巡视人员必须根据季节，正确穿着工作服
	12	巡视人员巡视时，处理好与沿线村民关系，避免发生直接冲突

4.4　巡视工器具及材料

√	序　号	名　　称	规　格	单　位	数　量	备　注
	1	望远镜		部	1	
	2	GPS 巡线仪		台	1	
	3	钳子、扳手		各	各1	
	4	砍刀、米尺		把	各1	5m 尺子
	5	螺栓、防盗帽等		个	适量	

5.　巡视卡

巡视内容　　　　　　杆　塔　号										
1.　安全保护区										
（1）防护区内的建筑物，可燃、易爆物品和腐蚀性气体										
（2）防护区内栽植树、竹										
（3）防护区内进行的土方挖掘、建筑工程和施工爆破										
（4）防护区内架设或敷设架空电力线路、架空通信线路、架空索道、各种管道和电缆										
（5）线路附近修建道路、铁路、码头、卸货场、射击场等										
（6）线路附近出现的高大机械及可移动的设施										
（7）线路附近的污染源情况										
（8）其他不正常现象，如江河泛滥、山洪、杆塔被淹、森林起火等										
（9）巡视使用的道路、桥梁的损坏情况										
2.　杆塔部分										
（1）杆塔倾斜、横担歪扭及全部件锈蚀、变形										
（2）杆塔部件的固定情况：缺螺栓或螺帽，螺栓丝扣长度不够，铆焊处裂纹、开焊，绑线断裂或松动										
（3）混凝土出现的裂纹及其变化，混凝土脱落，钢筋外露，脚钉缺少										
（4）木杆木件腐朽、烧焦、开裂、有鸟洞，绑桩松动，木楔变形或脱出										

巡视内容　　　　　　杆　塔　号																
（5）拉线及部件锈蚀、松弛、断股、抽筋、张力分配不均，缺螺栓、螺帽等																
（6）杆塔及拉线基础培土情况：周围土壤突起或沉陷，基础裂纹、损伤、下沉或上拔，护基沉塌或被冲刷																
（7）杆塔周围杂草过高，杆塔上有危及安全鸟巢及蔓藤类植物附生																
（8）防洪设施坍塌或损坏																
3. 导地线部分																
（1）导线、避雷线锈蚀、断股、损伤或闪络烧伤																
（2）导线、避雷线弛度变化，相分裂导线间距的变化																
（3）导线、避雷线的上扬、振动、舞动、脱冰跳跃情况，相分裂导线的鞭击、扭绞																
（4）连接器过热现象																
（5）导线在线夹内滑动，释放线夹船体部分自挂架中脱出																
（6）跳线断股、歪扭变形，跳线与杆塔空气间隙的变化																
（7）导线对地，对交叉跨越设施及对其他物体距离的变化																
（8）导线、避雷线上悬挂的风筝及其他外物																
4. 绝缘部分																
（1）绝缘子与瓷横担脏污、瓷质裂纹、破碎，钢脚及钢帽锈蚀，钢脚弯曲，钢化玻璃绝缘子自爆																
（2）绝缘子与瓷横担有闪络痕迹和局部火花放电现象																
（3）绝缘子串、瓷横担严重偏斜																
（4）瓷横担绑线松动、断股、烧伤																
5. 杆塔附件部分																
（1）金具锈蚀、磨损、裂纹、开焊，开口销及弹簧销缺少、代用或脱出																
（2）放电间隙变动、烧损																
（3）避雷器、避雷针和其他设备的连接固定情况																
（4）管型避雷器动作情况																
6. 接地装置																
（1）避雷线、接地引下线、接地装置间的连接固定情况																

续表

巡视内容＼杆塔号																
（2）接地引下线断股、断线、严重锈蚀																
（3）接地装置严重锈蚀，埋入地下部分外露、丢失																
（4）预绞丝滑动、断股或烧伤																
7. 其他																
（1）防振器滑跑离位、偏斜、钢丝断股，阻尼线变形、烧伤，绑线松动																
（2）相分裂导线的间隔棒松动、离位及剪断，连接处磨损和放电烧伤																
（3）均压环、屏蔽环锈蚀及螺栓松动、偏斜																
（4）防鸟设施损坏、变形或缺少																
（5）附属通信设施损坏情况																
（6）各种检测装置损坏、丢失																
（7）相位牌、警告牌损坏、丢失，线路名称、杆塔号字迹不清																

注 在杆塔发现缺陷项打"√"。

缺 陷 记 录

年　月　日

杆塔号	缺陷内容	发现人	负责人	缺陷类别	发现日期	备　注

班队长签名：　　　　　　　巡视负责人签名：

7. 指导书执行情况评估

评估内容	符合性	优		可操作项	
		良		不可操作项	
	可操作性	优		修改项	
		良		遗漏项	
存在问题					
改进意见					

附表9

编号：Q/×××

经纬仪测量 110～220kV 线路交叉
跨越距离作业指导书

（范本）

编写＿＿＿＿＿＿＿＿＿＿＿＿＿　　　＿＿＿年＿＿＿＿月＿＿＿＿日
审核＿＿＿＿＿＿＿＿＿＿＿＿＿　　　＿＿＿年＿＿＿＿月＿＿＿＿日
批准＿＿＿＿＿＿＿＿＿＿＿＿＿　　　＿＿＿年＿＿＿＿月＿＿＿＿日
作业负责人＿＿＿＿＿＿＿＿＿＿＿＿＿＿＿＿＿＿＿＿＿＿＿＿＿＿＿

作业日期＿＿＿＿年＿＿＿月＿＿＿日＿＿＿时至＿＿＿年＿＿＿＿月＿＿＿日＿＿＿时

××供电公司×××

1. 适用范围

1.1 35～220kV 送电线路使用经纬仪测量交叉跨越作业

1.2 作业条件

本工作应在天气较好的条件下进行。

2. 引用文件

DL/T 5092—1999《110～500kV 架空送电线路设计技术规程》。

国家电网公司《电力安全工作规程（线路部分）》。

DL/T 741—2001《架空送电线路运行规程》。

DL/T 5146—2001《35～220kV 架空送电线路测量技术规程》。

3. 修前准备

3.1 准备工作安排

√	序号	内　容	标　准	责任人	备注
	1	接受工作任务，了解现场情况	任务明确，现场清楚		
	2	准备测量仪器及工具	测量仪器必须经检验合格		
	3	查阅线路资料，准备导地线放线应力曲线表			

3.2 人员要求

√	序号	内　容	责任人	备注
	1	身体健康、精神状态良好		
	2	具备必要的电气知识，有一定现场工作经验，熟悉线路测量规范		
	3	测量人员应熟练掌握经纬仪使用方法及线路测量技术		

3.3 工具

序　号	使用工器具及材料	规格及型号	单　位	数　量	备　注
1	经纬仪	J2	台	1	
2	三脚架	与仪器配套	副	1	
3	塔尺	5M	根	1	
4	温度计	气温计	支	1	
5	钢卷尺	5M	把	1	
6	计算器	带函数计算	个	1	
7	通信设备	对讲机	个	2	

3.4 材料

√	序　号	名　称	型号/规格	单　位	数　量	备　注
	1	记录本	线路存档专用	本	1	
	2	钢笔	黑色	支	1	

3.5 危险点分析

√	序号	工作危险点	控　制　措　施
	1	放电	立塔尺前要认真观察导线对地距离，塔尺抽出长度不得超高，严格保持与带电导线4.0m上安全距离
	2	触电	人员携带工器具行走时，塔尺及三脚架要平拿，防止触及上方带电线路
	3	仪器损坏	仪器要由专人保管和使用，其他人员不得随意调动仪器。

3.6　安全措施

√	序号	内　容
	1	测量过程中，人员不得登杆操作
	2	背仪器过沟及土坑时，不得跳跃，防止仪器受损
	3	在带电线下立塔尺要设专人监护，严格保持与带电导线 4m 以上安全距离
	4	塔尺在线路附近转位过程中不得直立行走，要收回上部尺段放平转移
	5	在有风情况下塔尺不得超高，且不得立于导线上风侧
	6	在铁路、公路边作业时，必须保证距铁轨边沿 3.0m、距公路边线 1.0m 以上安全距离

3.7　作业分工

√	序　号	作业内容	分组负责人	作业人员
	1	仪器操作人员 1 名		
	2	立塔尺人员 1 名		
	3	记录人员 1 名		
	4	工作负责人（监护人）1 名		

4. 作业程序
4.1　开工

√	序号	内　容	作业人员签字
	1	到达工作现场，工作负责人根据现场情况指定各工作点位置，交代安全注意事项	
	2	工作负责人全面检查无遗漏后通知开始工作	

4.2　作业内容及标准

√	序号	项　目	工作步骤及标准	安全措施注意事项	责任人签字
	1	架设仪器	①在指定地点放置仪器，要求仪器距离测点大于 2 倍线高，保证垂直角不大于 30°；②基座初步整平；③照准部精确整平；④钢卷尺测量仪器高度	仪器不得架设在交通道路上。在水泥路面架仪器要防止三脚架滑倒	
	2	立塔尺	①人员到达交叉点处；②观察导线高度；③在工作负责人的监护下抽出塔尺，将塔尺精确立在被测导线与跨越物的交叉点正下方，尺面朝仪器方向	塔尺不得抽出过高，必须保证与带电导线 4.0m 以上安全距离，必要时采用其他措施进行测量	
	3	观测数据	①盘左位置瞄准塔尺，测量距离及垂直角；②固定照准部，上下转动望远镜，中丝切准导线，测量垂直角；③中丝切准跨越物，测量垂直角；④记录温度计读数；⑤盘右位置瞄准塔尺，测量距离及垂直角；⑥固定照准部，上下转动望远镜，中丝切准导线，测量垂直角；⑦中丝切准跨越物，测量垂直角	在交通路边观测时要设醒目标志，注意过往车辆，防止人员撞伤	
	4	计算交叉跨越距离	①计算盘左观测交叉跨越距离；②计算盘右观测交叉跨越距离；③计算盘左和盘右观测交叉跨越距离的平均值		
	5	换算到最高气温下交叉跨越距离	①查放线曲线，计算观测气温下导线应力，以及跨越点的弧垂值；②计算最高气温下，跨越点的弧垂值；③修正数据，计算最高气温下交叉跨越距离		

4.3　竣工

√	序　号	内　　容	负责人员签字
	1	测量工作结束，仪器装箱，塔尺收好	
	2	工作负责人检查无遗留物品后，人员撤离工作现场	
	3	工器具入库，填写记录	

5. 验收总结

序　号	验收总结	
1	验收评价	
2	存在问题及处理意见	

6. 指导书执行情况评估

评估内容	符合性	优		可操作项	
		良		不可操作项	
	可操作性	优		修改项	
		良		遗漏项	
存在问题					
改进意见					

7. 记录表格

序号	仪站	观测目标	仪高（m）	视距（m）	水平角（°）	垂直角（°）	温度（℃）	计算水平距离（m）	计算垂直距离（m）	计算净空距离（m）

附表 10

编号：Q/×××

送电线路接地电阻测量作业指导书

（范本）

编写＿＿＿＿＿＿＿＿＿＿＿　＿＿＿＿年＿＿＿＿月＿＿＿＿日
审核＿＿＿＿＿＿＿＿＿＿＿　＿＿＿＿年＿＿＿＿月＿＿＿＿日
批准＿＿＿＿＿＿＿＿＿＿＿　＿＿＿＿年＿＿＿＿月＿＿＿＿日
工作负责人＿＿＿＿＿＿＿＿＿＿＿＿＿＿＿＿＿＿＿＿＿＿＿

工作时间＿＿＿＿年＿＿＿月＿＿＿日＿＿＿时至＿＿＿年＿＿＿＿月＿＿＿日＿＿＿时

××供电公司×××

1. 适用范围

送电线路接地电阻测量。

2. 引用文件

GBJ 233—1990《110～500kV 架空电力线路施工及验收规范》。

《国家电网公司电力安全工作规程（线路部分）》。

DL/T 741—2001《架空送电线路运行规程》。

DL 475—1992《接地装置工频特性参数的测量导则》。

DL/T 621—1997《交流电气装置的接地》。

DL/T 5092—1999《110～500kV 架空送电线路设计规程》。

3. 修前准备

3.1　准备工作安排

√	序号	内　容	标　准	责任人	备注
	1	开工前确定作业项目，明确作业内容、填写工作任务单及危控卡			
	2	准备工器具	DL/T 741—2001《架空送电线路运行规程》		

3.2　人员要求

√	序号	内　容	责任人	备　注
	1	作业人员身体健康、精神状态良好		
	2	具备必要的电气知识，本年度《国家电网公司电力安全工作规程（线路部分）》考试合格		
	3	熟练掌握杆塔接地测量的标准和方法		

3.3　工器具

√	序　号	名　称	型　号	单　位	数　量	备　注
	1	接地电阻测量仪	ZC29B-1 或 ZC-8 等	台	1	以小组为单位
	2	个人工具		套	1	
	3	接地探测针	$\phi 10mm$	根	2	
	4	电线	$\phi 2.5mm$	m	20	
	5	电线	$\phi 2.5mm$	m	40	
	6	专用线夹		个	3	
	7	钢刷		把	1	
	8	绝缘手套		双	1	

3.4　材料

√	序号	名　称	型　号	单　位	数　量	备　注
	1	笔		支	1	
	2	螺栓	$M16\times45$	个	5	备用

3.5　危险点分析

√	序号	内　容
	1	连接测量端头时，摇动手柄可能受电击
	2	雷雨时测量易遭雷击触电
	3	接触与地断开的接地线，易遭电击

3.6　安全措施

√	序号	内　　容
	1	施工前应熟悉地形、地貌
	2	开工前工作负责人要向全体作业人员认真宣讲工作任务和危控卡
	3	工作人员必须着装整齐（必须穿绝缘鞋），正确佩戴好安全帽，人员应佩戴相应的标志
	4	接地测量应在雷季前干燥季节进行，不得在雨天进行
	5	接触与地断开的接地线时应使用绝缘手套
	6	山区测量应携带蛇药及相应工具

3.7　作业分工

√	序号	作业内容	分组负责人签字	作业人员
	1	检查接地体并断开接地引下线		
	2	测量接地电阻		

4. 作业程序
4.1　开工

√	序号	内　　容	作业人员签字
	1	工作负责人组织人员学习危控卡，落实危险点控制措施	
	2	进入现场	

4.2　作业内容及标准

√	序号	作业内容	作业步骤及标准	安全措施注意事项	责任人签字
	1	打开接地引线	用扳手拆开与杆塔连接的所有接地引下线的连接螺栓，清除测试引下线端头的锈蚀便与接地摇表连接牢靠		
	2	接地电阻表测量（手摇）	（1）将仪器放平、调零 （2）按规程要求布置探针，电流极为4倍接地线长度、电压极为2.5倍接地线长度 （3）将被测杆塔接地体和端钮E连接，电压探针和电流探针分别与仪器的端钮P1、C1连接 （4）以120rad/min速度摇动发电机、调整倍率盘和度盘，使指针稳定指向表盘中间的零刻度 （5）从表盘读数乘以倍率即是电阻值 （6）计入季节换算系数，确定实际接地电阻值	（1）不得在雨后立即进行 （2）测量工作应至少2人进行 （3）测量时被测地极应与设备断开	
	3	恢复接地引下线	恢复接地引下线，将螺栓连接紧固		

4.3　竣工

√	序　号	内　　容	负责人员签字
	1	工作负责人检查测量数值是否正确	
	2	工作负责人检查地线连接是否良好、连接是否牢固	

5. 记录（现场填写记录表）

接 地 电 阻 测 试 记 录

线路名称_____电压等级_____

杆号	测试记录						改进记录			备注
	接地型号	时间	气候	土壤	测量值（Ω）	测量人	时间	复测值（Ω）	复测人	

6. 验收总结

序　号	检 修 总 结
1	验收评价
2	存在问题及处理意见

7. 指导书执行情况评估

评估内容	符合性	优		可操作项	
		良		不可操作项	
	可操作性	优		修改项	
		良		遗漏项	
存在问题					
改进意见					

附表 11

编号：Q/×××

××kV××线××线路红外测温
作业指导书

（范本）

编写_____　　　_____年_____月_____日
审核_____　　　_____年_____月_____日
批准_____　　　_____年_____月_____日
试验负责人_____

试验日期_____年_____月_____日_____时至_____年_____月_____日_____时

××供电公司×××

1. 适用范围

本作业指导书适用于对输电线路的红外测温。

2. 引用文件

DL/T741—2001《架空送电线路运行规程》

GB/T 11022《高压开关设备和控制设备标准的共用技术条件》

DL/T 664—1999《带电设备红外诊断技术应用导则》

3. 试验前准备工作安排

3.1　准备工作安排

√	序号	内　　　容	标　　准	责任人	备　注
	1	根据试验性质，确定试验项目，组织作业人员学习作业指导书，使全体作业人员熟悉作业内容、作业标准、安全注意事项	不缺项、漏项		
	2	了解被测线路历史红外测温数据，分析线路状况	明确线路状况		
	3	明确测量环境情况、负荷情况	详细记录		
	4	准备试验用仪器仪表，所用仪器仪表良好，有校验要求的仪表应在校验周期内	仪器良好，电池充电		

3.2　人员要求

√	序号	内　　　容	责任人	备　注
	1	现场作业人员应身体健康、精神状态良好		
	2	具备必要的电气知识和红外检测技能，能正确操作红外热像仪，了解线路有关技术标准要求，能正确分析检测结果		
	3	熟悉现场安全作业要求，并经《国家电网公司电力安全工作规程（线路部分）》考试合格		

3.3　仪器仪表和工具

√	序号	名　　　称	型号及编号	单　位	数　量	备　注
	1	红外热像仪		台	1	
	2	湿度计		块	1	
	3	温度计		台	1	
	4	照明工具			1	

3.4　危险点分析

√	序号	内　　　容
	1	作业人员进入作业现场应具备防暑、防蛇措施，防止发生人员伤害事故
	2	必须保持与被检测设备足够的安全距离
	3	防止设备损坏，任何情况下（开机和关机），避免将设备镜头直接对准强烈辐射源

3.5　安全措施

√	序号	内　　　容
	1	工作人员必须经专业技术培训及安全教育培训，方可持证上岗工作
	2	任何情况下（开机或关机）避免将设备镜头直接对准强烈辐射源，如太阳、钢水等，以免设备不能正常工作造成损伤
	3	使用和运输过程中请勿强烈摇晃或碰撞设备

√	序号	内　容
	4	请勿使设备受潮
	5	避免油渍及各种化学物质沾污镜头表面及损伤表面，使用完毕后盖好镜头盖
	6	测量前记录现场风速，测量位置的风向（迎、背风）及测量的距离（估计值）
	7	现场测量前应在试验室对红外热像仪进行通电测试，测试前应检查仪器各个组件的连续及安装配置：红外热像仪本体、镜头焦距（宜使用长焦或望远镜头）、使用安全
	8	测量前应盖上镜头盖，调零
	9	测量结束后，试验人员应拆除临时设施、清理现场
	10	测量应在天气良好的情况下进行，遇雷雨大风等天气应停止测量

3.6　试验分工

√	序号	试验项目	作业人员
	1	热像检测	
	2	记录	

4. 试验程序

4.1　开工

√	序号	内　容	作业人员签字
	1	作业负责人全面检查现场安全措施是否完备	
	2	作业负责人向工作人员交代作业任务、安全措施和注意事项，明确作业范围	

4.2　试验项目和操作标准

√	序号	试验项目	试验方法	安全措施及注意事项	试验标准	责任人签字
	1	环境测量	查干湿度表和温度计，记录空气相对湿度和环境温度			
	2	热像仪通电检查	（1）按下电源按钮，观察寻像器内部的变换，寻像器内显示出环境温度后记录环境温度并调零 （2）按照测量目标的性质选择辐射率 （3）打开镜头盖，调节焦距并寻找测量目标	发射率的选取：详细的发射率数值可参考《红外热像仪使用说明书》中的发射率表，常用的几个发射率值为：①氧化铝：0.56；②氧化铜：0.7；③氧化钢：0.74；④电瓷釉面：0.92；⑤油漆表面：0.94		
	3	测量温度，做好记录	（1）观察设备缺陷时，应尽量靠近设备，并从不同角度观察，以避免红外反光的影响造成误判断 （2）尽量在阴天、夜晚等气候条件下进行测试工作			

续表

√	序号	试验项目	试验方法	安全措施及注意事项	试验标准	责任人签字
	4	诊断	（1）被测量点温升（相对于环境温度）为零时为无缺陷 （2）被测量点温升高于零，小于 40K 为一般缺陷 （3）被测量点温升大于 40K 而被测量点温度小于 90℃为重大缺陷 （4）被测量点温度大于 90℃为紧急缺陷 （5）测温时必须记录环境温度			

4.3 竣工

√	序号	内　容	责任人签字
	1	拆除检测临时设施	
	2	检查被试设备上无遗留工器具	

5. 试验总结

序　号	试验总结
1	试验结果
2	存在问题及处理意见

6. 作业指导书执行情况评估

评估内容	符合性	优		可操作项	
		良		不可操作项	
	可操作性	优		修改项	
		良		遗漏项	
存在问题					
改进意见					

7. 试验记录

红外线测温试验报告

线路名称			电压等级		
天气			湿度		
序号	杆号	环境温度（℃）	缺陷位置	表面温度（℃）	负荷电流（A）	发热情况判断（温升 K）
工作负责人						
工作人员						
试验时间						

附表 12　输配电线路现场勘察记录单

勘察单位＿＿＿＿＿＿＿＿编号＿＿＿＿＿＿＿

1. 勘察负责人＿＿＿＿＿＿＿＿＿＿＿＿＿＿＿＿＿勘察人员＿＿＿＿＿＿＿＿＿＿＿＿＿＿＿＿＿＿＿＿＿

2. 勘察的线路或设备双重名称（多回应注明多重称号）＿＿＿＿＿＿＿＿＿＿＿＿＿＿＿＿＿＿＿

3. 工作任务（填写工作地点或地段以及工作内容）＿＿＿＿＿＿＿＿＿＿＿＿＿＿＿＿＿＿＿

＿＿＿

4. 交叉跨越的线路双重名称及杆号＿＿＿＿＿＿＿＿＿＿＿＿＿＿＿＿＿＿＿＿＿＿＿

＿＿＿

5. 作业现场条件及环境＿＿＿＿＿＿＿＿＿＿＿＿＿＿＿＿＿＿＿＿＿＿＿＿＿＿＿＿＿＿＿＿＿

6. 风险辨识＿＿＿＿＿＿＿＿＿＿＿＿＿＿＿＿＿＿＿＿＿＿＿＿＿＿＿＿＿＿＿＿＿＿＿＿＿＿＿

＿＿＿

7. 围栏装设地点及数量＿＿＿＿＿＿＿＿＿＿＿＿＿＿＿＿＿＿＿＿＿＿＿＿＿＿＿＿＿＿＿＿＿

8. 悬挂警示牌地点及数量＿＿＿＿＿＿＿＿＿＿＿＿＿＿＿＿＿＿＿＿＿＿＿＿＿＿＿＿＿＿＿

＿＿＿

9. 其他安全措施＿＿＿＿＿＿＿＿＿＿＿＿＿＿＿＿＿＿＿＿＿＿＿＿＿＿＿＿＿＿＿＿＿＿＿＿＿

＿＿＿

10. 绘制现场接线图（手工填写）

11. 勘察记录人＿＿＿＿＿＿＿＿＿勘察时间＿＿＿年＿＿＿月＿＿＿日＿＿＿时＿＿＿分至＿＿＿日＿＿＿时＿＿＿分

附表 13

编号＿＿＿＿＿＿＿

小 组 作 业 控 制 卡

作业名称＿＿＿＿＿＿

作业性质＿＿＿＿＿＿　　　　编写＿＿＿＿＿＿　　　审核＿＿＿＿＿＿　　　批准＿＿＿＿＿＿

作业班组＿＿＿＿＿＿　　　　　　　　　　　　　工作负责人＿＿＿＿＿＿

计划工作时间＿＿年＿＿月＿＿日＿＿时至＿＿年＿＿月＿＿日＿＿时

1. 人员分工

序　号	作业项目	作业人员	监护人
1			
2			
3			

2. 工器具及材料备品备件准备

序　号	名　称	规　格	单　位	数　量	责任人
一、工器具					
二、材料、备品备件					

3. 安全风险辨识及控制措施

序　号	辨识项目	风险辨识	控制措施	措施执行时间	责任人

4. 其他班组（或专业）间配合或交叉作业风险辨识

序　号	相关班组	辨识项目	风险辨识	控制措施

5. 工序质量控制卡的学习及作业前培训

编　号	作业项目	措施执行时间	持卡人	作业班组

6. 我已知晓上述作业人员分工、时间、工作内容、地点、危险因素与防范措施精神状态良好，确认签字＿＿＿＿＿＿

附表 14

编号＿＿＿＿＿＿＿＿

工 序 质 量 控 制 卡

作业名称＿＿＿＿＿＿＿

持卡人＿＿＿＿＿＿＿　　　　编写＿＿＿＿＿＿　　　审核＿＿＿＿＿＿　　批准＿＿＿＿＿＿

作业班组＿＿＿＿＿＿＿

计划工作时间＿＿＿年＿＿＿月＿＿＿日＿＿＿时＿＿＿分至＿＿＿年＿＿＿月＿＿＿日＿＿＿时＿＿＿分

√	序　号	工序内容	工艺标准及要求	风险控制措施	措施执行时间	工序或措施执行人

作业人员确认签字

检修评价

备注栏

附表 15

起 重 吊 运 手 势 信 号

1. 起重吊运专用手势信号

升臂	降臂	转臂	微微升臂
		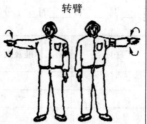	
手臂向一侧水平伸直，拇指朝上，拇指朝下，余指握拢，小臂向上摆动	手臂向一侧水平伸直，拇指朝下余指握拢，小臂向下摆动	手臂水平伸直，指向应转臂的方向，拇指伸出，余指握拢，以腕部为轴转动	一只小臂置于胸前一侧，五指伸直，手心朝下，保持不动；另一只手的拇指对着前手手心，余指握拢，做上下移动
微微降臂	微微转臂	伸臂	缩臂

一只小臂置于胸前一侧，五指伸直，手心朝上，保持不动；另一只手的拇指对着前手手心，余指握拢，做上下移动	一只小臂向前平伸，手心自然朝向内侧，另一只手的拇指向前只手的手心，余指握拢做转动	两手分别握拳，拳心朝上，拇指分别指向两侧，做相斥运动	两手分别握拳，拳心朝下，拇指对指，做相对方向运动
履带起重机回转	起重机前进	起重机后退	抓取（吸取）

一只小臂水平前伸，五指自然伸出不动；另一只手小臂在胸前，做水平重复摆动	双手臂先向前伸，小臂曲起，五指并拢，手心对着自己，做前后运动	双小臂向上曲起，五指并拢，手心朝向起重机，做前后运动	两小臂分别置于侧前方，手心相对，由两侧向中间摆动

续表

释放  两小臂分别置于侧前方，手心朝外，两臂分别向两侧摆动	翻转  一小臂向前伸出，手心朝上；另一只手小臂向前伸出，手心朝下，双手同时进行翻转	

2. 起重吊运通用手势信号

预备（注意）  手臂伸直，置于头上方，五指自然伸开，手心朝前，保持不动	要主钩 单手自然握拳，置于头上，轻触头顶	要副钩  一只手握拳，小臂向上不动，另一只手伸出，手心轻触前只手的肘关节	吊钩上升  小臂向侧上方伸直，五指自然伸开，高于肩部以腕部为轴转动
吊钩下降  手臂伸向侧前下方，与身体夹角约为30°，五指自然伸开，以腕部为轴转动	吊钩微微上升 小臂伸向侧前上方，手心朝上，高于肩部，以腕部为轴，重复向上摆动手掌	吊钩水平移动  小臂向侧上方伸直，五指并拢手心朝外，朝负载应运行的方向，向下挥动到与肩部相平的位置	吊钩水平微微移动  小臂向侧上方自然伸出，五指并拢手心朝外，朝负载应运行的方向，重复做缓慢的水平运动

续表

吊钩微微下降	微动范围	指示降落方向	停止

手臂伸向侧前下方，与身体夹角约为30°，手心朝下，以腕部为轴，重复向下摆动手掌	双小臂曲起，伸向一侧，五指伸直，手心相对，其间距与负载所要移动的距离接近	五指伸直，指出负载应降落的位置	小臂水平置于胸前，五指伸开，手心朝下，水平挥向一侧
紧急停止	工作结束		

两小臂水平置于胸前，五指伸开，手心朝下，同时水平挥向两侧	双手五指伸开，在额前交叉		

参 考 文 献

[1]　王清癸. 送电线路运行与检修. 北京：中国电力出版社，2003.
[2]　国家电网公司人力资源部. 输电线路运行. 北京：中国电力出版社，2010.
[3]　国家电网公司人力资源部. 输电线路检修. 北京：中国电力出版社，2010.
[4]　国家电网公司人力资源部. 配电线路运行. 北京：中国电力出版社，2010.
[5]　国家电网公司人力资源部. 配电线路检修. 北京：中国电力出版社，2010.
[6]　国家电网公司人力资源部. 输电电缆. 北京：中国电力出版社，2010.
[7]　国家电网公司人力资源部. 配电电缆. 北京：中国电力出版社，2010.
[8]　贵州电网公司. 输配电线路运行与检修. 北京：中国电力出版社，2012.
[9]　国家电力公司武汉高压研究所. 配电线路带电作业技术. 北京：中国电力出版社，2007.
[10]　架空输电线路运行规程. 北京：中国电力出版社，2011.
[11]　陕西省电力公司. 配电运行、检修、安装. 北京：中国电力出版社，2003.